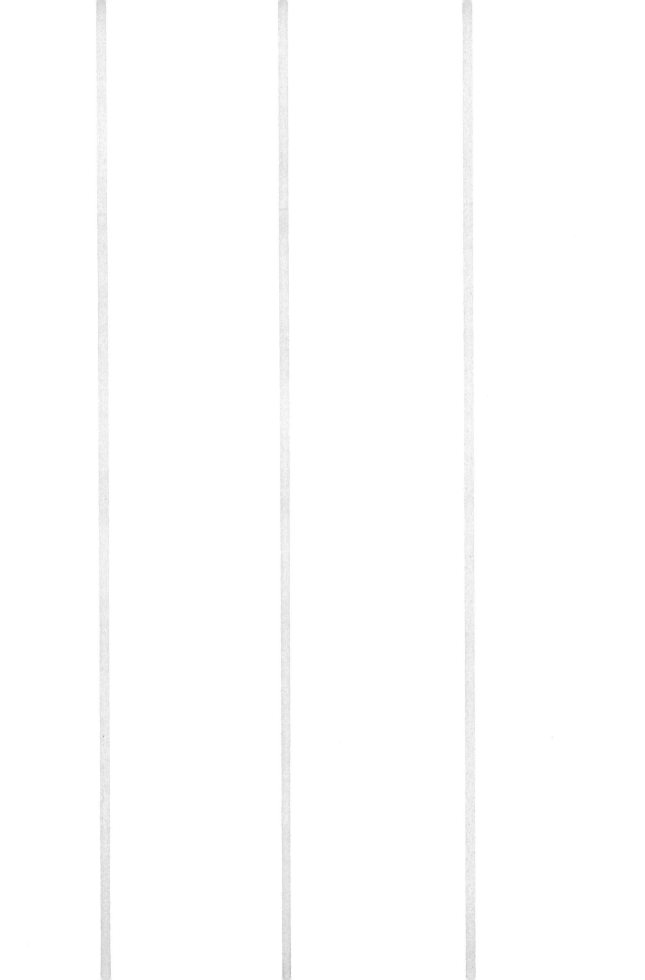

住房和城乡建设领域专业人员岗位培训考核系列用书

施工员考试大纲·习题集
（土建施工）

江苏省建设教育协会　组织编写

中国建筑工业出版社

图书在版编目（CIP）数据

施工员考试大纲·习题集（土建施工）/江苏省建设
教育协会组织编写. —北京：中国建筑工业出版社，
2014.4
住房和城乡建设领域专业人员岗位培训考核系列用书
ISBN 978-7-112-16623-7

Ⅰ. ①施… Ⅱ. ①江… Ⅲ. ①建筑工程-工程施
工-岗位培训-习题集②土木工程-工程施工-岗位培训-习
题集 Ⅳ. ①TU712-44

中国版本图书馆 CIP 数据核字（2014）第 056759 号

本书是《住房和城乡建设领域专业人员岗位培训考核系列用书》中的一本，供土建施工专业施工员学习使用，可通过习题来巩固所学基础知识和管理实务知识。全书包括土建施工员专业基础知识和专业管理实务的考试大纲以及相应的练习题并提供参考答案，最后还提供了一套模拟试卷。本书可作为土建施工员岗位考试的指导用书，也可供职业院校师生和相关专业技术人员参考使用。

* * *

责任编辑：刘 江 岳建光
责任设计：董建平
责任校对：陈晶晶 刘 钰

住房和城乡建设领域专业人员岗位培训考核系列用书
施工员考试大纲·习题集
（土建施工）
江苏省建设教育协会 组织编写
*
中国建筑工业出版社出版、发行（北京西郊百万庄）
各地新华书店、建筑书店经销
霸州市顺浩图文科技发展有限公司制版
北京中科印刷有限公司印刷
*
开本：787×1092毫米 1/16 印张：15 字数：364千字
2014年9月第一版 2015年6月第五次印刷
定价：**41.00**元
ISBN 978-7-112-16623-7
（25330）

住房和城乡建设领域专业人员岗位培训考核系列用书

编审委员会

主　　任：杜学伦

副主任：章小刚　　陈　曦　　曹达双　　漆贯学

　　　　　金少军　　高　枫　　陈文志

委　员：王宇旻　　成　宁　　金孝权　　郭清平

　　　　　马　记　　金广谦　　陈从建　　杨　志

　　　　　魏德燕　　惠文荣　　刘建忠　　冯汉国

　　　　　金　强　　王　飞

出 版 说 明

为加强住房城乡建设领域人才队伍建设，住房和城乡建设部组织编制了住房城乡建设领域专业人员职业标准。实施新颁职业标准，有利于进一步完善建设领域生产一线岗位培训考核工作，不断提高建设从业人员队伍素质，更好地保障施工质量和安全生产。第一部职业标准——《建筑与市政工程施工现场专业人员职业标准》（以下简称《职业标准》），已于2012年1月1日实施，其余职业标准也在制定中，并将陆续发布实施。

为贯彻落实《职业标准》，受江苏省住房和城乡建设厅委托，江苏省建设教育协会组织了具有较高理论水平和丰富实践经验的专家和学者，以职业标准为指导，结合一线专业人员的岗位工作实际，按照综合性、实用性、科学性和前瞻性的要求，编写了这套《住房和城乡建设领域专业人员岗位培训考核系列用书》（以下简称《考核系列用书》）。

本套《考核系列用书》覆盖施工员、质量员、资料员、机械员、材料员、劳务员等《职业标准》涉及的岗位（其中，施工员、质量员分为土建施工、装饰装修、设备安装和市政工程四个子专业），并根据实际需求增加了试验员、城建档案管理员岗位；每个岗位结合其职业特点以及培训考核的要求，包括《专业基础知识》、《专业管理实务》和《考试大纲·习题集》三个分册。随着住房城乡建设领域专业人员职业标准的陆续发布实施和岗位的需求，本套《考核系列用书》还将不断补充和完善。

本套《考核系列用书》系统性、针对性较强，通俗易懂，图文并茂，深入浅出，配以考试大纲和习题集，力求做到易学、易懂、易记、易操作。既是相关岗位培训考核的指导用书，又是一线专业人员的实用手册；既可供建设单位、施工单位及相关高、中等职业院校教学培训使用，又可供相关专业技术人员自学参考使用。

本套《考核系列用书》在编写过程中，虽经多次推敲修改，但由于时间仓促，加之编者水平有限，如有疏漏之处，恳请广大读者批评指正（相关意见和建议请发送至 JYXH05@163.com），以便我们认真加以修改，不断完善。

本书编写委员会

第一部分　专业基础知识

主　　编：郭清平

副 主 编：张晓岩

编写人员：张晓岩　彭　国　杜成仁　杨　菊

　　　　　王松成　朱祥亮　陈晋中　郭清平

第二部分　专业管理实务

主　　编：郭清平

副 主 编：冯均州

编写人员：郭清平　张福生　冯均州

前　　言

为贯彻落实住房城乡建设领域专业人员新颁职业标准，受江苏省住房和城乡建设厅委托，江苏省建设教育协会组织编写了《住房和城乡建设领域专业人员岗位培训考核系列用书》，本书为其中的一本。

施工员（土建施工）培训考核用书包括《施工员专业基础知识（土建施工）》、《施工员专业管理实务（土建施工）》、《施工员考试大纲·习题集（土建施工）》三本，反映了国家现行规范、规程、标准，并以建筑工程施工技术操作规程和建筑工程施工安全技术操作规程为主线，不仅涵盖了现场施工人员应掌握的通用知识、基础知识和岗位知识，还涉及新技术、新设备、新工艺、新材料等方面的知识。

本书为《施工员考试大纲·习题集（土建施工）》分册。全书包括施工员（土建施工）专业基础知识和专业管理实务的考试大纲，以及相应的练习题并提供参考答案和模拟试卷。

本书既可作为施工员（土建施工）岗位培训考核的指导用书，也可供职业院校师生和相关专业技术人员参考使用。

目　　录

第一部分

专业基础知识

一、考 试 大 纲

第 1 章　建 筑 识 图

1.1　制图的基本知识

(1) 了解建筑制图的一般方法

(2) 熟悉标准对图纸图线字体及常用图例和符号的规定

(3) 掌握比例和尺寸标注的使用

1.2　投影的基本知识

(1) 了解投影的概念、三面投影图的形成

(2) 了解点的投影规律、直线及平面的投影特性

(3) 熟悉各种位置直线的投影特性及直线上点的投影特性

(4) 熟悉各种位置平面及平面上点、直线的投影特性

1.3　组合体的投影及轴测图

(1) 了解轴测投影的基本知识

(2) 熟悉组合体投影图的画法与读法

(3) 掌握组合体尺寸的标注和识读

1.4　计算机辅助制图

(1) 了解计算机辅助设计的发展过程

(2) 了解 AutoCAD 的基本功能

1.5　识读建筑施工图

(1) 了解房屋施工图的产生、分类和特点、图纸目录和施工说明

(2) 掌握建筑总平面图的图示方法和图示内容

(3) 掌握建筑平面图的图示方法和图示内容

(4) 掌握建筑立面图的图示方法和图示内容

(5) 掌握建筑剖面图的图示方法和图示内容

(6) 掌握各种建筑详图的图示方法和图示内容

1.6　识读结构施工图

（1）了解结构施工图的内容
（2）熟悉结构施工图的识读方法
（3）掌握柱平法施工图识读
（4）掌握梁平法施工图识读

1.7　识读钢结构施工图

（1）了解钢结构施工图的设计阶段
（2）熟悉钢结构施工图的内容
（3）了解门式刚架结构的概念、特点及组成
（4）识读单层门式钢结构厂房结构施工图

第2章　房屋构造

2.1　概述

（1）了解建筑物与构造物的概念
（2）了解建筑的三大基本要素及其相互关系
（3）熟悉建筑的分类和分级
（4）了解建筑模数
（5）掌握民用建筑组成

2.2　基础与地下室构造

（1）了解地基、基础的概念及相互之间的关系
（2）熟悉基础的埋深及其影响因素
（3）掌握基础的类型及构造
（4）了解地下室的类型
（5）掌握地下室的防潮与防水构造

2.3　墙体与门窗构造

（1）了解墙体的类型、墙体的承重方案
（2）了解墙体材料、墙体构造
（3）掌握墙体的细部构造、墙身加固措施
（4）掌握隔墙构造
（5）熟悉门、窗的种类与构造

2.4　楼板与地面构造

（1）了解楼地层的构造组成

(2) 掌握现浇钢筋混凝土楼板的构造

(3) 熟悉装配式钢筋混凝土楼板

(4) 掌握顶棚构造

(5) 掌握地面的类型及构造

2.5 屋顶构造

(1) 了解屋面的组成、形式、作用和设计要求

(2) 熟悉屋顶坡度的影响因素、表示方法、形成方法

(3) 掌握屋顶的排水方式

(4) 掌握平屋顶的构造

(5) 熟悉坡屋顶的构造

第3章 建 筑 测 量

3.1 施工测量概述

(1) 了解施工测量的主要内容

(2) 了解施工测量的特点

(3) 了解施工测量的原则

3.2 施工测量仪器与工具

熟悉使用常见施工测量仪器

3.3 建筑物的定位放线

(1) 掌握施工场地的平面控制测量

(2) 掌握施工场地的高程控制测量

3.4 民用建筑的施工测量

(1) 掌握民用建筑的施工测量的放线方法

(2) 掌握民用建筑的施工测量的数据处理

3.5 高层建筑的施工测量

熟悉高层建筑物轴线的竖向投测方法：外控法和内控法

3.6 工业建筑的施工测量

(1) 掌握厂房矩形控制网测设

(2) 掌握厂房矩形控制网数据处理方法

(3) 厂房柱列轴线与柱基施工测量

（4）厂房预制构件安装测量

第 4 章 建 筑 力 学

4.1 静力学基本知识

（1）了解力、刚体、力系的概念
（2）掌握静力学公理及其推论
（3）熟悉常见的约束与约束反力；受力分析的方法，受力图的画法
（4）掌握结构上荷载的分类，不同荷载的性质
（5）熟悉材料的重度，集中力、线荷载、均布面荷载等荷载形式

4.2 材料力学基本知识

（1）掌握平面力系的平衡条件
（2）掌握构件的支座与约束反力的计算
（3）了解构件内力的概念，掌握截面法求解内力，熟悉轴向拉压杆横截面上及梁横截面上的应力

4.3 结构力学基本知识

（1）掌握静定结构的基本概念
（2）掌握静定梁的剪力和弯矩、剪力图和弯矩图
（3）熟悉静定平面刚架及静定桁架的内力计算

第 5 章 建 筑 结 构

5.1 概述

（1）熟悉建筑结构的概念和分类
（2）了解建筑结构的功能要求
（3）熟悉极限状态的概念、分类
（4）掌握结构上的荷载与荷载效应
（5）掌握概率极限状态设计法

5.2 钢筋混凝土结构基本知识

（1）了解钢筋混凝土材料性能、锚固搭接
（2）掌握受弯构件的一般构造
（3）掌握受弯构件单筋梁正截面承载力计算
（4）了解受弯构件双筋梁、T形梁的概念
（5）掌握受弯构件斜截面计算及相关构造

(6) 熟悉受压构件的构造、轴心受压构件的计算、轴心受拉构件的计算

(7) 了解预应力的概念、施加预应力的方法、预应力损失

(8) 熟悉楼盖、楼梯、雨篷的相关构造、受力特点

(9) 了解单层工业厂房的特点及结构组成

5.3 砌体结构基本知识

(1) 了解砌体结构的概念、发展、优点与缺点

(2) 了解砌体结构材料

(3) 熟悉砌体的力学性能

(4) 掌握受压构件承载力计算、局部受压计算

(5) 熟悉房屋的空间工作和静力计算方案、墙和柱的高厚比验算

(6) 熟悉圈梁和过梁的作用、布置和构造要求

5.4 钢结构基本知识

(1) 了解钢结构的特点和应用

(2) 熟悉建筑钢材的力学性能及其技术指标

(3) 了解影响建筑钢材力学性能的因素

(4) 熟悉建筑钢材的规格

(5) 掌握钢结构的连接

(6) 熟悉钢结构基本构件

(7) 了解轻钢工业厂房的特点及结构组成

5.5 木结构基本知识

(1) 了解木结构的概念、发展前景

(2) 熟悉木结构分类

5.6 多、高层建筑结构简介

(1) 了解高层建筑结构的概念

(2) 掌握多、高层房屋结构体系

5.7 新型建筑结构简介

(1) 了解新型建筑结构的特点

(2) 了解板片空间结构体系、高效预应力结构体系、膜结构、巨型结构体系

5.8 建筑结构抗震基本知识

(1) 熟悉地震、震级、烈度、基本烈度、设防烈度

(2) 掌握建筑重要性分类、抗震设防标准和设防目标

(3) 了解抗震等级的确定

5.9　地基与基础

（1）了解地基承载力特征值

（2）掌握地基承载力特征值的修正

（3）熟悉基础设计的要求与步骤

（4）掌握桩基础的概念与分类

（5）了解地基处理的目的、处理方法和适用范围

第6章　建筑材料

6.1　材料的基本性质

（1）了解基本性质的范畴

（2）掌握物理性质的定义（公式）、测定（评定）的方法

（3）了解各力学性质的概念及工程意义

（4）熟悉材料耐久性所包括的综合指标内容

（5）掌握材料内部结构（孔隙率及孔隙特征）对其性能（表观密度、吸水性、抗渗性、抗冻性、导热性、强度等）的影响

6.2　气硬性胶凝材料

（1）了解胶凝材料的定义及分类方法

（2）了解石灰的生产过程及生石灰的主要成分

（3）掌握石灰熟化、硬化的过程及其特点

（4）熟悉石灰的工程特点及应用

（5）了解石膏的凝结与硬化的过程及特点

（6）掌握建筑石膏的工程特点及其应用

6.3　水泥

（1）了解硅酸盐系列六大品种水泥的定义、组成

（2）熟悉水泥的水化与凝结硬化过程及影响因素

（3）掌握硅酸盐水泥的技术要求及工程意义

（4）熟悉普通硅酸盐水泥（与硅酸盐水泥相比）特点及应用

（5）熟悉其他掺混合材料硅酸盐水泥（与硅酸盐水泥相比）特点及应用

（6）掌握硅酸盐系列六大品种水泥的工程特点及其适用范围

6.4　混凝土

（1）了解混凝土的定义及分类方法

（2）熟悉混凝土的组成材料及混凝土对组成材料的要求

（3）掌握混凝土的主要技术性质（和易性、强度、变形性能、耐久性）的含义、测定

（评定）的方法及其影响因素

(4) 熟悉混凝土技术性能的改善与提高（改善和易性、变形性能；提高强度、耐久性）方法

(5) 掌握混凝土配合比设计的程序、方法及步骤

(6) 熟悉混凝土配合比设计的三个重要参数及其确定的方法

6.5　建筑砂浆及墙体材料

(1) 了解砂浆的种类用途及分类方法

(2) 掌握砌筑砂浆对各组成材料的要求

(3) 熟悉砌筑砂浆的主要基本性能、影响因素及改善方法

(4) 了解砌筑砂浆配合比确定的原理及方法

(5) 了解抹面砂浆的种类、组成材料要求、特点及应用

(6) 了解预拌砂浆的定义、种类

(7) 了解墙体材料的种类及发展趋势

6.6　建筑钢材

(1) 掌握钢材力学性能指标的定义及测定（计算）方法

(2) 了解常用建筑钢种的牌号、性能及应用

(3) 熟悉钢筋混凝土用钢筋的种类、性能及工程应用

6.7　木材

(1) 了解木材的主要优点和缺点

(2) 熟悉木材的物理性质（密度、干缩与湿胀）及其影响因素（含水量）

(3) 熟悉木材的强度种类、相互关系及其影响因素

(4) 了解木材的加工程度及其用途

6.8　沥青

(1) 了解沥青的一般工程性质及分类

(2) 熟悉石油沥青的组分及组分的演变过程（老化）

(3) 掌握石油沥青的主要技术性质（三大指标）、牌号，及其工程应用

(4) 了解煤沥青的组成、特点及应用

(5) 了解改性沥青的目的、改性材料、特点及应用

6.9　建筑装饰材料

(1) 熟悉花岗岩、大理岩的特点及工程应用

(2) 了解常用装饰玻璃的种类、特点及应用

(3) 了解常用陶瓷砖的种类、特点及应用

6.10 建筑塑料

(1) 了解建筑塑料的组成及特点
(2) 熟悉塑料的主要性质
(3) 了解常用建筑塑料制品的工程特点及应用

第 7 章 建筑工程造价

7.1 概述

(1) 熟悉工程建设定额的分类
(2) 了解建筑安装工程施工过程分类
(3) 了解确定材料定额消耗量的基本方法
(4) 掌握企业定额的作用
(5) 熟悉预算定额的编制原则、依据和步骤
(6) 掌握江苏省建筑与装饰工程计价表组成、作用及适用范围
(7) 掌握建设工程工程量清单计价规范的规定

7.2 工程造价的构成

(1) 熟悉建筑工程费用的组成
(2) 了解建筑工程费用的分类
(3) 掌握包工包料工程量清单计价法计价程序

7.3 建筑工程计量

(1) 熟悉槽、坑、土方的划分及场地平整与土方的区别
(2) 掌握挖槽、坑、土方放坡的原则及放坡方法、放坡高度的计算
(3) 了解打桩工程及基础垫层工程量计算
(4) 掌握砖基础工程量计算
(5) 熟悉混凝土工程量计算
(6) 了解楼地面工程工程量计算
(7) 了解模板、脚手架工程工程量计算

7.4 建筑工程施工图预算

(1) 了解工程量计算的原则
(2) 熟悉计算的一般方法
(3) 掌握施工图预算的概念
(4) 了解施工图预算的编制依据
(5) 熟悉施工图预算的编制方法和步骤

第8章 法 律 法 规

8.1 法律体系和法的形式

(1) 掌握法律体系
(2) 熟悉法的形式

8.2 建设工程质量法规

(1) 了解建设工程质量管理的基本制度
(2) 熟悉建设单位的质量责任和义务
(3) 了解勘察设计单位的质量责任和义务
(4) 熟悉施工单位的质量责任和义务
(5) 了解工程监理单位的质量责任和义务
(6) 熟悉建设工程质量保修制度
(7) 了解建设工程质量的监督管理

8.3 建设工程安全生产法规

(1) 熟悉生产经营单位的安全生产保障
(2) 熟悉从业人员安全生产的权利和义务
(3) 熟悉生产安全事故的应急救援与处理
(4) 了解安全生产的监督管理
(5) 了解建设工程安全生产管理制度
(6) 熟悉建设单位的安全责任
(7) 了解工程监理单位的安全责任
(8) 熟悉施工单位的安全责任
(9) 了解勘察、设计单位的安全责任
(10) 了解建设工程相关单位的安全责任
(11) 了解安全生产许可证的管理规定

8.4 其他相关法规

(1) 熟悉招标投标活动原则及适用范围
(2) 了解招标程序
(3) 了解投标的要求和程序及投标的禁止性规定
(4) 了解合同法的调整范围
(5) 熟悉合同法的基本原则
(6) 了解合同的形式
(7) 熟悉合同的要约与承诺
(8) 了解合同的一般条款

（9）了解合同的效力与履行
（10）掌握劳动保护的规定
（11）熟悉劳动合同类型和订立
（12）了解劳动争议的处理

8.5　建设工程纠纷的处理

（1）了解建设工程纠纷的分类及处理方式
（2）熟悉和解与调解的概念、特点
（3）熟悉仲裁的概念、特点
（4）熟悉诉讼的概念、特点
（5）熟悉证据的种类、保全和应用
（6）了解行政复议和行政诉讼规定

第9章　职业道德

9.1　概述

（1）了解道德的基本概念
（2）了解道德与法纪的区别与联系
（3）熟悉公民道德的主要内容
（4）掌握职业道德的概念
（5）熟悉职业道德的基本特征
（6）熟悉职业道德建设的必要性和意义

9.2　建设行业从业人员的职业道德

（1）熟悉一般职业道德的要求
（2）熟悉个性化职业道德的要求

9.3　建设行业职业道德的核心内容

（1）熟悉爱岗敬业的内涵及要求
（2）熟悉诚实守信的内涵及要求
（3）熟悉安全生产的内涵及要求
（4）熟悉勤俭节约的内涵及要求
（5）熟悉钻研技术的内涵及要求

9.4　建设行业职业道德建设的现状、特点与措施

（1）了解建设行业职业道德建设现状
（2）熟悉建设行业职业道德建设的特点
（3）掌握加强建设行业职业道德建设的措施

9.5 加强职业道德修养

（1）了解加强职业道德修养的内涵
（2）熟悉加强职业道德修养的途径
（3）掌握加强职业道德修养的方法

二、习　　题

第1章　建筑识图

一、单项选择题

1. 《房屋建筑制图统一标准》(GB 50001—2010) 规定，图纸幅面共有（　　）种。

A. 3 种　　　　　　B. 4 种　　　　　　C. 5 种　　　　　　D. 6 种

2. 《房屋建筑制图统一标准》(GB 50001—2010) 中规定中粗实线的一般用途，下列正确的是：（　　）。

A. 可见轮廓线　　　B. 尺寸线　　　　　C. 变更云线　　　　D. 家具线

3. 下列绘图比例哪个为可用比例（　　）。

A. 1：10　　　　　B. 1：20　　　　　C. 1：25　　　　　D. 1：50

4. 图上标注的尺寸由（　　）4 部分组成。

A. 尺寸界线、尺寸线、尺寸数字和箭头

B. 尺寸界线、尺寸线、尺寸起止符号和尺寸数字

C. 尺寸界线、尺寸线、尺寸数字和单位

D. 尺寸线、起止符号、箭头和尺寸数字

5. （　　）是用来确定建筑物主要结构及构件位置的尺寸基准线，是房屋施工时砌筑墙身、浇筑柱梁、安装构件等施工定位的重要依据。

A. 附加轴线　　　　B. 定位轴线　　　　C. 主轴线　　　　　D. 分轴线

6. 标高数字应以（　　）为单位，注写到小数点以后第三位，总平面图中注写到小数点后二位。

A. 米　　　　　　　B. 厘米　　　　　　C. 毫米　　　　　　D. 千米

7. 索引符号 $\underline{\text{J103}}\;\dfrac{5}{2}$ 中，数字 5 表示（　　）。

A. 详图编号　　　　B. 图纸编号　　　　C. 标准图　　　　　D. 5 号图纸

8. 平面图上定位轴线的编号，宜标注在图样的（　　）。

A. 下方与左侧　　　B. 上方与左侧　　　C. 下方与右侧　　　D. 上方与右侧

9. 横向编号应用阿拉伯数字，从左至右顺序编写，竖向编号应用大写拉丁字母，从下至上顺序编写，但拉丁字母（　　）不得用做轴线编号，以免与阿拉伯数字混淆。

A. (B、I、Z)　　　B. (I、O、Z)　　　C. (B、O、Z)　　　D. (N、O、Z)

10. 对称符号由对称线和两端的两对平行线组成，对称线用（　　）绘制。

A. 细点画线　　　　B. 细实线　　　　　C. 折断线　　　　　D. 细虚线

11. 下列哪一个不是投影的要素（　　）。

　　A. 投射线　　　　B. 投影图　　　　C. 形体　　　　D. 投影面

12. 平行投影的特性不包括（　　）。

　　A. 积聚性　　　　B. 真实性　　　　C. 类似性　　　　D. 粘聚性

13. 当平面与投影面垂直时，其在该投影面上的投影具有（　　）。

　　A. 积聚性　　　　B. 真实性　　　　C. 类似性　　　　D. 收缩性

14. 投影面平行线在它所平行的投影面上的投影反映实长，且反映对其他两投影面倾角的实形；在其他两个投影面上的投影分别平行于相应的投影轴，且（　　）实长。

　　A. 大于等于　　　　B. 等于　　　　C. 大于　　　　D. 小于

15. 投影面平行面在该投影面上的投影反映实形，另外两投影积聚成直线，且分别（　　）。

　　A. 垂直于相应的投影轴　　　　　　　B. 垂直于相应的投影面

　　C. 平行于相应的投影面　　　　　　　D. 平行于相应的投影轴

16. 平面立体是由若干个平面围成的多面体。其中棱柱体的棱线（　　）。

　　A. 延长线交于一点　　　　　　　　　B. 交于有限远的一点

　　C. 既不相交也不平行　　　　　　　　D. 相互平行

17. 平面立体是由若干个平面围成的多面体。其中棱锥的侧棱线（　　）。

　　A. 延长线交于一点　　　　　　　　　B. 交于有限远的一点

　　C. 既不相交也不平行　　　　　　　　D. 相互平行

18. 在三面投影图中，H 面投影反映形体的（　　）。

　　A. 长度和高度　　　　　　　　　　　B. 长度和宽度

　　C. 高度和宽度　　　　　　　　　　　D. 长度

19. 圆锥体置于三面投影体系中，使其轴线垂直于 H 面，其立面投影为（　　）。

　　A. 一段圆弧　　　B. 三角形　　　C. 椭圆　　　D. 圆

20. 回转体的曲面是母线（直线或曲线）绕一轴作回转运动而形成的。常见的曲面立体是回转体，下列哪个不是曲面立体（　　）。

　　A. 圆柱体　　　　B. 圆锥体　　　　C. 圆球　　　　D. 棱锥

21. 组合体的组合方式不包括下列（　　）。

　　A. 叠加　　　　B. 相贯　　　　C. 平行　　　　D. 相切

22. 组合体的表面连接关系主要有：两表面相互平齐、（　　）、相交和不平齐。

　　A. 平行　　　　B. 相切　　　　C. 叠加　　　　D. 重合

23. 点 A（20、15、10）在点 B（15、10、15）的（　　）。

　　A. 正下方　　　　B. 左前方　　　　C. 左前上方　　　　D. 左前下方

24. 组合体的尺寸标注不包括（　　）。

　　A. 定形尺寸　　　B. 定位尺寸　　　C. 定量尺寸　　　D. 总体尺寸

25. 读图的基本方法，可概括为形体分析法、（　　）和画轴测图等方法。

　　A. 数学分析法　　　　　　　　　　　B. 整合法

　　C. 线面分析法　　　　　　　　　　　D. 比例尺法

26. 投影图中直线的意义，不正确的是（　　）。

A. 可表示形体上一条棱线的投影；

B. 可表示形体上一个面的积聚投影；

C. 可表示曲面体上一条轮廓素线的投影；

D. 可表示形体上一个曲面的投影

27. 根据投射方向是否垂直于轴测投影面，轴测投影可分为正轴测投影和（   ）两类：

A. 正二测投影   B. 正等测投影

C. 斜二侧投影   D. 斜轴测投影

28. 按照轴测图的轴向变形系数不同，正（斜）等测应为：（   ）。

A. $p=q=r$ B. $p=q\neq r$ C. $p\neq q\neq r$ D. $p\neq q=r$

29. 正面斜二测轴测图中，三向变形系数 p、q、r 分别为（   ）。

A. 1、1、1   B. 0.5、1、1   C. 1、0.5、1   D. 1、1、0.5

30. 选择哪一种轴测投影来表达一个物体，应按物体的形状特征和对立体感程度的要求综合考虑而确定。通常应从两个方面考虑：首先是直观性，其次是（   ）。

A. 作图的简便性   B. 特异性

C. 美观性   D. 灵活性

31. 计算机辅助设计的英文缩写是（   ）。

A. CAM   B. CAD   C. CAX   D. CAG

32. AutoCAD 是由（   ）公司出品的。

A. Autodesk   B. Adobe   C. Microsoft   D. Sun

33. AutoCAD 2012 提供了（   ）种新的视觉样式类型供用户选择。

A. 2   B. 3   C. 4   D. 5

34. AutoCAD 为用户提供了（   ）个标准视图。

A. 3   B. 4   C. 5   D. 6

35. AutoCAD 为用户提供了（   ）个轴测视图。

A. 3   B. 4   C. 5   D. 6

36. AutoCAD 中绘制直线的命令快捷键为（   ）。

A. L   B. C   C. A   D. M

37. AutoCAD 中绘制圆的命令快捷键为（   ）。

A. L   B. C   C. A   D. M

38. AutoCAD 中利用（   ）控制镜像时剖面线是否翻转。

A. Mirrtext   B. Mirror   C. Mirrhatch   D. Mirrlayer

39. 建筑专业施工图是运用（   ）原理及有关专业知识绘制的工程图样，是指导施工的主要技术资料。

A. 正投影   B. 斜投影   C. 中心投影   D. 发散投影

40. 在狭义上，（   ）是专指建筑的方案设计及其施工图设计。

A. 结构设计   B. 建筑设计   C. 给排水设计   D. 设备设计

41. 为保证设计方案的合理性，必须遵循逐步深入、循序渐进的原则，对于复杂工程的建设设计应该分（   ）阶段进行。

A. 2 B. 4 C. 3 D. 5

42. 总平面图包括的范围较广，一般不采用的比例为（ ）。

A. 1：500 B. 1：1000 C. 1：2000 D. 1：100

43. 总平面图中标高单位为（ ），一般注写到小数后第三位。

A. km B. cm C. mm D. m

44. 总平面图中图例 ⌐___⌐ 表示（ ）。

A. 原有建筑物 B. 拆除的建筑物

C. 新设计的建筑物 D. 计划扩建的预留地或建筑物

45. 总平面图中图例 ⌧___⌧ 表示（ ）。

A. 原有建筑物 B. 拆除的建筑物

C. 新设计的建筑物 D. 计划扩建的预留地或建筑物

46. 建筑平面图中，实际作图中常用（ ）的比例绘制。

A. 1：25 B. 1：200 C. 1：50 D. 1：100

47. 建筑平面图中，凡是剖到的墙、柱断面轮廓线，宜画（ ）。

A. 粗实线 B. 细实线 C. 中粗线 D. 细点划线

48. 建筑平面图中，定位轴线的编号圆用（ ）绘制。

A. 粗实线 B. 细实线 C. 中粗线 D. 细点划线

49. 建筑平面图中，水平方向的轴线自左至右用（ ）依次连续编号。

A. 阿拉伯数字 B. 大写拉丁字母

C. 希腊字母 D. 俄文字母

50. 建筑平面图中，竖直方向的轴线自下而上用（ ）依次连续编号。

A. 阿拉伯数字 B. 大写拉丁字母

C. 希腊字母 D. 俄文字母

51. 在与建筑外墙面平行的铅直投影面上所做的正投影图称为（ ）。

A. 平面图 B. 剖面图 C. 立面图 D. 详图

52. 为使立面图轮廓清晰、层次分明，通常用（ ）表示立面图的最外轮廓线。

A. 粗实线 B. 细实线 C. 中粗线 D. 细点划线

53. 建筑立面图中，外形轮廓线以内的体部轮廓，如凸出墙面的雨篷、阳台、柱子、窗台、屋檐的下檐线以及窗洞、门洞等等用（ ）画出。

A. 粗实线 B. 细实线 C. 中粗线 D. 细点划线

54. 建筑剖面图中，剖切符号一般不用（ ）编号。

A. 阿拉伯数字 B. 罗马数字 C. 拉丁字母 D. 希腊字母

55. 建筑剖面图中，为了清楚地表达建筑各部分的材料及构造层次，当剖面图比例大于（ ）时，应在剖到的构件断面画出其材料图例。

A. 1：25 B. 1：200 C. 1：50 D. 1：100

56. 建筑剖面图中，第三道尺寸即最外边的一道尺寸，用来表明（ ）。

A. 分段尺寸 B. 层高 C. 总高 D. 总长

57. 建筑剖面图的剖切位置一般应在（　　）平面图中给出。

A. 顶层　　　　　　B. 标准层　　　　　C. 二层　　　　　　D. 底层

58. 建筑详图一般不采用的比例为（　　）。

A. 1：50　　　　　B. 1：10　　　　　C. 1：20　　　　　D. 1：100

59. 建筑抗震设防烈度和混凝土结构的抗震等级一般在结构施工图的（　　）中查找。

A. 构件详图　　　　　　　　　　　B. 系统图

C. 结构设计说明　　　　　　　　　D. 结构平面布置图

60. 平法图集 11G101 目前一共有（　　）本。

A. 2　　　　　　　B. 3　　　　　　　C. 4　　　　　　　D. 5

61. 平法中，在柱平面布置图的柱截面上，分别在同一编号的柱中选择一个截面，以直接注写截面尺寸和配筋具体数值的方式来表达柱平面整体配筋，这种表达方式称为（　　）。

A. 列表注写方式　　　　　　　　　B. 集中注写方式

C. 截面注写方式　　　　　　　　　D. 原位注写方式

62. 某平法悬挑梁表示的截面为 200×500/300，则该梁的根部高度为（　　）mm。

A. 200　　　　　　B. 300　　　　　　C. 800　　　　　　D. 500

63. 梁平法施工图中，2φ22+(2φ12)，其中 2φ12 为（　　）。

A. 架立筋　　　　　B. 贯通筋　　　　　C. 通长筋　　　　　D. 扭筋

64. 钢结构施工图编制，除了设计图阶段外，还包括分为（　　）。

A. 招投标阶段　　　B. 施工详图阶段　　C. 可行性研究阶段　D. 竣工验收阶段

65. 门式刚架厂房常用跨度一般为（　　）。

A. 9m～36m　　　　B. 9m～33m　　　　C. 9m～30m　　　　D. 9m～271m

66. 钢结构放样是按照经审核的施工图以（　　）的比例在样台板上画样，进而制成样板。

A. 1：1　　　　　　B. 1：2　　　　　　C. 2：1　　　　　　D. 1：0.5

67. 地脚螺栓布置图表达每根柱子地脚螺栓的定位，此图需要与（　　）结合，方能保证钢结构顺利安装。

A. 构件图　　　　　　　　　　　　B. 柱脚平面布置图

C. 结构平面布置图　　　　　　　　D. 基础图

68. 钢结构中，系杆的符号是（　　）。

A. SC　　　　　　　B. LT　　　　　　　C. XG　　　　　　　D. ZC

69. 钢梁的截面为（400～700）×200×6×8，其中变截面 400～700 为截面的（　　）尺寸。

A. 宽度　　　　　　B. 高度　　　　　　C. 长度　　　　　　D. 厚度

70. 建筑物的外包尺寸及墙和柱的定位关系属于（　　）。

A. 屋顶平面图　　　　　　　　　　B. 建筑立面图

C. 建筑剖面图　　　　　　　　　　D. 建筑平面布置

71. 图示的普通钢屋架角钢的四种切断形式中，不允许采用的是（　　）

A. （a）
B. （b）
C. （c）
D. （d）

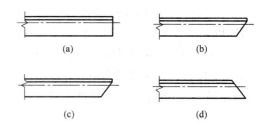

(a)　　　　　　　(b)

(c)　　　　　　　(d)

二、多项选择题

1. 投影分为（　　）两类。

A. 中心投影　　　　　　B. 斜投影　　　　　　C. 平行投影

D. 轴测投影　　　　　　E. 等轴投影

2. 在三面图中（　　）能反映物体的宽度。

A. 正面图　　　　　　　B. 侧面图　　　　　　C. 平面图

D. 斜投影图　　　　　　E. 剖面图

3. 在 V 面上能反映直线的实长的直线可能是（　　）。

A. 正平线　　　　　　　B. 水平线　　　　　　C. 正垂线

D. 铅垂线　　　　　　　E. 平行线

4. 组合体的组合方式可以是（　　）等多种形式。

A. 叠加　　　　　　　　B. 相贯　　　　　　　C. 相切

D. 切割　　　　　　　　E. 平行

5. 工程图用细实线表示的是（　　）。

A. 尺寸界线　　　　　　B. 尺寸线　　　　　　C. 引出线

D. 轮廓线　　　　　　　E. 轴线

6. 绘图常用的比例有（　　）。

A. 1：10　　　　　　　B. 1：20　　　　　　C. 1：25

D. 1：50　　　　　　　E. 1：100

7. 组合体的尺寸按它们所起的作用可分为（　　）。

A. 细部尺寸　　　　　　B. 定形尺寸　　　　　C. 定位尺寸

D. 总体尺寸　　　　　　E. 局部尺寸

8. 下列关于标高描述正确的是（　　）。

A. 标高是用来标注建筑各部分竖向高程的一种符号

B. 标高分绝对标高和相对标高，以米为单位

C. 建筑上一般把建筑室外地面的高程定为相对标高的基准点

D. 绝对标高以我国青岛附近黄海海平面的平均高度为基准点

E. 零点标高注成±0.000，正数标高数字一律不加正号

9. 组合体投影图中的一条直线，一般有三种意义：（　　）。

A. 可表示形体上一条棱线的投影

B. 可表示形体上一个面的积聚投影

C. 可表示形体上一个曲面的投影

D. 可表示曲面体上一条轮廓素线的投影

E. 可表示形体上孔、洞、槽或叠加体的投影

10. 组合体尺寸标注中应注意的问题（　　）

A. 尺寸一般应布置在图形外，以免影响图形清晰。

B. 尺寸排列要注意大尺寸在外、小尺寸在内，并在不出现尺寸重复的前提下，使尺寸构成封闭的尺寸链。

C. 反映某一形体的尺寸，最好集中标在反映这一基本形体特征轮廓的投影图上。

D. 两投影图相关图的尺寸，应尽量注在两图之间，以便对照识读。

E. 尽量在虚线图形上标注尺寸。

11. AutoCAD 2012 集（　　）功能于一体。

A. 平面作图　　　　　　　B. 三维造型　　　　　　　C. 数据库管理

D. 渲染着色　　　　　　　E. 互联网通信

12. 对于一些二维图形，通过（　　）等操作就可以轻松地转换为三维图形。

A. 拉伸　　　　　　　　　B. 设置标高　　　　　　　C. 设置厚度

D. 移动　　　　　　　　　E. 复制

13. 绘制轴测图时，将直线绘制成（　　）的斜线。

A. 30°　　　　　　　　　B. 60°　　　　　　　　　C. 90°

D. 150°　　　　　　　　　E. 180°

14. 在 AutoCAD 中可以运用（　　）将模型渲染为具有真实感的图像。

A. 视点　　　　　　　　　B. 雾化　　　　　　　　　C. 光源

D. 材质　　　　　　　　　E. 三维动态观察器

15. AutoCAD 可以任意调整图形的显示比例，以便观察图形的全部或局部，并可以使图形（　　）移动来进行观察。

A. 上　　　　　　　　　　B. 下　　　　　　　　　　C. 左

D. 右　　　　　　　　　　E. 前

16. 建筑专业施工图主要是表示房屋的建筑设计内容，下列属于建筑施工图表示范围的是（　　）。

A. 房屋的总体布局　　　　B. 内外形状

C. 平面布置　　　　　　　D. 建筑构造及装修做法

E. 房屋承重构件的布置

17. 设备设计主要包括（　　）等方面的设计，由有关的设备工程师配合建筑设计完成。

A. 给水排水　　　　　　　B. 电气照明　　　　　　　C. 通讯、采暖

D. 结构　　　　　　　　　E. 空调通风、动力

18. 建筑专业施工图包括（　　）。

A. 首页（图纸目录、设计总说明等）

B. 基础图

C. 平面图、立面图、剖面图

D. 详图

E. 总平面图

19. 建筑平面图中，外部尺寸一般分三道，分别是（   ）。

A. 总尺寸   B. 细部尺寸   C. 轴线尺寸

D. 层高尺寸   E. 标高

20. 建筑立面图主要反映房屋的（   ）。

A. 外部造型   B. 房屋各部位的高度

C. 房间大小   D. 外貌和装修要求

E. 门窗位置及形式

21. 建筑立面图的图名常用以下（   ）方式命名。

A. 建筑各墙面的朝向   B. 楼梯间位置

C. 建筑主要出入口所在的位置   D. 阳台位置

E. 建筑两端定位轴线编号

22. 建筑剖面图主要用来表达（   ）。

A. 房屋内部的结构形式   B. 沿高度方向分层情况

C. 门窗洞口高   D. 层高及建筑总高

E. 房间尺寸

23. 不同类型的结构，其施工图的具体内容与表达也各有不同，但一般包括（   ）。

A. 立面图   B. 系统图

C. 结构设计说明   D. 结构平面布置图

E. 构件详图

24. 梁平法施工图中，梁集中标注的内容必注值包括（   ）。

A. 梁编号、梁截面尺寸   B. 梁长度

C. 梁箍筋   D. 梁上部通长筋或架立筋

E. 梁侧面纵向构造钢筋或受扭钢筋

25. 柱平法施工图中，柱编号包括（   ）。

A. KZ   B. KZZ   C. GZ

D. XZ   E. LZ、QZ

26. 梁平法施工图中，梁编号包括（   ）。

A. KL、L   B. WKL   C. LL

D. XL   E. KZL

27. 钢结构工程施工图内容通常有（   ）。

A. 设计说明   B. 基础图   C. 结构布置图

D. 构件图   E. 钢材订货表

28. 门式刚架结构房屋主要由（   ）等部分组成。

A. 屋盖系统   B. 柱子系统   C. 吊车梁系统

D. 墙架系统   E. 支撑系统

29. 门式刚架结构的特点主要有（   ）。

A. 重量轻   B. 工业化程度高

C. 施工周期长   D. 柱网布置灵活

E. 综合经济效益高

30. 属于钢结构次构件详图的是（   ）。
A. 隅撑
B. 屋脊节点
C. 撑杆
D. 系杆
E. 拉条
31. 图示角焊缝连接，表述准确的是（   ）

A. 6——表示焊脚尺寸
B. 120——表示焊缝宽度
C. 300——表示焊缝长度
D. 采用三面围焊
E. 采用双面角焊缝

三、判断题

1. 轴测图一般不能反映出物体各表面的实形，因而度量性差同时作图较复杂。
（   ）
2. 两框一斜线，定是垂直面；斜线在哪面，垂直哪个面。（   ）
3. 确定物体各组成部分之间相互位置的尺寸叫定形尺寸。（   ）
4. 组合体中，确定各基本形体之间相对位置的尺寸称为定形尺寸。（   ）
5. 在工程图中，图中的可见轮廓线的线型为细实线。（   ）
6. 用假想的剖切平面剖开物体，将观察者和剖切面之间的部分移去，而将其余部分向投影面投射所得到的图形称为断面图。（   ）
7. 正面图和侧面图必须上下对齐，这种关系叫"长对正"。（   ）
8. 所有投影线相互平行并垂直投影面的投影法称为正投影法。（   ）
9. 剖面图与断面图在表示手法上完全一致。（   ）
10. ——$\frac{5}{2}$）表示详图与被索引的图样不在同一张图纸内，在上半圆中注明详图编号，在下半圆中注明被索引的图纸的编号。（   ）
11. 计算机辅助设计的英文缩写是 CAM。（   ）
12. AutoCAD 图形只能由打印机输出。（   ）
13. AutoCAD 提供了 4 个轴测视图。（   ）
14. AutoCAD 利用 Mirrhatch 参数来控制镜像文本。（   ）
15. AutoCAD 提供尺寸标注功能。（   ）
16. 整套房屋施工图的编排顺序是：首页图（包括图纸目录、设计总说明、汇总表等）、建筑施工图、设备施工图、结构施工图。（   ）
17. 风向频率玫瑰图上所表示风的吹向，是指从外面吹向地区中心。（   ）
18. 风向频率玫瑰图上粗实线范围表示夏季风向频率。（   ）

19. 建筑专业施工图中的二层平面图除画出房屋二层范围的投影内容之外，还应画出室外台阶、散水等内容。　　　　　　　　　　　　　　　　　（　　）

20. 一个建筑需要绘制的立面图数量一定是 4 个，即东南西北四个立面。　（　　）

21. 房屋的剖面图只可采用横剖面，不可以采用纵剖面或其他剖面。　（　　）

22. 为了便于查阅表明节点处的详图，在平、立、剖面图中某些需要绘制详图的地方应注明详图的编号和详图所在图纸的编号，这种符号称为索引符号。　（　　）

23. 梁平法施工图有断面注写和列表注写两种方式。　　　　　　　　（　　）

24. 平法施工图中，梁集中标注中的梁顶面标高高差为必注值。　　　（　　）

25. 梁平法施工图中，G 2 Φ 12，表示梁的每个侧面配置 2 Φ 12 的纵向构造钢筋，两个侧面共配置 4 Φ 12 的纵向构造钢筋。　　　　　　　　　　　　　（　　）

26. 型钢代号∟ 100×80×8 表示长肢宽 100mm、短肢宽 80mm、肢厚 8mm 的不等边角钢。　　　　　　　　　　　　　　　　　　　　　　　　　　　　（　　）

27. Q235AF 钢中的 A 表示质量等级，其中 A 级最优。　　　　　　　（　　）

28. 钢结构施工详图可由钢结构制造企业根据设计单位提供的设计图和技术要求编制。（　　）

29. 钢结构柱脚平面布置图表示结构构件在平面的相互关系和编号。　（　　）

30. 刚架端部属于节点详图内容。　　　　　　　　　　　　　　　　（　　）

四、计算题或案例分析题

（一）如图所示的楼梯剖面图，从图中可知：

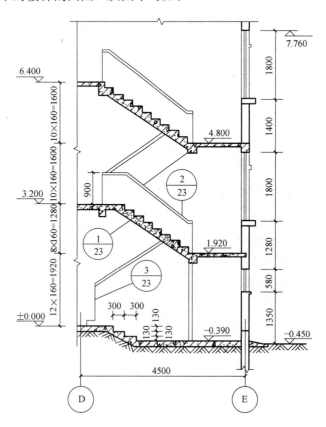

1. 最上面一个梯段的踏步数为（　　）。

A. 9　　　　　　　　B. 10　　　　　　　　C. 8　　　　　　　　D. 12

2. 二楼的层高为（　　）m。

A. 6.4　　　　　　　B. 3.2　　　　　　　C. 4.8　　　　　　　D. 7.760

3. 扶手的高度为（　　）mm。

A. 1400　　　　　　B. 1280　　　　　　　C. 900　　　　　　　D. 4100

4. 最下面一个梯段的踏步高度为（　　）mm。

A. 130　　　　　　　B. 300　　　　　　　C. 230　　　　　　　D. 160

5. 图中 $\frac{2}{23}$ 中的分母 23 表示（　　）。

A. 详图编号　　　　　　　　　　　　　　B. 索引所在的图纸编号

C. 详图所在的图纸编号　　　　　　　　　D. 以上均不对

（二）某厂总平面图如图所示，从图中可知：

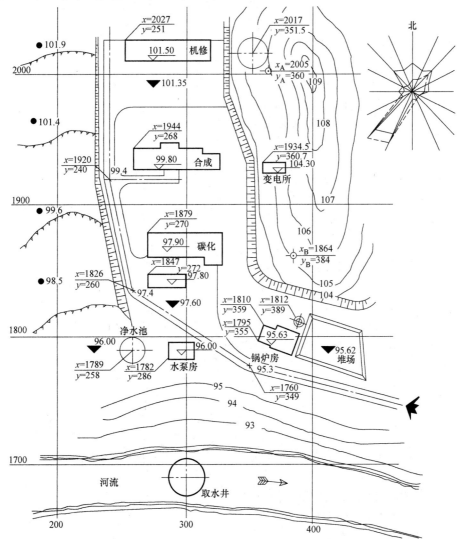

1. 在场地的（　　）有一条河流。

A. 东面　　　　　B. 西面　　　　　C. 北面　　　　　D. 南面

2. 图中点的坐标 y 值表示（　　）的数值。

A. 从下向上的竖直方向　　　　　　B. 从左下角到右上角的方向

C. 从左到右的水平方向　　　　　　D. 从右上角到左下角的方向

3. 图中有（　　）个新建建筑物。

A. 6　　　　　　B. 7　　　　　　C. 8　　　　　　D. 9

4. 图中显示的场地最高的标高为（　　）。

A. 109　　　　　B. 101.9　　　　C. 101.5　　　　D. 104.3

5. 图中变电所与合成车间之间的竖向图例表示（　　）。

A. 护坡　　　　　B. 道路　　　　　C. 围墙　　　　　D. 水沟

（三）下图为柱平法施工图，从图中可知：

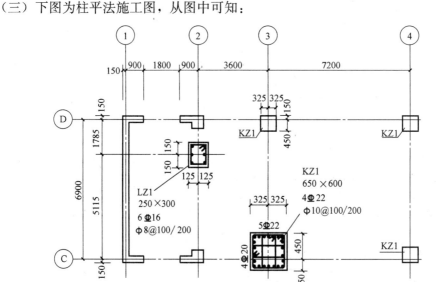

1. 图中 KZ1 集中注写的内容有（　　）。

A. 柱截面尺寸　　　　　B. 角筋　　　　　C. 全部纵筋

D. 箍筋　　　　　　　　E. 构造钢筋

2. 图中 KZ1 原位注写的内容有（　　）。

A. 柱截面与轴线的关系　　　　B. 角筋

C. 全部纵筋　　　　　　　　　D. 箍筋

E. 各边中部筋

3. 图中 KZ 表示（　　）。

A. 空心柱　　　　B. 暗柱　　　　C. 框架柱　　　　D. 构造柱

4. 4 轴与 D 轴相交处的柱的箍筋直径为（　　）mm。

A. 8　　　　　　B. 10　　　　　　C. 22　　　　　　D. 未标注

5. LZ1 与楼面梁相交段箍筋的间距为（　　）mm。

A. 150　　　　　B. 200　　　　　C. 100　　　　　D. 未标注

（四）下图为梁平法施工图，从图中可知：

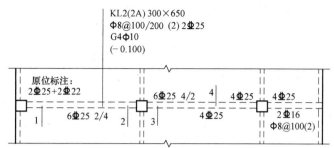

1. 若楼面的建筑标高为 3.600，楼面结构标高为 3.570，则该梁的梁顶标高为（　　）。

A. 3.600　　　　　B. 3.570　　　　　C. 3.500　　　　　D. 3.470

2. 图中 2—2 断面的上部纵筋为（　　）。

A. 6 Φ 25 4/2　　　B. 2 Φ 25　　　　　C. 2 Φ 25＋2 Φ 22　D. 6 Φ 25 2/4

3. 图中 KL2（2A），其中的 A 表示（　　）。

A. 简支

C. 一端悬挑

B. 两端悬挑

D. 无具体意义

4. 图中 3—3 断面的箍筋间距为（　　）。

A. 150　　　　　　B. 200　　　　　　C. 100　　　　　　D. 未标注

5. 图中梁的受力纵筋为（　　）钢筋。

A. HPB300　　　　B. HRB335　　　　C. HRB400　　　　D. HRB500

第 2 章　房 屋 构 造

一、单项选择题

1. 建筑物按照建筑使用性质通常分为民用建筑、（　　）、农业建筑。

A. 居住建筑　　　　B. 公共建筑　　　　C. 工业建筑　　　　D. 商业建筑

2. 二级建筑的耐久年限为（　　）年，适用于一般性建筑。

A. 100　　　　　　B. 50～100　　　　C. 25～50　　　　　D. 15 以下

3. 多层建筑物的耐火等级分为（　　）级。

A. 二　　　　　　　B. 三　　　　　　　C. 四　　　　　　　D. 五

4. 建筑模数是选定的标准尺寸单位，基本模数 1M＝（　　）mm。

A. 1000　　　　　　B. 200　　　　　　C. 50　　　　　　　D. 100

5. 基础的埋深指（　　）的距离。

A. 由室外设计地面到基础底面　　　　B. 由室内设计地面到基础底面

C. 由室外设计地面到垫层底面　　　　D. 由室内设计地面到垫层底面

6. 基础按受力特点，可分为柔性基础和（　　）。

A. 砖基础

C. 刚性基础

B. 混凝土基础

D. 钢筋混凝土基础

7. 地下室按使用功能不同可分为：普通地下室和（　　）。

A. 全地下室　　　　　　　　　　　B. 半地下室

C. 非普通地下室　　　　　　　　　D. 人防地下室

8. 下列哪项不是勒脚的作用：（　　）。

A. 防止外界机械性碰撞对墙体的损坏

B. 防止屋檐滴下的雨、雪水及地表水对墙的侵蚀

C. 美化建筑外观

D. 增强强度和稳定性

9. 散水是沿建筑物外墙四周地面作倾斜坡面，其宽度一般为（　　）mm。

A. 600～1000　　　B. 200～500　　　C. 1000～1500　　　D. 1200～1500

10. 设置在门窗洞口上部的横梁为（　　），其作用是承受洞口上部墙体和楼板传来的荷载，并把这些荷载传递给洞口两侧的墙体。

A. 圈梁　　　　　　B. 过梁　　　　　　C. 连梁　　　　　　D. 挑梁

11. 沿建筑物外墙四周、内纵墙、部分内横墙设置的连续闭合的梁为（　　）。

A. 连梁　　　　　　B. 过梁　　　　　　C. 圈梁　　　　　　D. 挑梁

12. 隔墙按构造方式分为（　　）、轻骨架隔墙和板材隔墙三大类。

A. 普通砖隔墙　　　B. 砌块隔墙　　　　C. 块材隔墙　　　　D. 轻钢龙骨隔墙

13. 在砌墙时先留出窗洞，以后再安装窗框，这种安装方法称为（　　）法。

A. 立口　　　　　　B. 塞口　　　　　　C. 顺口　　　　　　D. 留洞

14. 下列哪一项（　　）不是楼板的基本层次组成。

A. 面层　　　　　　B. 结构层　　　　　C. 顶棚层　　　　　D. 附加层

15. 预制板直接搁置在墙上或梁上时，均应有足够的搁置长度，支承于梁上时其搁置长度应不小于（　　）mm。

A. 80　　　　　　　B. 100　　　　　　C. 120　　　　　　D. 60

16. 悬吊式顶棚又称"吊顶"，下列哪一项（　　）不是这类顶棚的主要作用。

A. 隔声能力　　　　　　　　　　　B. 利用吊顶安装管道设施

C. 装饰效果　　　　　　　　　　　D. 防潮防水

17. 为了预防屋顶渗漏水，常将屋面做成一定坡度，以排雨水。屋顶的坡度首先取决于（　　）。

A. 建筑物所在地区的降水量大小　　B. 屋面防水材料的性能

C. 排水管道的粗细　　　　　　　　D. 排水方式

18. 屋顶雨水由室外雨水管排到室外的排水方式为（　　）。

A. 无组织排水　　　B. 外排水　　　　　C. 内排水　　　　　D. 女儿墙排水

19. 铺贴卷材时在基层涂刷基层处理剂后，将胶粘剂涂刷在基层上，然后再把卷材铺贴上去。这种铺设方式称为（　　）。

A. 自粘法　　　　　　B. 冷粘法　　　　　C. 热熔法　　　　　D. 热粘法

20. 屋面防水层与突出构件之间的防水构造称为（　　）。

A. 泛水　　　　　　　B. 散水　　　　　　C. 女儿墙　　　　　D. 檐沟

21. 平屋顶的保温材料聚苯乙烯泡沫塑料保温板属于（　　）类保温材料。

A. 散料类　　　　B. 整浇类　　　　C. 板块类　　　　D. 整体类

22. 在坡屋顶中常采用的支承结构类型不包括（　　　）。

A. 屋架承重　　　B. 横墙承重　　　C. 梁架承重　　　D. 纵墙承重

二、多项选择题

1. 建筑的三大基本要素为（　　　）。

A. 建筑功能　　　B. 建筑技术　　　C. 建筑安全

D. 建筑形象　　　E. 建筑经济

2. 常见的民用建筑的基本组成部分有（　　　）。

A. 地基　　　　　　　　　　　B. 基础

C. 墙或柱　　　　　　　　　　D. 楼地层、屋顶

E. 楼梯、门窗

3. 影响基础埋深的主要因素有（　　　）。

A. 建筑物使用要求、上部荷载的大小和性质

B. 工程地质条件、水文地质条件

C. 地基土冻胀深度

D. 相邻建筑物基础的影响

E. 建筑面积

4. 基础按构造形式可分为（　　　）。

A. 条形基础　　　　　　　　　B. 独立基础

C. 井格基础、筏式基础　　　　D. 砖基础

E. 箱形基础、桩基础

5. 砌体结构建筑依照墙体与上部水平承重构件（包括楼板、屋面板、梁）的传力关系，会产生不同的承重方案，主要有（　　　）。

A. 墙体自承重　　　　　　　　B. 横墙承重

C. 纵墙承重　　　　　　　　　D. 纵横墙混合承重

E. 墙与柱混合承重

6. 防潮层的做法通常有（　　　）。

A. 油毡防潮层　　　　　　　　B. 防水砂浆防潮层

C. 防水砂浆砌砖　　　　　　　D. 细石混凝土防潮层

E. 垂直防潮层

7. 圈梁的作用主要是（　　　）。

A. 方便与楼板的连接

B. 提高建筑物的整体性

C. 减少由于地基不均匀沉降而引起的墙身开裂

D. 提高建筑物的空间刚度

E. 提高砌体的局部抗压

8. 地坪的基本组成部分有（　　　）。

A. 面层　　　　　B. 垫层　　　　　C. 结构层

D. 顶棚层　　　　　E. 基层

9. 根据地面的构造特点，则其分类比较简明，可分为（　　）等。

A. 现浇整体地面　　　　　　　　B. 块材地面

C. 木地面　　　　　　　　　　　D. 卷材地面

E. 环氧树脂地面

10. 屋顶是房屋最上层的水平围护结构，也是房屋的重要组成部分，由（　　）等部分组成。

A. 屋面　　　　B. 承重结构　　　　C. 保温（隔热）层

D. 顶棚　　　　E. 基层

11. 卷材防水屋面由（　　）组成。

A. 基层　　　　B. 找平层　　　　C. 防水层

D. 保护层　　　E. 结构层

12. 下列（　　）等做防水层的屋面为刚性防水屋面。

A. 防水砂浆　　　B. 细石混凝土　　　C. 配筋的细石混凝土

D. 防水卷材　　　E. 防水涂料

13. 刚性防水屋面是由（　　）组成。

A. 结构层　　　B. 找平层　　　C. 隔离层

D. 防水层　　　E. 基层

三、判断题

1. 南京高铁南站属于大量性建筑而不是大型性建筑。（　　）

2. 门窗属于承重构件，门主要用作室内外交通联系及分隔房间。（　　）

3. 全地下室是指地下室地面低于室外地坪的高度超过该房间净高的1/2。（　　）

4. 当地下水的常年水位和最高水位均在地下室地坪标高以下时，地下室外墙底板和外墙可只做防潮层。（　　）

5. 外防水是将防水层贴在地下室外墙的外表面，这样施工方便，容易维修，但不利于防水，常用于修缮工程。（　　）

6. 构造柱施工时应先放置构造柱钢筋骨架，后砌墙，随着墙体的升高而逐段现浇混凝土构造柱身。构造柱与墙体连接处宜砌成五出五进的大马牙槎。（　　）

7. 按门在建筑物中所处的位置分：内门和外门。（　　）

8. 井式楼板必须与墙体正交放置，不可与墙体斜交放置。（　　）

9. 顶棚的构造形式有两种，直接式顶棚和悬吊式顶棚。（　　）

10. 材料找坡构造简单，不增加荷载，其缺点是室内的天棚是倾斜的。（　　）

11. 保温层位于防水层之上这种做法与传统保温层的铺设顺序相反，所以又称为倒铺保温层。（　　）

12. 平屋顶的隔热构造可采用通风隔热、蓄水隔热、植被隔热、反射隔热等方式。（　　）

13. 两坡屋顶尽端山墙常做成悬山或硬山两种形式。悬山是两坡屋顶尽端屋面出挑在

山墙处，一般常用檩条出挑，有挂瓦板屋面则用挂瓦板出挑的形式。 （　　）

第3章　建筑测量

一、单项选择题

1. 下列是高程测量所用的常见仪器为（　　）。
A. 经纬仪　　　　B. 水准仪　　　　C. 钢尺　　　　D. 激光垂直仪

2. 下列是角度测量所用的常见仪器为（　　）。
A. 经纬仪　　　　B. 水准仪　　　　C. 钢尺　　　　D. 激光垂直仪

3. 下列是距离测量所用的常见仪器为（　　）。
A. 经纬仪　　　　B. 水准仪　　　　C. 钢尺　　　　D. 激光垂直仪

4. 高程测量所用的常见仪器为（　　）。
A. 经纬仪　　　　B. 水准仪　　　　C. 钢尺　　　　D. 激光垂直仪

5. 对于地势起伏较大，通视条件较好的施工场地，可采用（　　）。
A. 三角网　　　　B. 导线网　　　　C. 建筑方格网　　D. 建筑基线

6. 对于地势平坦，通视又比较困难的施工场地，可采用（　　）。
A. 三角网　　　　B. 导线网　　　　C. 建筑方格网　　D. 建筑基线

7. 对于建筑物多为矩形且布置比较规则和密集的施工场地，可采用（　　）。
A. 三角网　　　　B. 导线网　　　　C. 建筑方格网　　D. 建筑基线

8. 对于地势平坦且又简单的小型施工场地，可采用（　　）。
A. 三角网　　　　B. 导线网　　　　C. 建筑方格网　　D. 建筑基线

9. 施工高程控制网采用（　　）。
A. 三角网　　　　B. 导线网　　　　C. 建筑方格网　　D. 水准网

10. 轴线向上投测时，要求 H 建筑物总高度 $30m < H \leqslant 60m$，要求竖向误差在全楼累计误差不超过（　　）。
A. 10mm　　　　B. 5mm　　　　C. 15mm　　　　D. 20mm

11. 轴线向上投测时，要求竖向误差本层内不超过（　　）。
A. 10mm　　　　B. 5mm　　　　C. 15mm　　　　D. 20mm

12. 轴线向上投测时，要求 H 建筑物总高度 $60m < H \leqslant 90m$，要求竖向误差在全楼累计误差不超过（　　）。
A. 10mm　　　　B. 5mm　　　　C. 15mm　　　　D. 20mm

13. 轴线向上投测时，要求 H 建筑物总高度 $90m < H$，要求竖向误差在全楼累计误差不超过（　　）。
A. 10mm　　　　B. 5mm　　　　C. 15mm　　　　D. 20mm

14. 下列哪项不是施工测量贯穿于整个施工过程中主要内容有（　　）。
A. 施工前建立与工程相适应的施工控制网
B. 建（构）筑物的放样及构件与设备安装的测量工作，以确保施工质量符合设计要求
C. 检查和验收工作

D. 测定

15. 下列不是建筑基线的布设形式有（　　）。

A. "一"字形　　　　　B. "L"形　　　　　C. "Y"形　　　　　D. "十"字形

16. 建筑基线上的基线点应不少于（　　）。

A. 1个　　　　　B. 2个　　　　　C. 3个　　　　　D. 4个

17. 建筑基线应尽可能靠近拟建的主要建筑物，并与其主要轴线（　　）。

A. 平行　　　　　B. 相交　　　　　C. 垂直　　　　　D. 任意

18. 基线点位应选在（　　）和不易被破坏的地方，要埋设永久性的混凝土桩。

A. 通视良好　　　　　B. 互不通视　　　　　C. 垂直　　　　　D. 任意

19. 基线点位应选在通视良好和不易被破坏的地方，为能长期保存，要埋设（　　）。

A. 永久性的混凝土桩　　　　　　　　B. 临时混凝土桩

C. 临时水准点　　　　　　　　　　　D. 永久水准点

20. 建筑方格网是由（　　）组成的施工平面控制网。

A. 菱形　　　　　　　　　　　　　　B. 五边形

C. 正方形或矩形　　　　　　　　　　D. 三角形

21. 建筑方格网中，等级为Ⅰ级，边长在100～300，测角中误差（　　）。

A. 10″　　　　　B. 20″　　　　　C. 5″　　　　　D. 8″

22. 建筑方格网中，等级为Ⅱ级，边长在100～300，测角中误差（　　）。

A. 10″　　　　　B. 20″　　　　　C. 5″　　　　　D. 8″

23. 建筑方格网中，等级为Ⅰ级，边长在100～300，边长相对中误差（　　）。

A. 1/20000　　　　B. 1/30000　　　　C. 1/10000　　　　D. 1/40000

24. 建筑方格网中，等级为Ⅱ级，边长在100～300，边长相对中误差（　　）。

A. 1/20000　　　　B. 1/30000　　　　C. 1/10000　　　　D. 1/40000

25. 建筑方格网中，等级为Ⅰ级，边长在100～300，测角检测限差（　　）。

A. 10″　　　　　B. 20″　　　　　C. 5″　　　　　D. 8″

26. 建筑方格网中，等级为Ⅱ级，边长在100～300，测角检测限差（　　）。

A. 10″　　　　　B. 16″　　　　　C. 5″　　　　　D. 8″

27. 建筑方格网中，等级为Ⅰ级，边长在100～300，边长检测限差（　　）。

A. 1/15000　　　　B. 1/30000　　　　C. 1/10000　　　　D. 1/40000

28. 建筑方格网中，等级为Ⅱ级，边长在100～300，边长检测限差（　　）。

A. 1/15000　　　　B. 1/30000　　　　C. 1/20000　　　　D. 1/10000

29. 施工水准点是用来直接测设建筑物（　　）。

A. 高程　　　　　B. 距离　　　　　C. 角度　　　　　D. 坐标

30. 建筑物常以底层室内地坪高（　　）标高为高程起算面。

A. ±0　　　　　B. ±1　　　　　C. ±2　　　　　D. ±2

31. 总平面图可以查取或计算设计建筑物与原有建筑物或测量控制点之间的平面尺寸和（　　）。

A. 高差　　　　　B. 距离　　　　　C. 角度　　　　　D. 坐标

32. 基础详图中可以查取基础立面尺寸和设计标高这是基础（　　）测设的依据。

A. 高程   B. 距离   C. 角度   D. 坐标

33. 轴线控制桩一般设置在基槽外（　　）处，打下木桩，桩顶钉上小钉，准确标出轴线位置，并用混凝土包裹木桩。

A. 2～4m   B. 4～5m   C. 6～8m   D. 8～10m

34. 固定龙门板的木桩称为（　　）。

A. 龙门板   B. 龙门桩   C. 角桩   D. 水平桩

35. 在建筑物四角与隔墙两端，基槽开挖边界线以外（　　）处设置龙门桩。

A. 2～4m   B. 1.5～2m   C. 6～8m   D. 8～10m

36. 沿龙门桩上（　　）标高线钉设龙门板。

A. ±0 m   B. ±1m   C. ±2 m   D. ±2m

37. 龙门板 轴线钉定位误差应小于（　　）。

A. ±5mm   B. ±15mm   C. ±25mm   D. ±10mm

38. 钢尺沿龙门板的顶面，检查轴线钉的间距，其误差不超过（　　）。

A. 1：2000   B. 1：1000   C. 1：3000   D. 1：4000

39. 房屋基础墙是指（　　）以下的砖墙，它的高度是用基础皮数杆来控制的。

A. ±0.500m   B. ±0.000m   C. ±1.000m   D. ±0.100m

40. 基础面的标高是否符合设计要求，可用水准仪测出基础面上若干点的高程和设计高程比较，允许误差为（　　）。

A. ±5mm   B. ±15mm   C. ±25mm   D. ±10mm

41. 在墙身皮数杆上，根据设计尺寸，按砖、灰缝的厚度画出线条，并标明（　　）。

A. ±0.500m   B. ±0.000m   C. ±1.000m   D. ±0.100m

42. 内控法是在建筑物内（　　）平面设置轴线控制点，并预埋标志。

A. ±0.500m   B. ±0.000m   C. ±1.000m   D. ±0.100m

43. 在基础施工完毕后，在±0首层平面上，适当位置设置与轴线平行的辅助轴线，辅助轴线距轴线（　　）为宜，并在辅助轴线交点或端点处埋设标志。

A. 500～800mm   B. 300～400mm

C. 200～300mm   D. 100～200mm

44. 基坑挖到一定深度时，应在基坑四壁，离基坑底设计标高（　　）处，测设水平桩，作为检查基坑底标高和控制垫层的依据。

A. 0.5m   B. 0.6m   C. 0.7m   D. 1.5m

45. 柱子中心线应与相应的柱列轴线一致，其允许偏差为（　　）。

A. ±10mm   B. ±5mm   C. ±15mm   D. ±25mm

46. 牛腿顶面和柱顶面的实际标高应与设计标高一致，其允许误差为（　　）。

A. ±5～8mm   B. ±6～10mm   C. ±15～20mm   D. ±2～5mm

47. 牛腿顶面和柱顶面的实际标高应与设计标高一致，柱高大于5m时为（　　）。

A. ±8mm   B. ±10mm   C. ±15mm   D. ±2mm

48. 当柱高≤5m时柱身垂直允许误差为（　　）。

A. ±5mm   B. ±10mm   C. ±15mm   D. ±2mm

49. 当柱高 5～10m 时柱身垂直允许误差为（　　）。

A. ±5mm   B. ±10mm   C. ±15mm   D. ±2mm

50. 当柱高 5～10m 时柱身垂直允许误差为但不得大于（   ）。

A. ±5mm   B. ±10mm   C. ±15mm   D. ±20mm

51. 当柱高 5～10m 时柱身垂直允许误差则为柱高的（   ）。

A. 1：2000   B. 1：1000   C. 1：3000   D. 1：4000

52. 视线高为后视点高程与（   ）之和。

A. 仪器高   B. 后视读数   C. 前视读数   D. 高差

53. 一条指向正南方向直线的方位角和象限角分别为（   ）。

A. 90°，90°   B. 0°，90°   C. 180°，0°   D. 270°，90°

54. 只表示地物的平面位置而不反映地表起伏形态的图称为（   ）。

A. 地形图   B. 地图   C. 平面图   D. 立体图

55. 从一个已知控制点出发，经过若干个点之后，最后又回到该已知点，构成一个闭合多边形。这种导线布设形式称为（   ）。

A. 附合导线   B. 闭合导线   C. 导线网   D. 支导线

56. （   ）是根据地面上两点间的水平距离和测得的竖直角，来计算两点间的高差。

A. 基平测量   B. 水准测量
C. 高程测量   D. 三角高程测量

57. 闭合导线若按逆时针方向测量，则水平角测量一般观测（   ）角，即（   ）角。

A. 左，外   B. 右，内   C. 左，内   D. 右，外

58. 已知水平距离的放样一般有钢尺量距放样和（   ）放样两种方法。

A. 皮尺量距   B. 视距测量   C. 目估距离   D. 测距仪测距

59. （   ）指的是地面上具有明显轮廓的固定的人工的或者天然的物体。

A. 地物   B. 地貌   C. 地形   D. 等高线

60. 比例尺最小为_____，比例尺精度为_____（   ）。

A. 1：1000   50mm   B. 1：500   50mm
C. 1：5000   500mm   D. 1：500   500mm

61. 导线坐标增量闭合差调整的方法是（   ）。

A. 将其反符号按角度大小分配   B. 将其反符号按边长成正比例分配
C. 将其反符号按角度数量分配   D. 将其反符号按边数分配

62. 下列不属于全站仪在一个测站所能完成的工作的是（   ）。

A. 计算平距、高差   B. 计算三维坐标
C. 按坐标进行放样   D. 计算直线方位角

63. 经纬仪安置的步骤应为（   ）。

（1）调节光学对中器

（2）初步对中

（3）垂球对中

（4）精确对中

（5）精确整平

（6）再次精确对中、整平，并反复进行

　　A.（1）（2）（3）（4）（5）（6）

　　B.（1）（2）（4）（5）（6）

　　C.（3）（2）（4）（5）（6）

　　D.（2）（3）（4）（5）（6）

64. 经纬仪对中是使仪器中心与测站点安置在同一铅垂线上，整平是使仪器（　　）。

　　A. 圆气泡居中　　　　　　　　　　　B. 视准轴水平

　　C. 竖轴铅直和水平度盘水平　　　　　D. 横轴水平

65. 四等水准测量的视线长度规范要求不大于（　　）。

　　A. 50m　　　　　　B. 75m　　　　　　C. 80m　　　　　　D. 100m

66. 一对普通水准尺的红面尺底分划为（　　）。

　　A. 4687mm 和 4687mm　　　　　　　　B. 0mm 和 0mm

　　C. 4687mm 和 4787mm　　　　　　　　D. 4787mm 和 4787mm

67.（　　）是指使用测量仪器和工具，通过测量计算，得到一些特征点的测量数据，或将地球表面的地物和地貌绘制成地形图。

　　A. 测量　　　　　　B. 测绘　　　　　　C. 测定　　　　　　D. 测控

68. 测量工作的基准线是（　　）。

　　A. 法线　　　　　　B. 铅垂线　　　　　C. 大地线　　　　　D. 法截线

69. 关于测量坐标系和数学坐标系的描述中，正确的是（　　）。

　　A. 测量坐标系的横轴是 X 轴，纵轴是 Y 轴

　　B. 数学坐标系的象限是顺时针排列的

　　C. 数学坐标系中的平面三角学公式，只有通过转换后才能用于测量坐标系

　　D. 在测量坐标系中，一般用纵轴表示南北方向，横轴表示东西方向

70. 某 AB 段距离往测为 100.50m，返测为 99.50m，则相对误差为（　　）。

　　A. 0.995　　　　　　B. 1/1000　　　　　C. 1/100　　　　　D. 0.01

71. 建筑物沉降观测是用（　　）的方法，周期性地观测建筑物上的沉降观测点和水准基点之间的高差变化值。

　　A. 控制测量　　　　B. 距离测量　　　　C. 水准测量　　　　D. 角度测量

二、多项选择题

1. 施工测量贯穿于整个施工过程中其主要内容有（　　）。

　　A. 施工前建立与工程相适应的施工控制网

　　B. 建（构）筑物的放样及构件与设备安装的测量工作。以确保施工质量符合设计要求

　　C. 检查和验收工作

　　D. 变形观测工作

　　E. 测定

2. 下列是建筑基线的布设形式有（　　）。

　　A.“一”字形　　　　　　B.“L”形　　　　　　C.“Y”形

D.“十”字形　　　　　　　E.“T”形

3. 测设的基本工作包括（　　　）。

A. 水平距离的测设　　　　　　B. 方位角的测设

C. 水平角的测设　　　　　　　D. 高程的测设

4. 建筑施工测量中恢复轴线位置的方法（　　　）。

A. 设置轴线控制桩　　　　　　B. 基槽抄平

C. 设置角桩　　　　　　　　　D. 龙门板

5. 导线的布置形式（　　　）。

A. 闭合导线　　　　　　　　　B. 附合导线

C. 闭合水准路线　　　　　　　D. 附合导水准路线

E. 支导线

6. 施工平面控制网可以布设成（　　　）。

A. 三角网　　　　　　　　　　B. 导线网

C. 建筑方格网　　　　　　　　D. 建筑基线

E. 导线

7. 在多层建筑墙身砌筑过程中，为了保证建筑物轴线位置正确，可用（　　　）将轴线投测到各层楼板边缘或柱顶上。

A. 经纬仪　　　　　　　　　　B. 水准仪

C. 钢尺　　　　　　　　　　　D. 激光垂直仪

E. 吊锤球

8. 建筑物的高程传递的方法（　　　）。

A. 皮数杆　　　　　　　　　　B. 水准仪

C. 钢尺直接丈量　　　　　　　D. 激光垂直仪

E. 吊钢尺法

9. 在多层建筑施工中，要由下层向上层传递高程，以便楼板、门窗口等的标高符合设计要求。高程传递的方法有（　　　）。

A. 利用皮数杆传递高程　　　　B. 水准仪

C. 吊钢尺法　　　　　　　　　D. 利用钢尺直接丈量

E. 吊锤球

10. 高层建筑物轴线的竖向投测主要有（　　　）。

A. 利用皮数杆传递高程　　　　B. 外控法

C. 吊钢尺法　　　　　　　　　D. 利用钢尺直接丈量

E. 内控法

11. 建筑基线的布设形式（　　　）。

A.“一”字形　　　　　　　　B.“L”形

C.“十”字形　　　　　　　　D.“T”形

E.“Y”形

12. 建筑基线的布设要求（　　　）。

A. 建筑基线应尽可能靠近拟建的主要建筑物，并与其主要轴线平行，以便使用比较

简单的直角坐标法进行建筑物的定位

  B. 建筑基线上的基线点应不少于三个, 以便相互检核

  C. 建筑基线应尽可能与施工场地的建筑红线相连系

  D. 基线点位应选在通视良好和不易被破坏的地方

  E. 能长期保存, 要埋设永久性的混凝土桩

  13. 建筑基线的测设方法 (   )。

  A. 根据建筑红线测设建筑基线

  B. 根据水准点测设建筑基线

  C. 根据坡度线测设建筑基线

  D. 根据附近已有控制点测设建筑基线

  E. 根据角桩测设建筑基线

  14. 民用建筑施工测量的主要任务 (   )。

  A. 建筑物的定位和放线   B. 基础工程施工测量

  C. 墙体工程施工测量   D. 高层建筑施工测量

  E. 角度测量

  15. 施工测量前的准备工作 (   )。

  A. 熟悉设计图纸   B. 现场踏勘

  C. 施工场地整理   D. 制定测设方案

  E. 仪器和工具

  16. 测设时必须具备下列图纸资料 (   )。

  A. 总平面图   B. 建筑平面图

  C. 基础平面图   D. 基础详图

  E. 建筑物的立面图和剖面图

  17. 民用建筑的施工测量中从建筑物的立面图和剖面图中, 可以查取 (   ) 等设计高程, 这是高程测设的主要依据。

  A. 基础   B. 地坪

  C. 门窗   D. 楼板

  E. 屋面

  18. 制定测设方案包括 (   )。

  A. 测设方法   B. 测设数据计算

  C. 绘制测设略图   D. 测定

  E. 距离

  19. 墙体定位主要包括 (   )。

  A. 利用轴线控制桩或龙门板上的轴线和墙边线标志, 用经纬仪或拉细绳挂锤球的方法将轴线投测到基础面上或防潮层上

  B. 用墨线弹出墙中线和墙边线

  C. 检查外墙轴线交角是否等于 90°

  D. 把墙轴线延伸并画在外墙基础上作为向上投测轴线的依据

  E. 把门、窗和其他洞口的边线, 也在外墙基础上标定出来

20. 激光铅垂仪主要（　　）等部分组成。

A. 氦氖激光管 　　　　B. 精密竖轴 　　　　C. 水准器

D. 激光电源 　　　　E. 接收屏

21. 激光铅垂仪投测轴线其投测方法如下（　　）。

A. 在首层轴线控制点上安置激光铅垂仪，利用激光器底端（全反射棱镜端）所发射的激光束进行对中，通过调节基座整平螺旋，使管水准器气泡严格居中

B. 在上层施工楼面预留孔处，放置接受靶

C. 接通激光电源，启辉激光器发射铅直激光束，通过发射望远镜调焦，使激光束会聚成红色耀目光斑，投射到接受靶上

D. 移动接受靶，使靶心与红色光斑重合，固定接受靶，并在预留孔四周作出标记，此时，靶心位置即为轴线控制点在该楼面上的投测点

E. 读数

22. 柱基定位和放线包括（　　）。

A. 安置两台经纬仪，在两条互相垂直的柱列轴线控制桩上，沿轴线方向交会出各柱基的位置（即柱列轴线的交点），此项工作称为柱基定位

B. 在柱基的四周轴线上，打入四个定位小木桩 abcd，其桩位应在基础开挖边线以外，比基础深度大 1.5 倍的地方，作为修坑和立模的依据。

C. 按照基础详图所注尺寸和基坑放坡宽度，用特制角尺，放出基坑开挖边界线，并撒出白灰线以便开挖，此项工作称为基础放线

D. 在进行柱基测设时，应注意柱列轴线不一定都是柱基的中心线，而一般立模、吊装等习惯用中心线，此时，应将柱列轴线平移，定出柱基中心线

E. 用墨线弹出墙中线和墙边线

23. 厂房控制点（控制网为矩形）的测设检查内容（　　）。

A. 检查水平夹角是否等于 90°，其误差不得超过 ±10″

B. 检查高程

C. 检查 SP 是否等于设计长度，其误差不得超过 1/10000

D. 检查垂直角的限差

E. 检查方位角

24. 杯形基础立模测量有以下（　　）工作。

A. 基础垫层打好后，根据基坑周边定位小木桩，用拉线吊锤球的方法，把柱基定位线投测到垫层上，弹出墨线，用红漆画出标记，作为柱基立模板和布置基础钢筋的依据

B. 立模时，将模板底线对准垫层上的定位线，并用锤球检查模板是否垂直

C. 将柱基顶面设计标高测设在模板内壁，作为浇灌混凝土的高度依据

D. 牛腿顶面和柱顶面的实际标高应与设计标高一致

E. 柱身垂直允许误差为当柱高≤5m 时为 ±5mm

25. 柱子安装前的准备工作以下（　　）工作。

A. 在柱基顶面投测柱列轴线

B. 柱身弹线

C. 杯底找平

D. 牛腿顶面和柱顶面的实际标高应与设计标高一致

E. 柱身垂直允许误差为当柱高≤5m时为±5mm

26. 柱子安装应满足的基本要求（　　　）。

A. 柱子中心线应与相应的柱列轴线一致，其允许偏差为±5mm

B. 牛腿顶面和柱顶面的实际标高应与设计标高一致，其允许误差为±（5～8mm）

C. 当柱高 5～10m 时，为±10mm

D. 当柱高超过 10m 时，则为柱高的 1/1000，但不得大于 20mm

E. 柱高大于 5m 时为±8mm 柱身垂直允许误差为当柱高≤5m 时为±5mm

27. 柱子安装测量的注意事项（　　　）。

A. 所使用的经纬仪必须严格校正，操作时，应使照准部水准管气泡严格居中

B. 校正时，除注意柱子垂直外，还应随时检查柱子中心线是否对准杯口柱列轴线标志，以防柱子安装就位后，产生水平位移

C. 在校正变截面的柱子时，经纬仪必须安置在柱列轴线上，以免产生差错

D. 在日照下校正柱的垂直度时，应考虑日照使柱顶向阴面弯曲的影响，为避免此种影响，宜在早晨或阴天校正

E. 柱高大于 5m 时为±8mm 柱身垂直允许误差为当柱高≤5m 时为±5mm

28. 吊车梁安装前的准备工作有（　　　）。

A. 在柱面上量出吊车梁顶面标高

B. 根据柱子上的±0.000m 标高线，用钢尺沿柱面向上量出吊车梁顶面设计标高线，作为调整吊车梁面标高的依据

C. 在吊车梁上弹出梁的中心线

D. 在吊车梁的顶面和两端面上，用墨线弹出梁的中心线，作为安装定位的依据

E. 在校正变截面的柱子时，经纬仪必须安置在柱列轴线上，以免产生差错

29. 烟囱的特点是（　　　）。

A. 基础小　　　　　　B. 主体低　　　　　C. 基础大

D. 主体高　　　　　　E. 距离长

30. 烟囱的基础施工测量（　　　）。

A. 当基坑开挖接近设计标高时，在基坑内壁测设水平桩，作为检查基坑底标高和打垫层的依据

B. 坑底夯实后，从定位桩拉两根细线，用锤球把烟囱中心投测到坑底

C. 钉上木桩，作为垫层的中心控制点

D. 浇灌混凝土基础时，应在基础中心埋设钢筋作为标志

E. 根据定位轴线，用经纬仪把烟囱中心投测到标志上，并刻上"＋"字，作为施工过程中，控制筒身中心位置的依据

31. 建筑物变形观测的主要内容（　　　）等。

A. 建筑物沉降观测　　　　　　　　　B. 建筑物倾斜观测

C. 建筑物裂缝观测　　　　　　　　　D. 位移观测

E. 角度测量

32. 水准基点是沉降观测的基准，因此水准基点的布设应满足的要求（　　　）。

A. 要有足够的稳定性   B. 要满足一定的观测精度

C. 沉降观测点的数量   D. 沉降观测点的位置

E. 要具备检核条件

33. 进行沉降观测的建筑物，应埋设沉降观测点，沉降观测点的布设应满足的要求（   ）。

A. 沉降观测点的设置形式   B. 要满足一定的观测精度

C. 沉降观测点的数量   D. 沉降观测点的位置

E. 要具备检核条件

三、判断题

1. 在施工阶段所进行的测量工作称为施工测量。   （   ）

2. 施工测量是直接为工程施工服务的，因此它必须与施工组织计划不协调。（   ）

3. 点位测量主要指点的二维坐标测量。   （   ）

4. 建筑方格网是由正方形或矩形组成的施工平面控制网。   （   ）

5. 建筑基线上的基线点应不少于三个，以便相互检核。   （   ）

6. 在阳光下或雨天作业时必须撑伞遮阳，以防日晒和雨淋。   （   ）

7. 施工控制网的特点与测图控制网相比，施工控制网具有控制范围大、控制点密度小、精度要求高及使用频繁等特点。   （   ）

8. 建筑红线是由城市测绘部门测定的建筑用地界定基准线。   （   ）

9. 施工水准点是用来直接测设建筑物高程的。   （   ）

10. 建筑施工中的高程测设，又称抄平。   （   ）

11. 为了施工时使用方便，一般在槽壁各拐角处、深度变化处和基槽壁上每隔 3～4m 测设一水平桩。   （   ）

12. 外控法是在建筑物外部，利用经纬仪，根据建筑物轴线控制桩来进行轴线的竖向投测，亦称作"经纬仪引桩投测法"。   （   ）

13. 在基础施工完毕后，在±1首层平面上，适当位置设置与轴线平行的辅助轴线。辅助轴线距轴线 500～800mm 为宜。   （   ）

14. 吊线坠法是利用钢丝悬挂重锤球的方法，进行轴线竖向投测。   （   ）

15. 激光铅垂仪是一种专用的水平定位仪器。   （   ）

16. 柱子中心线应与相应的柱列轴线一致，其允许偏差为±10mm。   （   ）

17. 屋架吊装就位时，应使屋架的中心线与柱顶面上的定位轴线对准，允许误差为10mm。   （   ）

18. 对于高大的钢筋混凝土烟囱，烟囱模板每滑升二次，就应采用激光铅垂仪进行一次烟囱的铅直定位。   （   ）

19. 烟囱外筒壁收坡控制，是用靠尺板来控制的。   （   ）

20. 烟囱的中心偏差一般不应超过砌筑高度的1/1000。   （   ）

21. 烟囱每砌筑完 15m，必须用经纬仪引测一次中心线。   （   ）

22. 吊车梁安装就位后，先按柱面上定出的吊车梁设计标高线对吊车梁面进行调整，然后将水准仪安置在吊车梁上，每隔 3m 测一点高程，并与设计高程比较，误差应在

3mm 以内。 （　　）

23. 柱子安装测量的目的是保证柱子平面和高程符合设计要求，柱身铅直。 （　　）

24. 工业建筑中以厂房为主体，一般工业厂房多采用预制构件，在现场装配的方法施工。 （　　）

25. 激光铅垂仪适用于高层建筑物、烟囱及高塔架的铅直定位测量。 （　　）

26. 建筑物的轴线投测用钢尺检核其间距，相对误差不得大于 1/2000。 （　　）

27. 在墙体施工中，墙身各部位标高通常也是用皮数杆控制。 （　　）

28. 基础垫层打好后，根据轴线控制桩或龙门板上的轴线钉，用经纬仪或用拉绳挂锤球的方法，把轴线投测到垫层上。 （　　）

29. 建筑物外廓各轴线交点简称角桩。 （　　）

30. 从基础平面图上，可以查取基础边线与定位轴线的平面尺寸，这是测设基础轴线的必要数据。 （　　）

31. 用测量仪器来测定建筑物的基础和主体结构倾斜变化的工作，称为倾斜观测。
（　　）

四、计算题或案例分析题

（一）如图所示，AB 为附近已有控制点，1.2.3 为选定的建筑基线点，测设建筑基线。已知：A（150，200），$\alpha_{AB}=280°$，1（400，120），2（250，220）3（210，250）。

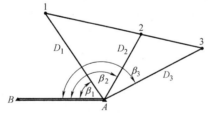

1. β_1 为（　　）。
A. 280°　　　　　　 B. 342°15′19″　　　　 C. 62°15′19″　　　　 D. 242°15′19″

2. β_2 为（　　）。
A. 280°　　　　　　 B. 91°18′36″　　　　　 C. 62°15′19″　　　　 D. 22°16′18″

3. β_3 为（　　）。
A. 280°　　　　　　 B. 32°18′11″　　　　　 C. 52°12′13″　　　　 D. 119°48′20″

4. D_{A1} 为（　　）。
A. 262.49m　　　　 B. 80.13m　　　　　　 C. 100.21m　　　　　 D. 262.23m

5. D_{A2} 为（　　）。
A. 101.98m　　　　 B. 83.16m　　　　　　 C. 18.21m　　　　　　 D. 92.23m

6. D_{A3} 为（　　）。
A. 78.10m　　　　　 B. 45.56m　　　　　　 C. 98.23m　　　　　　 D. 32.23m

（二）如图所示：

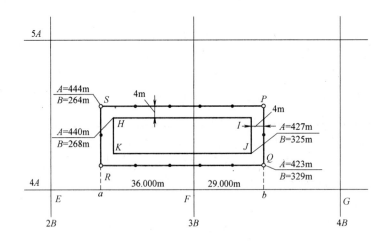

1. 从 F 点起沿 FE 方向量取（　　）定出 a 点。

A. 36m　　　　　B. 29m　　　　　C. 4m　　　　　D. 268m

2. 从 F 点起沿 FG 方向量取（　　）定出 b 点。

A. 36m　　　　　B. 29m　　　　　C. 4m　　　　　D. 268m

3. 在 a 与 b 上安置经纬仪，分别瞄准 E 与 F 点，顺时针方向测设（　　），得两条视线方向，沿视线方向量取定出 R、Q 点。

A. 280°　　　　　B. 80°　　　　　C. 180°　　　　　D. 90°

4. 接（3）题，再向前量取（　　），定出 S、P 点。

A. 26m　　　　　B. 29m　　　　　C. 21m　　　　　D. 22.23m

5. D_{SP} 为（　　）。

A. 65m　　　　　B. 56m　　　　　C. 36m　　　　　D. 29m

（三）如下表所示：

测站	目标	度盘读数		半测回角值	一测回角值
		盘左	盘右		
		° ′ ″	° ′ ″	° ′ ″	° ′ ″
O	A	00 00 24	180 00 54		
	B	58 48 54	238 49 18		

1. 上半测回的角度为（　　）。

A. 58°48′54″　　　B. 58°48′19″　　　C. 58°48′30″　　　D. 239°49′18″

2. 下半测回的角度为（　　）。

A. 58°48′54″　　　B. 58°48′24″　　　C. 58°48′30″　　　D. 239°49′18″

3. 一个测回的角度为（　　）。

A. 58°48′27″　　　B. 58°48′24″　　　C. 58°48′30″　　　D. 239°49′18″

（四）如下表所示：

测站	目标	度盘读数		竖直角		指标差	备注
		盘左	盘右	半测回	一测回		
		° ′ ″	° ′ ″	° ′ ″	° ′ ″	″	
O	A	78 18 18	281 42 00				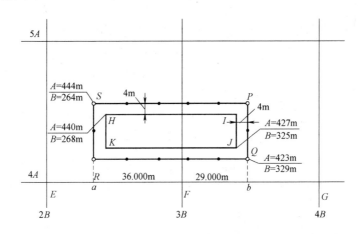

（盘左注记）

1. 上半测回的角度为（　　）。
A. 78°18′18″　　　B. 281°42′00″　　　C. 11°41′42″　　　D. 11°41′09″

2. 下半测回的角度为（　　）。
A. 78°18′18″　　　B. 281°42′00″　　　C. 11°42′42″　　　D. 11°41′09″

3. 一个测回的角度为（　　）。
A. 11°41′51″　　　B. 281°42′00″　　　C. 11°42′42″　　　D. 11°41′09″

4. 指标差为（　　）。
A. 9″　　　　　　B. 18″　　　　　　C. 12″　　　　　　D. 11″

5. 竖盘的注记为（　　）。
A. 顺时针　　　　B. 逆时针　　　　C. 盘左　　　　　D. 盘右

（五）如图所示：

1. D_{HK} 为（　　）。
A. 17m　　　　　B. 21m　　　　　C. 30m　　　　　D. 19m

2. D_{SR} 为（　　）。
A. 65m　　　　　B. 56m　　　　　C. 21m　　　　　D. 29m

3. D_{HI} 为（　　）。
A. 68m　　　　　B. 56m　　　　　C. 57m　　　　　D. 48m

4. ΔX_{SR} 为（　　）。
A. 68m　　　　　B. 21m　　　　　C. 57m　　　　　D. 48m

5. ΔY_{PQ} 为（　　　）。

A. 68m   B. 0m   C. 57m   D. 48m

6. ΔX_{KH} 为（　　　）。

A. 68m   B. 0m   C. 57m   D. 48m

第4章 建筑力学

一、单项选择题

1. 加减平衡力系公理适用于（　　　）。

A. 刚体   B. 变形体

C. 任意物体   D. 由刚体和变形体组成的系统

2. 作用在一个刚体上的两个力 $\vec{F}_A$、$\vec{F}_B$，满足 $\vec{F}_A = -\vec{F}_B$ 的条件，则该二力可能是（　　　）。

A. 作用力和反作用力或一对平衡的力

B. 一对平衡的力或一个力偶

C. 一对平衡的力或一个力和一个力偶

D. 作用力和反作用力或一个力偶

3. 物体受五个互不平行的力作用而平衡，其力多边形是（　　　）。

A. 三角形   B. 四边形   C. 五边形   D. 八边形

4. 下列约束类型中与光滑接触面类似，其约束反力垂直于光滑支承面的是（　　　）。

A. 活动铰支座   B. 固定铰支座   C. 光滑球铰链   D. 固定端约束

5. 二力体是指所受两个约束反力必沿两力作用点连线且（　　　）。

A. 等值、同向   B. 等值、反向

C. 不等值、反向   D. 不等值、共向

6. 如图所示杆 ACB，其正确的受力图为（　　　）。

A. 图A   B. 图B   C. 图C   D. 图D

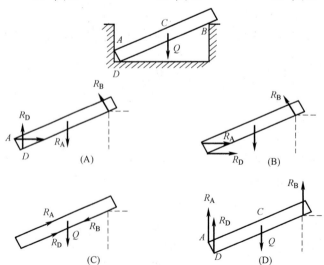

7. 爆炸力属于（　　　）。

A. 永久荷载　　　　B. 偶然荷载　　　　C. 恒荷载　　　　D. 可变荷载

8. 力的作用线都汇交于平面上一点的力系称（　　　）力系。

A. 空间汇交　　　　B. 空间一般　　　　C. 平面汇交　　　　D. 平面一般

9. 一个静定的平面物体系它由三个单个物体组合而成，则该物体系能列出（　　　）个独立平衡方程。

A. 3　　　　　　　B. 6　　　　　　　C. 9　　　　　　　D. 12

10. 计算内力一般（　　　）方法。

A. 利用受力杆件的静力平衡方程　　　　B. 直接由外力确定

C. 应用截面法　　　　　　　　　　　　D. 利用胡克定理

11. 材料在弹性范围内，正应力 σ 与应变 ε 成（　　　）。

A. 反比　　　　B. 互为倒数　　　　C. 不成比例　　　　D. 正比

12. 应用胡克定律时，不同的材料当 σ 相同时，弹性模量与变形的关系是（　　　）。

A. 弹性模量越小，变形越小　　　　　B. 弹性模量越大，变形越小

C. 弹性模量越大，变形越大　　　　　D. 弹性模量越小，变形不变

13. 常用的应力单位是兆帕（MPa），1kPa=（　　　）。

A. $10^{-3}\,\mathrm{N/m^2}$　　B. $10^{6}\,\mathrm{N/m^2}$　　C. $10^{9}\,\mathrm{N/m^2}$　　D. $10^{3}\,\mathrm{N/m^2}$

14. 梁正应力计算公式 $\sigma=My/I_z$ 中，I_z 叫（　　　）。

A. 截面面积　　　B. 截面抵抗矩　　　C. 惯性矩　　　D. 面积矩

15. 为了保证有足够的强度，必须满足强度条件：$\sigma=N/A$（　　　）$[\sigma]$。

A. $\leqslant$　　　　　　B. $\geqslant$　　　　　　C. $<$　　　　　　D. $>$

16. 桁架杆件是拉压构件，主要承受（　　　）。

A. 轴向变形　　　B. 剪切　　　C. 扭转　　　D. 弯曲

17. 永久荷载采用（　　　）为代表值。

A. 准永久值　　　B. 组合值　　　C. 频遇值　　　D. 标准值

18. 在平面内运动完全不受限制的一个点有（　　　）个自由度。

A. 1　　　　　B. 2　　　　　C. 3　　　　　D. 4

19. 在平面内运动完全不受限制的一个刚片有（　　　）个自由度。

A. 1　　　　　B. 2　　　　　C. 3　　　　　D. 4

20. 约束是使体系自由度数（　　　）的装置。

A. 减少　　　　B. 增加　　　　C. 不变　　　　D. 不能确定

二、多项选择题

1. 物体系中的作用力和反作用力应是（　　　）。

A. 等值　　　　　　　B. 同体　　　　　　　C. 反向

D. 共线　　　　　　　E. 异体

2. 力的三要素是（　　　）。

A. 力的作用点　　　　B. 力的大小　　　　C. 力的方向

D. 力的矢量性　　　　E. 力的接触面

3. 下列哪种荷载属于《建筑结构荷载规范》中规定的结构荷载的范围（　　）。

A. 永久荷载　　　　　　　B. 温度荷载　　　　　　　C. 可变荷载

D. 偶然荷载　　　　　　　E. 以上都是

4. 材料力学的三个假定是：（　　）。

A. 均匀、连续假定（材料及性质各点相同）

B. 不均匀、不连续假定（材料及性质各点不同）

C. 小变形假定（变形远比其本身尺寸小）

D. 大变形假定（变形远比其本身尺寸大）

E. 各向同性假定

5. 杆件的变形基本形式有：（　　）。

A. 轴向拉伸或压缩　　　　B. 剪切　　　　　　　　　C. 扭转

D. 弯曲　　　　　　　　　E. 失稳

6. 杆件的应力与杆件的（　　）有关。

A. 外力　　　　　　　　　B. 截面　　　　　　　　　C. 材料

D. 杆长　　　　　　　　　E. 以上都是

7. 下列（　　）因素不会使静定结构引起反力及内力。

A. 增加外力　　　　　　　B. 支座移动　　　　　　　C. 温度变化

D. 制造误差　　　　　　　E. 材料收缩

8. 单跨静定梁的基本形式是（　　）。

A. 斜梁　　　　　　　　　B. 简支梁　　　　　　　　C. 曲梁

D. 悬臂梁　　　　　　　　E. 伸臂梁

9. 平面静定刚架的形式有（　　）。

A. 多层多跨刚架　　　　　B. 悬臂刚架　　　　　　　C. 简支刚架

D. 多跨等高刚架　　　　　E. 三铰刚架

10. 静定平面桁架计算内力的方法有（　　）。

A. 结点法　　　　　　　　B. 截面法　　　　　　　　C. 力矩分配法

D. 联合法　　　　　　　　E. 投影法

三、判断题

1. 在任何外力作用下，大小和形状保持不变的物体称刚体。　　　　　　　　　　（　　）

2. 物体受四个互不平行的力作用而平衡，其力多边形是三角形。　　　　　　　　（　　）

3. 在均匀分布的荷载作用面上，单位面积上的荷载值称为均布面荷载，其单位为 kN/m^2　　　　　　　　　　　　　　　　　　　　　　　　　　　　　　　　　　　（　　）

4. 作用力与反作用力总是一对等值、反向、共线作用在同一物体上的力。　　　　（　　）

5. 合力一定比分力小。　　　　　　　　　　　　　　　　　　　　　　　　　　（　　）

6. 对非自由体的某些位移起限制作用的周围物体称为约束。　　　　　　　　　　（　　）

7. 平面汇交力系平衡的充要条件是力系的合力等于零。　　　　　　　　　　　　（　　）

8. 梁上任一截面的弯矩等于该截面任一侧所有外力对形心之矩的代数和。　　　　（　　）

9. 简支梁在跨中受集中力 P 作用时，跨中弯矩一定最大。　　　　　　　　　　（　　）

10. 有集中力作用处，剪力图有突变，弯矩图有尖点。 （   ）

第5章 建筑结构

一、单项选择题

1. 一座建筑，它也像动物或雕塑的情况一样存在一个骨架，这个骨架能够承受和传递各种荷载和其他作用，我们称之为（   ）。

A. 建筑功能　　　B. 建筑技术　　　C. 建筑结构　　　D. 建筑形式

2. 无筋或不配置受力钢筋的混凝土制成的结构为（   ）。

A. 素混凝土结构　　　　　　　　B. 钢筋混凝土结构

C. 预应力混凝土结构　　　　　　D. 无筋混凝土结构

3. 关于砌体结构的优点，下列哪项（   ）不正确。

A. 就地取材　　　　　　　　　　B. 造价低廉

C. 耐火性能好以及施工方法简易　　D. 抗震性能好

4. 大跨度结构的屋盖、工业厂房、高层建筑、高耸结构等常采用（   ）。

A. 混凝土结构　　　B. 砌体结构　　　C. 钢结构　　　D. 框架结构

5. 任何建筑结构在规定的时间内，在正常情况下均应满足预定功能的要求，这些要求不包括（   ）。

A. 安全性　　　B. 适用性　　　C. 耐久性　　　D. 美观性

6. 下列哪项（   ）不属于可变荷载。

A. 结构的自重　　　B. 风荷载　　　C. 楼面活荷载　　　D. 吊车荷载

7. 荷载的标准值是指荷载正常情况下可能出现的（   ）。

A. 最小值　　　B. 最大值　　　C. 平均值　　　D. 以上均不是

8. 在进行结构构件变形和裂缝验算时，要考虑荷载长期作用对构件刚度和裂缝的影响。此时，可变荷载取（   ）。

A. 频遇值　　　B. 标准值　　　C. 组合值　　　D. 准永久值

9. 荷载作用在结构上，产生的弯矩、剪力、挠度、裂缝等，统称为（   ）。

A. 内力　　　B. 变形　　　C. 荷载效应　　　D. 荷载效应系数

10. 当楼面荷载≥4kN/m² 时，可变荷载分项系数采用（   ）。

A. 1.0　　　B. 1.3　　　C. 1.2　　　D. 1.4

11. 当永久荷载效应对结构构件承载能力有利时，永久荷载分项系数采用（   ）。

A. 1.0　　　B. 1.35　　　C. 1.2　　　D. 1.4

12. 钢筋牌号以阿拉伯数字或阿拉伯数字加英文字母表示，HRB335 以（   ）表示。

A. 1　　　B. 2　　　C. 3　　　D. 4

13. 受拉钢筋的锚固长度除按公式计算外，且不应小于（   ）mm。

A. 100　　　B. 200　　　C. 300　　　D. 400

14. 梁的截面尺寸应按统一规格采用。梁宽一般不采用（   ）。

A. 120　　　　　B. 140　　　　　C. 200　　　　　D. 240

15. 当梁的腹板高度 $h_w \geqslant$（　　）mm 时，在梁的两个侧面沿高度配置纵向构造钢筋。

A. 700　　　　　B. 500　　　　　C. 600　　　　　D. 450

16. 梁、柱中箍筋和构造钢筋的保护层厚度不应小于（　　）mm。

A. 10　　　　　B. 15　　　　　C. 20　　　　　D. 不作要求

17. 下列（　　）为延性破坏。

A. 适筋梁　　　　　B. 多筋梁　　　　　C. 超筋梁　　　　　D. 少筋梁

18. 箍筋与弯起钢筋统称为（　　）。

A. 腹筋　　　　　B. 腰筋　　　　　C. 吊筋　　　　　D. 纵筋

19. 钢筋混凝土柱纵向钢筋的直径不宜小于（　　）mm。

A. 8　　　　　B. 12　　　　　C. 16　　　　　D. 不作要求

20. 预应力混凝土中，先张拉钢筋，后浇筑混凝土的施工方法称为（　　）。

A. 后张法　　　　　B. 张拉法　　　　　C. 先张法　　　　　D. 先拉法

21. 预应力混凝土构件在制作、运输、安装、使用的各个过程中，由于张拉工艺和材料特性等原因，使钢筋中的张拉应力逐渐降低的现象称为（　　）。

A. 预应力损失　　B. 预应力松弛　　C. 预应力损耗　　D. 预应力降低

22. 一般当楼梯使用荷载不大，且梯段的水平投影长度小于 3m 时，宜选用（　　）。

A. 梁式楼梯　　　B. 板式楼梯　　　C. 螺旋式楼梯　　D. 折线形楼梯

23. 烧结普通砖、烧结多孔砖的强度等级划分为 MU30，其后数字表示（　　）。

A. 抗压强度平均值　　　　　　　　　B. 抗压强度最大值

C. 抗弯强度平均值　　　　　　　　　D. 抗弯强度最大值

24. 地面以上墙体中常用的砂浆类型一般为（　　）。

A. 水泥砂浆　　　B. 混合砂浆　　　C. 石灰砂浆　　　D. 黏土砂浆

25. M15 表示（　　）的强度等级。

A. 烧结多孔砖　　　　　　　　　　　B. 混凝土空心砌块

C. 砌筑砂浆　　　　　　　　　　　　D. 混凝土普通砖砌筑砂浆

26. 对无筋砌体构件的截面面积 A 小于 $0.3m^2$ 时，砌体强度设计值应乘以相应的调整系数 $\gamma_a = A +$（　　）。

A. 0.3　　　　　B. 0.5　　　　　C. 0.7　　　　　D. 0.9

27. 对砌体矩形截面受压构件，当轴向力偏心方向的截面边长大于另一方向的边长时，除按偏心受压计算外，还应对较小边长方向，按（　　）进行验算。

A. 轴心受压　　　B. 偏心受压　　　C. 受弯　　　　　D. 受剪

28. 砌体结构房屋中，作为受压构件的墙、柱除了满足承载力要求之外，还必须满足（　　）的要求。

A. 强度　　　　　B. 稳定性　　　　C. 刚度　　　　　D. 高厚比

29. 对砖砌体，当过梁上墙体高度 $h_w \geqslant$（　　）时，过梁上的墙体荷载应按上式后者高度墙体的均布自重采用。

A. $l_n/4$　　　　　B. $l_n/3$　　　　　C. $l_n/2$　　　　　D. l_n

30. 伸长率是衡量钢材（　　）性质的主要指标。

A. 强度 B. 稳定性 C. 塑性 D. 弹性

31. 钢材中的化学成分（　　）是有害元素。

A. 锰 B. 硅 C. 钒 D. 硫

32. 钢板—800×12×2100 表示（　　）。

A. 宽×厚×长 B. 长×厚×宽 C. 宽×长×厚 D. 长×宽×厚

33. 钢结构中 QI25 中的 QI 表示（　　）。

A. 轻型工字钢 B. 普通工字钢 C. 重型工字钢 D. 特种工字钢

34. 依据焊缝构造不同（即焊缝本身的截面形式不同），可分为对接焊缝和（　　）两种形式。

A. 平接焊缝 B. 接斜焊缝 C. 角焊缝 D. 正焊缝

35. 钢结构中一般采用（　　）焊缝，便可满足通常的强度要求。

A. 一级 B. 二级 C. 三级 D. 四级

36. 木材受拉和受剪皆是（　　）破坏，受压和受弯时具有一定的（　　）。

A. 脆性 塑性 B. 脆性 弹性 C. 延性 塑性 D. 延性 弹性

37. 超高层建筑中（　　）的影响会对结构设计引起绝对控制作用。

A. 竖向荷载 B. 水平荷载 C. 温度作用 D. 施工荷载

38. 住宅、旅馆等开间要求较小，高度为 15～50 层的建筑一般采用（　　）。

A. 框架结构 B. 剪力墙结构

C. 框架—剪力墙结构 D. 筒体结构

39. 衡量一次地震释放能量大小的等级，称为（　　），用符号 M 表示。

A. 震级 B. 烈度 C. 基本烈度 D. 基本震级

40. 应按高于本地区抗震设防烈度一度的要求加强其抗震措施，且按本地区抗震设防烈度确定其地震作用，此类建筑为（　　）。

A. 标准设防类 B. 重点设防类 C. 特殊设防类 D. 适度设防类

41. 一般现浇钢筋混凝土框架结构房屋抗震等级分为（　　）。

A. 三级 B. 二级 C. 四级 D. 五级

42. 当基础宽度大于（　　）m 或埋置深度大于 0.5m 时，从载荷试验或其他原位测试、经验值等方法确定的地基承载力特征值尚应修正。

A. 1 B. 2 C. 3 D. 4

43. 单层厂房山墙面积较大，所受风荷载也大，故在山墙内侧设置（　　）。

A. 构造柱 B. 圈梁 C. 抗风柱 D. 排架柱

44. 单层厂房纵向柱列的水平连系构件称为（　　），用以增加厂房的纵向刚度，承受风荷载和上部墙体的荷载，并传递给柱列。

A. 过梁 B. 圈梁 C. 抗风柱 D. 连系梁

45. 当柱的高度和荷载较大，吊车起重量大于 30t 时，宜采用（　　）。

A. 矩形柱 B. 双肢柱 C. 工字形柱 D. 空心柱

46. 在多数轻钢工业厂房中，为了（　　），在标高 1.2 米以下的墙体做成砖墙。

A. 防止对墙面的机械碰撞 B. 美观

C. 耐久   D. 经济

47. 门式刚架结构的基础一般采用（   ），钢架与基础用锚栓连接。

A. 钢筋混凝土独立基础   B. 钢筋混凝土条形基础

C. 砖基础   D. 桩基

二、多项选择题

1. 按照承重结构所用的材料不同，建筑结构可分为（   ）。

A. 混凝土结构   B. 砌体结构   C. 钢结构

D. 木结构   E. 框架结构

2. 现浇混凝土结构的缺点有（   ）。

A. 整体性差   B. 自重大

C. 抗裂能力差   D. 现浇时耗费模板多

E. 工期长

3. 钢结构的主要缺点有（   ）。

A. 容易锈蚀   B. 维修费用高   C. 耐火性能差

D. 强度低   E. 自重重

4. 当结构或结构构件出现了下列状态（   ）时，即认为超过了承载能力极限状态。

A. 整个结构或结构的一部分作为刚体失去平衡

B. 结构构件或其连接因超过材料强度而破坏

C. 结构转变为机动体系

D. 结构或构件丧失稳定

E. 影响正常使用的变形

5. 在结构设计时，应根据不同的设计要求采用不同的荷载数值，称为代表值，常见的代表值有（   ）。

A. 平均值   B. 标准值   C. 组合值

D. 频遇值   E. 准永久值

6. 钢筋混凝土梁的截面尺寸要满足（   ）的要求。

A. 承载力   B. 刚度   C. 抗裂

D. 美观   E. 经济

7. 由于配筋率的不同，钢筋混凝土梁将产生不同的破坏情况，根据其正截面的破坏特征可分为（   ）。

A. 多筋梁   B. 无筋梁   C. 适筋梁

D. 超筋梁   E. 少筋梁

8. 试验表明，梁沿斜截面破坏的主要形态有（   ）。

A. 弯压破坏   B. 斜压破坏   C. 剪压破坏

D. 斜拉破坏   E. 剪拉破坏

9. 钢筋混凝土楼盖，按其施工工艺的不同，又分为（   ）。

A. 预制式   B. 现浇整体式   C. 装配式

D. 装配整体式   E. 整体式

10. 现浇整体式楼盖按照梁板的结构布置情况，分为（　　）。

A. 肋梁楼盖　　　　　　B. 井字楼盖　　　　　　C. 无梁楼盖

D. 装配式楼盖　　　　　E. 装配整体式楼盖

11. 通过对各种砌体在轴心受压时的受力分析及试验结果表明，影响砌体抗压强度的主要因素有（　　）。

A. 块体和砂浆强度　　　B. 砂浆的性能　　　　　C. 块体的尺寸、形状

D. 灰缝厚度　　　　　　E. 砌筑质量

12. 根据屋（楼）盖类型不同以及横墙间距的大小不同，在混合结构房屋内力计算中，根据房屋的空间工作性能，静力计算方案分为（　　）。

A. 刚性方案　　　　　　B. 弹性方案　　　　　　C. 刚弹性方案

D. 塑性方案　　　　　　E. 弹塑性方案

13. 钢筋混凝土过梁，需要进行（　　）验算。

A. 梁正截面受弯承载力　　　　　　　　B. 梁斜截面受剪承载力

C. 梁受拉　　　　　　　　　　　　　　D. 梁受压

E. 梁下砌体的局部受压承载力

14. 钢结构是由各种型钢或板材通过一定的连接方法而组成的，所用的连接方法有（　　）。

A. 焊接连接　　　　　　B. 螺栓连接　　　　　　C. 机械连接

D. 铆钉连接　　　　　　E. 搭接连接

15. 钢结构梁的设计中要考虑的安全工作的基本条件有（　　）。

A. 强度　　　　　　　　B. 刚度　　　　　　　　C 整体稳定性

D. 裂缝　　　　　　　　E. 局部稳定性

16. 木结构按连接方式和截面形状分为（　　）。

A. 齿连接的原木或方木结构　　　　　　B. 胶合木结构

C. 裂环连接的板材结构　　　　　　　　D. 齿板连接的板材结构

E. 钉连接的板材结构

17. 膜结构主要有（　　）形式。

A. 充气式　　　　　　　B. 支撑式　　　　　　　C. 杆件式

D. 张拉式　　　　　　　E. 骨架式

18. 概括起来，"三水准、二阶段"的抗震设防目标中的"三水准"的通俗说法是（　　）。

A. 小震不坏　　　　　　B. 中震可修　　　　　　C. 大震不倒

D. 小震小坏　　　　　　E. 中震大坏

19. 建（构）筑物的地基问题，概括地说，可以包含以下（　　）方面。

A. 强度　　　　　　　　B. 稳定性　　　　　　　C. 变形

D. 渗漏　　　　　　　　E. 液化

20. 按桩的承载性能分类可分为（　　）。

A. 摩擦桩　　　　　　　B. 端承摩擦桩　　　　　C. 端承桩

D. 摩擦端承桩　　　　　E. 竖向抗压桩

21. 单层厂房主要适用于一些生产设备或振动比较大，原材料或成品比较重的机械、冶金等重工业厂房。其优点是（　　）。

    A. 内外设备布置方便   B. 内外联系方便

    C. 占地多   D. 充分利用土地

    E. 施工简单

22. 单层厂房主要适用于一些生产设备或振动比较大，原材料或成品比较重的机械、冶金等重工业厂房。其缺点是（　　）。

    A. 内外设备布置方便   B. 内外联系方便

    C. 占地多   D. 充分利用土地

    E. 施工简单

23. 单层厂房的吊车主要有（　　）等类型。

    A. 悬挂式单轨吊车   B. 梁式吊车

    C. 桥式吊车   D. 双轨吊车

    E. 起重吊车

24. 相对于钢筋混凝土结构工业厂房而言，轻型门式刚架工业厂房具有以下（　　）特点。

    A. 施工速度快   B. 自重轻

    C. 绿色环保   D. 基础大

    E. 钢材浪费大

25. 轻钢门式工业厂房的组成有（　　）。

    A. 门式刚架   B. 檩条、墙梁、支撑、系杆

    C. 屋面板、墙板   D. 基础

    E. 地基

三、判断题

1. 木结构有价格高、易燃、易腐蚀和结构变形大等缺点，在现代建筑中应用很少，仅在一些仿古建筑或对古建筑的维修中少量应用。（　　）

2. 控制出现正常使用极限状态出现的概率，就是为了保证结构或构件的适用性与耐久性。（　　）

3. 结构的自重、土压力、地震力等均为永久荷载。永久荷载也称恒载。（　　）

4. 地震力、爆炸力等属于可变荷载而不是偶然荷载。（　　）

5. 当考虑两种或两种以上可变荷载在结构上同时作用时，这些标准值之和即为可变荷载代表值。（　　）

6. 当按单向板设计时，除沿受力方向布置受力钢筋外，尚应在垂直受力方向布置分布钢筋。分布筋应放置在受力筋的外侧。（　　）

7. 实践表明，在受弯构件内用钢筋来帮助混凝土承受截面的部分压力，即构成双筋梁，一般情况下是经济的。（　　）

8. 试验和理论分析表明，T形截面梁受力后，翼缘受压时的压应力沿翼缘宽度方向的分布是不均匀的，离梁肋越远压应力越小。（　　）

9. 当混凝土的受剪承载力就可抵抗斜截面的破坏时，可不进行斜截面承载力计算，箍筋也不需配置。 （　　）

10. 钢筋混凝土柱受压钢筋不宜采用高强度钢筋，一般采用 HRB335 级、HRB400 级和 RRB400 级。 （　　）

11. 对于钢筋混凝土桁架、拱的拉杆等，当自重和节点位移引起的弯矩很小时，可近似地按轴心受拉构件计算。 （　　）

12. 纵向弯曲对砌体构件受压承载力的影响较其他整体构件显著。 （　　）

13. 当局部受压面积小于 $0.3m^2$ 时，砌体局部抗压强度设计值应考虑强度调整系数 γ_a 的影响。 （　　）

14. 两端加设了山墙和无山墙的单层砌体房屋的水平荷载传递路线是相同的。 （　　）

15. 高强度螺栓连接按其受力特征分为摩擦型连接和承压型连接两种。 （　　）

16. 一次地震，表示地震大小的震级只有一个，地震烈度也只有一个。 （　　）

17. 单层厂房的连系梁分设于屋架之间和纵向柱列之间，作用是加强厂房的空间整体刚度和稳定性，传递水平荷载和吊车产生的水平刹车力。 （　　）

18. 单层厂房的地基承受柱和基础梁传来的全部荷载，基础梁承受上部砖墙重量，并传递给地基。 （　　）

19. 工业建筑是各种不同类型的工厂为工业生产需要而建造的各种不同用途的构筑物的总称。 （　　）

20. 由于轻型门式钢刚架厂房构造相对简单，构件加工制作工厂化，现场安装预制装配化程度高。 （　　）

21. 轻型门式钢刚架厂房屋面、墙面采用压型钢板及冷弯薄壁型钢等材料组成，屋面、墙面的质量都很轻；承重结构门式钢架轻；基础小。 （　　）

四、计算题或案例分析题

（一）某钢筋混凝土简支梁，计算长度为 $l_0 = 5m$，净跨 $l_n = 4.8m$，梁截面尺寸 $b \times h = 200mm \times 500mm$，钢筋混凝土密度 $25kN/m^3$。上面有恒载标准值 $g_k = 16.88kN/m$（含梁自重），活载标准值 $q_k = 8kN/m$（计算结果四舍五入保留 1 位小数）。

1. 梁自重标准值（不计粉刷）为（　　）kN/m。
   A. 2.5　　　　B. 3.0　　　　C. 3.5　　　　D. 25.0

2. 按可变荷载控制的荷载设计值为（　　）kN/m。
   A. 30.6　　　B. 31.5　　　C. 24.9　　　D. 27.4

3. 按永久荷载控制的荷载设计值为（　　）kN/m。
   A. 30.6　　　B. 31.5　　　C. 24.9　　　D. 27.4

4. 若荷载设计值为 40kN/m，则跨中弯矩为（　　）$kN \cdot m$。
   A. 96　　　　B. 125　　　C. 100　　　D. 115.2

5. 若荷载设计值为 40kN/m，则支座剪力为（　　）kN。
   A. 96　　　　B. 125　　　C. 100　　　D. 115.2

（二）某受均布荷载作用矩形截面简支梁，计算跨度 $l_0 = 5.0m$，跨中弯矩设计值 $M = 62.5kN \cdot m$，梁截面尺寸 $b \times h = 200mm \times 450mm$，单层布置钢筋 $a_s = 35mm$，保护层

20mm，箍筋直径 6mm。选用 C30 混凝土，$f_c=14.3\text{N/mm}^2$，$f_t=1.43\text{N/mm}^2$。钢筋选用 HRB335，$f_y=300\text{N/mm}^2$。本题中可能用到的公式：$\xi=1-\sqrt{1-\dfrac{2M}{\alpha_1 f_c b h_0^2}}$　$A_s=\dfrac{\alpha_1 f_c b h_0 \xi}{f_y}$　$\rho_{min}=0.45\dfrac{f_t}{f_y}$（计算结果四舍五入保留 3 位小数）。

1. 此梁的 $\xi=$（　　）。

A. 0.864　　　　B. 无法求出　　　　C. 0.254　　　　D. 0.136

2. 若此梁的 $\xi=0.2$，则 $A_s=$（　　）。

A. 539　　　　B. 无法求出　　　　C. 791　　　　D. 953

3. 求最小配筋率（　　）。

A. 0.3%　　　　B. 无法求出　　　　C. 0.2%　　　　D. 0.215%

4. 若求得 $A_s=588\text{mm}^2$，且满足最小配筋率要求，则最有可能采用的配筋为（　　）。

A. 1Φ28　　　　B. 6Φ12　　　　C. 3Φ16　　　　D. 2Φ25

5. 若配筋为 4Φ16，则钢筋净间距为（　　）mm，是否满足要求（　　）。

A. 32　不满足　　B. 84　满足　　C. 32　满足　　D. 28　满足

第6章　建筑材料

一、单项选择题

1. 材料密度、表观密度、堆积密度的大小关系是（　　）。

A. 密度>表观密度>堆积密度　　　　B. 堆积密度>表观密度>密度

C. 密度>堆积密度>表观密度　　　　D. 堆积密度>密度>表观密度

2. 材料在与水接触时，表示出亲水性是由于（　　）。

A. 水分子间的引力大于水分子与材料分子间的引力

B. 水分子间的引力小于水分子与材料分子间的引力

C. 水分子间的引力大于材料分子间的引力

D. 水分子间的引力小于材料分子间的引力

3. 从潮湿环境中取砂 550g，烘干至恒重为 515g，则该砂的含水率是（　　）。

A. 6.80%　　　　B. 6.36%　　　　C. 5.79%　　　　D. 5.35%

4. 通常将软化系数大于（　　）的材料称为耐水材料。

A. 0.70　　　　B. 0.75　　　　C. 0.80　　　　D. 0.85

5. 材料的孔隙率大，闭口孔隙所占比例多，则（　　）。

A. 材料的吸声性强　　　　　　　　B. 保温隔热性好

C. 强度高　　　　　　　　　　　　D. 表观密度大

6. 下列属于水硬性胶凝材料的是（　　）。

A. 石灰　　　　B. 石膏　　　　C. 水玻璃　　　　D. 水泥

7. 钙质石灰是指（　　）。

A. MgO 含量≤5%　　　　　　　　B. MgO 含量≤10%

C. MgO 含量≥5%　　　　　　　　D. MgO 含量≥10%

8. 熟石灰的主要成分是（　　　）。

A. CaO　　　　B. MgO　　　　C. $Ca(OH)_2$　　D. $Ca(OH)_2 + CaCO_3$

9. 建筑石膏是指（　　　）。

A. $CaSO_4$　　　　　　　　　　B. $\beta\text{-}CaSO_4 \cdot 0.5H_2O$

C. $\alpha\text{-}CaSO_4 \cdot 0.5H_2O$　　　　　D. $CaSO_4 \cdot 2H_2O$

10. 建筑石膏的储存期（至生产日起算）为（　　　）。

A. 15 天（二周）　　　　　　　B. 一个月

C. 二个月　　　　　　　　　　　D. 三个月

11. 建筑石膏的凝结硬化较快，规定为（　　　）。

A. 初凝不早于 3min，终凝不迟于 30min

B. 初凝不早于 10min，终凝不迟于 45min

C. 初凝不早于 45min，终凝不迟于 390min

D. 初凝不早于 45min，终凝不迟于 600min

12. 下列不属于建筑石膏特点的是（　　　）。

A. 凝结硬化快　　　　　　　　　B. 硬化中体积微膨胀

C. 耐水性好　　　　　　　　　　D. 孔隙率大，强度低

13. 下列关于水泥凝结时间的描述，不正确的是（　　　）。

A. 初凝为水泥加水拌和开始至水泥标准稠度的净浆开始失去可塑性所需的时间

B. 终凝为水泥加水拌和开始至水泥标准稠度的净浆完全失去可塑性所需的时间

C. 标准规定，硅酸盐水泥初凝不小于 45min，终凝不大于 390min（6.5h）

D. 标准中规定，凡凝结时间不符合规定者为废品

14. 用沸煮法检验水泥体积安定性，只能查出（　　　）的影响。

A. 游离 CaO　　B. 游离 MgO　　C. 石膏　　　　　D. $Ca(OH)_2$

15. 生产硅酸盐水泥时加适量石膏主要是起（　　　）作用。

A. 促凝　　　　B. 缓凝　　　　C. 助磨　　　　D. 填充

16. 下列工程宜选用硅酸盐水泥的是（　　　）。

A. 海洋工程　　B. 大体积混凝土　C. 高温环境中　D. 早强要求高

17. 对于抗渗性要求较高的混凝土工程，宜选用（　　　）水泥。

A. 矿渣　　　　B. 火山灰　　　C. 粉煤灰　　　D. 普通水泥

18. 下列不属于活性混合材料的是（　　　）。

A. 粒化高炉矿渣　　　　　　　　B. 火山灰

C. 粉煤灰　　　　　　　　　　　D. 石灰石粉

19. 常用水泥的储存期为（　　　）。

A. 一个月　　　B. 三个月　　　C. 六个月　　　D. 一年

20. 通用水泥的强度等级是根据（　　　）来确定的。

A. 细度　　　　　　　　　　　　B. 3d 和 28d 的抗压强度

C. 3d 和 28d 抗折强度　　　　　D. B+C

21. 普通混凝土表观密度在（　　　）。

A. 大于 2800kg/m³   B. 2800kg/m³～2000 kg/m³
C. 2000kg/m³～1200kg/m³   D. 小于 1200kg/m³

22. 混凝土按强度等级分为低强、中强、高强、超高强混凝土，中强混凝土的强度是
（   ）。

A. C30 以下   B. C30～C55   C. C60～C95   D. C100 及以上

23. 下列不属于普通混凝土优点的是（   ）。

A. 资源丰富，价格低廉   B. 可塑性好，易浇筑成型
C. 强度高，耐久性好   D. 自重小，比强度高

24. 在普通气候环境中的混凝土应优先选用（   ）。

A. 普通水泥   B. 高铝水泥   C. 矿渣水泥   D. 火山灰水泥

25. 严寒地区处在水位升降范围内的混凝土应优先选用（   ）。

A. 普通水泥   B. 粉煤灰水泥   C. 矿渣水泥   D. 火山灰水泥

26. 高温车间及烟囱基础的混凝土应优先选用（   ）。

A. 普通水泥   B. 粉煤灰水泥   C. 矿渣水泥   D. 火山灰水泥

27. 配制 C35 混凝土宜选用的水泥强度等级是（   ）。

A. 32.5   B. 42.5   C. 52.5   D. 62.5

28. 配制预应力混凝土应选用的水为（   ）。

A. 符合饮用水标准的水   B. 地表水
C. 地下水   D. 海水

29. 要提高混凝土的早期强度，可掺用的外加剂是（   ）。

A. 早强型减水剂或早强剂   B. 缓凝剂
C. 引气剂   D. 速凝剂

30. 掺引气剂后，对混凝土性能的改变为（   ）。

A. 提高强度   B. 提高抗冻性，改善抗渗性
C. 降低流动性   D. 提高抗变形的性能

31. 掺引气剂的主要目的是提高混凝土的（   ）。

A. 早期强度   B. 后期强度   C. 抗冻性   D. 抗变形的性能

32. 大体积混凝土应掺用的外加剂是（   ）。

A. 速凝剂   B. 缓凝剂   C. 膨胀剂   D. 早强剂

33. 预制构件采用蒸汽养护混凝土，不宜掺用的外加剂是（   ）。

A. 普通减水剂   B. 缓凝剂   C. 高效减水剂   D. 早强型减水剂

34. 在一定范围内，影响混凝土流动性的主要因素是（   ）。

A. W/B   B. 单位用水量   C. 砂率   D. 水泥的品种及强度等级

35. 下列不属于确定混凝土流动性大小因素的是（   ）。

A. 构件截面尺寸大小   B. 钢筋疏密程度
C. 捣实方法   D. 混凝土强度等级

36. 关于砂率对混凝土和易性的影响，下列说法正确的是（   ）。

A. 砂率过小，混凝土的流动性变差、黏聚性和保水性也差
B. 砂率过小，混凝土的流动性变差、黏聚性和保水性变好

C. 砂率过大，混凝土的流动性变差、黏聚性和保水性也差

D. 砂率过大，混凝土的流动性变好、黏聚性和保水性均好

37. 下列不属于改善混凝土和易性措施的是（　　）。

A. 选用适当的水泥品种和强度等级

B. 选用粗细适宜级配良好的骨料

C. 掺用减水剂、引气剂等外加剂

D. 采用强制式搅拌机进行拌和

38. 某批混凝土，测定其平均强度为 39.64MPa，强度标准差为 5.0MPa，则其强度等级应定为（　　）。

　　A. C31.41　　　　B. C39.64　　　　C. C30　　　　　　D. C35

39. 影响混凝土强度的因素较多，其中最主要的因素是（　　）。

A. 水泥石的强度及水泥石与骨料的粘结强度

B. 骨料的强度

C. 集浆比

D. 单位用水量

40. 下列关于混凝土强度影响因素的说法中，错误的是（　　）。

A. 在相同 W/B 条件下，水泥的强度越高，混凝土的强度越高

B. 在水泥强度相同的条件下，W/B 越大，混凝土的强度越高

C. 在水泥强度相同的条件下，W/B 越小，混凝土的强度越高

D. 在相同的水泥、相同 W/B 条件下，碎石配制的混凝土较卵石高

41. 下列不属于提高混凝土强度措施的是（　　）。

A. 采用高强度等级水泥或早强型水泥

B. 采用低水灰比的干硬性混凝土

C. 采用机械搅拌和振捣

D. 掺引气剂

42. 下列关于混凝土变形的说法错误的是（　　）。

A. W/B 大，混凝土的干缩变形大

B. 水泥用量多，混凝土的化学收缩大，徐变也大

C. 混凝土在荷载作用下的变形是弹塑性变形

D. 骨料的弹性模量大，变形大

43. 下列关于混凝土徐变的说法错误的是（　　）。

A. 徐变是混凝土在长期荷载作用下随时间而增长的变形

B. 混凝土能产生徐变的原因是内部存在有凝胶体

C. 荷载大，加荷龄期早，徐变大

D. 徐变对混凝土结构总是不利的

44. 混凝土碳化的主要危害是（　　）。

A. 降低了混凝土的强度　　　　　　B. 降低了混凝土的表面硬度

C. 降低了混凝土碳化层的密实度　　D. 使混凝土中性化从而失去对钢筋的保护作用

45. 下列不属于提高混凝土耐久性措施的是（　　）。

A. 根据工程所处环境及使用条件，合理选择水泥品种

B. 使用减水剂、引气剂等外加剂

C. 严格控制水灰比

D. 尽量减少单位水泥用量

46. 下列配合比设计的参数中，由强度和耐久性要求决定的参数是（　　）。

　　A. 单位用水量　　B. W/B　　　　C. 砂率　　　　　D. 单位水泥用量

47. 某工程用 C30 混凝土，根据该施工单位的质量控制水平，该批混凝土强度标准差取 4.5MPa，则该混凝土的配制强度应为（　　）MPa。

　　A. 33.6　　　　　B. 37.4　　　　　C. 39.5　　　　　D. 42.5

48. 在进行配合比设计中确定砂率时，下列说法中错误的是（　　）。

A. W/B 大，则水泥用量少，应适当提高砂率

B. 最大粒径相同时，采用碎石应适当提高砂率

C. 粗骨料最大粒径大，应适当减小砂率

D. 砂粗则要适当减少砂率

49. 在确定混凝土基准配合比，进行试拌与调整时，若流动性偏小，但黏聚性与保水性良好，其调整方法是（　　）。

　　A. 增加拌和水的用量　　　　　　B. 保持 W/B 不变，增加水泥浆的用量

　　C. 增加砂的用量　　　　　　　　D. 增加砂石的用量

50. 在确定混凝土基准配合比，进行试拌与调整时，若流动性偏大，但黏聚性与保水性良好，其调整方法是（　　）。

　　A. 增加拌和水的用量　　　　　　B. 保持 W/B 不变，增加水泥浆的用量

　　C. 增加砂的用量　　　　　　　　D. 保持砂率不变，增加砂石的用量

51. 配制 M10 强度等级的砂浆，宜选用（　　）级的通用硅酸盐水泥。

　　A. 32.5　　　　　B. 42.5　　　　　C. 52.5　　　　　D. 62.5

52. 配制砌筑砂浆宜选用（　　）。

　　A. 粗砂　　　　　B. 中砂　　　　　C. 细砂　　　　　D. 特细砂

53. 配制砌筑砂浆时掺入石灰膏等掺加料的目的是（　　）。

　　A. 加快凝结　　　B. 提高强度　　　C. 改善和易性　　D. 提高耐久性

54. 下列不可用于承重结构的墙体材料是（　　）。

　　A. 烧结普通砖　　　　　　　　　B. 烧结多孔砖

　　C. 烧结空心砖　　　　　　　　　D. 墙用砌块

55. 测定砂浆强度的立方体标准试件尺寸是（　　）mm。

　　A. $200 \times 200 \times 200$　　　　　　　B. $70.7 \times 70.7 \times 70.7$

　　C. $100 \times 100 \times 100$　　　　　　　D. $150 \times 150 \times 150$

56. Q235-A·F 表示（　　）。

A. 屈服点为 235MPa 的、质量等级为 A 级的沸腾钢

B. 抗拉强度为 235MPa 的、质量等级为 A 级的沸腾钢

C. 屈服点为 235MPa 的、质量等级为 A 级的镇静钢

D. 抗拉强度为 235MPa 的、质量等级为 A 级的镇静钢

57. HRB400 中 HRB 表示（　　）。

A. 热轧光圆钢筋　　　　　　　　B. 热轧带肋钢筋

C. 冷轧带肋钢筋　　　　　　　　D. 冷轧扭钢筋

58. 下列关于木材特点的描述，不正确的是（　　）。

A. 轻质高强（比强度大）　　　　B. 能承受冲击和振动荷载

C. 导电和导热性低　　　　　　　D. 具有各向同性

59. 木材的体积密度平均值约为（　　）kg/m³。

A. 300　　　　　B. 500　　　　　C. 700　　　　　D. 800

60. 下列木材的含水率中，（　　）是木材物理、力学性质的转折点。

A. 天然含水率　　B. 平衡含水率　　C. 纤维饱和点　　D. 烘干后含水率

61. 木材的各种强度中，最高的是（　　）。

A. 顺纹抗压　　　B. 顺纹抗拉　　　C. 横纹抗压　　　D. 横纹抗拉

62. 下列不属于石油沥青组分的是（　　）。

A. 油分　　　　　B. 树脂　　　　　C. 沥青质　　　　D. 游离碳

63. 半固体或固体石油沥青的黏滞性是用（　　）表示。

A. 针入度　　　　B. 黏滞度　　　　C. 延度　　　　　D. 软化点

64. 建筑工程中屋面防水用沥青，主要考虑其（　　）要求。

A. 针入度　　　　B. 黏滞度　　　　C. 延度　　　　　D. 软化点

65. 大理岩属于（　　）。

A. 岩浆岩　　　　B. 沉积岩　　　　C. 变质岩　　　　D. 喷出岩

二、多项选择题

1. 材料的孔隙率大，且开口孔隙所占比例大，则材料的（　　）。

A. 吸水性强　　　B. 吸湿性强　　　C. 抗冻性差　　　D. 抗渗性差　　　E. 强度高

2. 脆性材料的力学特点是（　　）。

A. 受力直至破坏前无明显塑性变形

B. 抗压强度远大于其抗拉强度

C. 抗压强度远小于其抗拉强度

D. 适用于承受压力静载荷

E. 适用于承受振动冲击荷载

3. 材料的耐久性是一项综合指标，包括（　　）。

A. 抗渗性　　　　B. 抗冻性　　　　C. 抗风化性　　　D. 抗老化性　　　E. 抗磨损性

4. 石灰熟化的特点是（　　）。

A. 放热量大　　　B. 体积膨胀大　　C. 水化热小

D. 体积收缩大　　E. 只能在空气中进行

5. 下列属于气硬性胶凝材料的是（　　）。

A. 水泥　　　　　B. 石灰　　　　　C. 石膏　　　　　D. 沥青　　　　　E. 树脂

6. 石灰硬化的特点是（　　）。

A. 放热量大　　　B. 体积膨胀大　　C. 速度慢

D. 体积收缩大　　E. 只能在空气中进行

7. 下列属于石灰工程特点的是（　　）。

A. 保水性好，可塑性好　　　　　B. 凝结硬化慢，强度低

C. 硬化时体积收缩大　　　　　　D. 吸水性好，耐水性差

E. 强度发展快，尤其是早期

8. 下列属于建筑石膏工程特点的是（　　）。

A. 孔隙率大，强度较低　　　　　B. 凝结硬化快

C. 保温性和吸湿性好　　　　　　D. 防火性和耐火性好

E. 耐水性和抗冻性好，宜用于室外

9. 引起水泥体积安定性不良的原因有（　　）。

A. 水泥中游离氧化钙含量过多　　B. 水泥中游离氧化镁含量过多

C. 水胶比过大　　　　　　　　　D. 石膏掺量过多

E. 未采用标准养护

10. 下列关于硅酸盐水泥的应用，正确的是（　　）。

A. 适用于早期强度要求高的工程及冬期施工的工程

B. 适用于重要结构的高强混凝土和预应力混凝土工程

C. 不能用于大体积混凝土工程

D. 不能用于海水和有侵蚀性介质存在的工程

E. 适宜蒸汽或蒸压养护的混凝土工程

11. 下列属于掺混合材料硅酸盐水泥特点的是（　　）。

A. 凝结硬化慢，早期强度低，后期强度发展较快

B. 抗软水、抗腐蚀能力强

C. 水化热高

D. 湿热敏感性强，适宜高温养护

E. 抗碳化能力差、抗冻性差、耐磨性差

12. 混凝土在工程中得到广泛应用，其优点有（　　）。

A. 具有良好的可塑性和耐久性　　B. 与钢筋有牢固的粘结力

C. 具有较高的抗压、抗拉强度　　D. 性能可调性强，适用范围广

E. 保温隔热性能好

13. 混凝土对粗骨料的技术要求有（　　）。

A. 良好的颗粒级配、颗粒形状及表面特征

B. 粒径越大越好

C. 具有足够的强度和坚固性

D. 所有颗粒的粒径大小越接近越好

E. 有害杂质含量低

14. 下列关于混凝土拌和及养护用水，说法正确的是（　　）。

A. 符合饮用水标准的水可直接用于拌制及养护混凝土

B. 地表水和地下水必须按标准规定检验合格后方可使用

C. 未经处理的海水严禁用于钢筋混凝土和预应力混凝土

D. 在无法获得水源的情况下，海水可用于普通混凝土

E. 生活污水不能直接用于拌制混凝土

15. 下列关于引气剂使用，说法正确的是（   ）。

A. 掺引气剂可提高混凝土的抗冻性，改善混凝土的抗渗性

B. 引气剂具有减水功能，掺用时可适当减小单位用水量

C. 混凝土强度随引气量增加而降低，所以要严格控制引气量

D. 掺引气剂后，为弥补强度，W/B 要降低，实际水泥用量会增加

E. 掺引气剂后，为保证混凝土的和易性，应适当增加砂率

16. 新拌混凝土的和易性是项综合指标，包括（   ）。

A. 流动性　　　　B. 黏聚性　　　　C. 保水性　　　　D. 抗冻性　　　　E. 抗渗性

17. 混凝土配合比设计的三个参数是（   ）。

A. 单位用水量　　B. 水胶比　　　　C. 水泥用量

D. 砂率　　　　　E. 混凝土表观密度

18. 改善混凝土和易性的措施有（   ）。

A. 选用适当的水泥品种和强度等级

B. 选用级配良好、粗细适宜的骨料

C. 掺入减水剂、引气剂等外加剂

D. 通过试验，采用最优砂率

E. 采用较大的单位用水量

19. 下列属于提高混凝土耐久性措施的有（   ）。

A. 根据混凝土工程特点和所处环境，合理选择水泥品种

B. 控制水胶比及保证足够的水泥用量

C. 通过试验，确定并采用最佳砂率

D. 采用易于密实成型的大流动性混凝土

E. 控制最大氯离子含量、最大碱含量等

20. 砌筑砂浆的基本性能包括（   ）。

A. 新拌砂浆的和易性　　　　　　B. 强度与粘结力

C. 变形性能与耐久性　　　　　　D. 耐磨性

E. 抗老化性

21. 混凝土的流动性可通过（   ）来表示。

A. 坍落度　　　　B. V.B 稠度　　　C. 沉入度

D. 分层度　　　　E. 饱和度

22. 新拌砂浆的和易性包括（   ）方面。

A. 流动性　　　　B. 黏聚性　　　　C. 保水性

D. 稳定性　　　　E. 可泵性

23. 属于钢材力学性能的是（   ）。

A. 抗拉性能　　　B. 冷弯性能　　　C. 疲劳强度及硬度

D. 冲击韧性　　　E. 可焊接性能

24. 钢材中（   ）为有害元素。

A. 锰　　　　　B. 氧　　　　　C. 氮　　　　　D. 硫　　　　　E. 磷

25. 下列木材干缩与湿胀的描述，正确的是（　　）。

A. 木材具有显著的干缩与湿胀性

B. 当木材从潮湿状态干燥至纤维饱和点时，为自由水蒸发，不引起体积收缩

C. 含水率低于纤维饱和点后，细胞壁中吸附水蒸发，细胞壁收缩，从而引起木材体积收缩

D. 较干燥木材在吸湿时将发生体积膨胀，直到含水量达到纤维饱和点为止

E. 木材构造不均匀，各方向、各部位胀缩也不同，其中纵向的胀缩最大，径向次之，弦向最小

26. 关于沥青老化的描述，正确的是（　　）。

A. 石油沥青中的各组分，在热、阳光、空气及水等外界因素作用下，会不断改变

B. 老化的过程是油分向树脂、树脂向沥青质转变，油分、树脂逐渐减少，而沥青质逐渐增多

C. 老化的过程是树脂向油分、沥青质向树脂转变，油分、树脂逐渐增多，而沥青质逐渐减少

D. 老化过程使沥青流动性、塑性逐渐变小，脆性逐渐增加

E. 老化过程使沥青流动性、塑性逐渐增加，脆性逐渐变小

27. 沥青的三大指标是指（　　）。

A. 针入度　　　　B. 延度　　　　C. 软化点

D. 稳定度　　　　E. 针入度指数

28. 对于煤沥青与石油沥青比较的描述，正确的是（　　）。

A. 煤沥青中含有的萘、蒽和酚在低温时易呈固态析出，所以煤沥青的低温变形能力差

B. 煤沥青中含有的萘常温下易挥发、升华，所以煤沥青易老化

C. 煤沥青中含有的萘和酚均有毒性，对人和生物有害，故煤沥青常用作防腐材料

D. 煤沥青燃烧时，烟多、黄色、臭味大、有毒

E. 煤沥青韧性较好

29. 对于花岗岩的描述，正确的是（　　）。

A. 是岩浆岩中分布最广的一种岩石

B. 坚硬致密，抗压强度高，耐磨性好

C. 孔隙率小，吸水率低，耐久性高

D. 色泽单调，装饰性差

E. 可用于室内外装修装饰材料

30. 下列对于建筑塑料性质的描述中，正确的是（　　）。

A. 轻质高强　　　B. 吸水率小　　　C. 导热性低

D. 不易老化　　　E. 不易腐蚀

三、判断题

1. 材料的密实度和孔隙率均能反映材料的致密程度，两者之和等于1。　　　　（　　）

2. 多孔保温材料受潮后，其保温隔热性能会降低，受冻后降低更大。　（　）

3. 水硬性胶凝材料指只能在水中凝结硬化并保持强度的胶凝材料。　（　）

4. 在常用的无机胶凝材料中，水化热最大的、水化时膨胀最大的、硬化速度最慢的是石灰。　（　）

5. 建筑石膏制品不宜用于室外。　（　）

6. 石灰陈伏是为了充分释放石灰熟化时的放热量。　（　）

7. 水泥属于水硬性胶凝材料，所以运输和贮存中不怕受潮。　（　）

8. 为了改善混凝土的性能，可以将二种或二种以上品种的水泥混合使用。　（　）

9. 施工管理水平愈高，其强度变异系数值愈低。　（　）

10. 混凝土碳化对混凝土本身无害，只是对钢筋的保护作用降低。　（　）

11. 采用湿热养护的混凝土构件，应优先选用硅酸盐水泥。　（　）

12. 混凝土的流动性越大（越稀），则其强度越低。　（　）

13. 在水泥强度等级相同，水灰比相同的条件下，用碎石配制的混凝土较用卵石配制的混凝土强度高。　（　）

14. 混凝土的孔隙率越大，其抗冻性越差。　（　）

15. 掺用较多粉煤灰的混凝土，其早期强度低，但后期强度高。　（　）

16. 影响砂浆强度等级的主要因素是水泥的强度等级和用量。　（　）

17. 一般来说砌筑砂浆的强度越高，其粘结力也越大。　（　）

18. 消石灰粉可直接用于拌制砌筑砂浆。　（　）

19. 抹面砂浆的和易性要求比砌筑砂浆要高，粘结力要求也高。　（　）

20. 烧结普通砖的标准尺寸是 240mm×115mm×53mm。　（　）

21. 欠火砖及变形较大的过火砖均为不合格砖。　（　）

22. 烧结多孔砖、烧结空心砖均可用作承重结构。　（　）

23. 钢材的屈强比越高，则钢材的利用率高，但安全性降低。　（　）

24. 钢材的伸长率反映其塑性的大小，塑性大的钢冷弯和可焊性能好，但韧性差。　（　）

25. 当木材中自由水蒸发完毕而吸附水尚处于饱和时的含水率，称为纤维饱和点。　（　）

26. 木材在长期荷载作用下的持久强度仅为极限强度的 50%～60%。　（　）

27. 屋面防水用沥青的选择是在满足软化点条件下，尽量选用牌号低的石油沥青。　（　）

28. 橡胶改性沥青既可改善沥青的高温稳定性，又可提高沥青的低温柔韧性。　（　）

29. 大理岩不宜用作城市内建筑物的外部装饰。　（　）

30. 泡沫塑料可作为保温隔热、吸声隔声、防振材料。　（　）

四、计算题或案例分析题

（一）案例一

背景材料：某工程 C30 混凝土实验室配合比为 1∶2.12∶4.37，W/B＝0.62，每立方米混凝土水泥用量为 290kg，现场实测砂子含水率为 3%，石子含水率为 1%。使用 50kg

一包袋装水泥，水泥整袋投入搅拌机。采用出料容量为350L的自落式搅拌机进行搅拌。

试根据上述背景材料，计算以下问题。

1. 施工配合比为（ ）。

A. 1：2.2：4.26
B. 1：2.23：4.27

C. 1：2.18：4.41
D. 1：2.35：4.26

2. 每搅拌一次水泥的用量为（ ）。

A. 300kg
B. 200kg
C. 100kg
D. 75kg

3. 每搅拌一次砂的用量为（ ）。

A. 170.3kg
B. 218.0kg
C. 660.0kg
D. 681.0kg

4. 每搅拌一次石的用量为（ ）。

A. 322.5kg
B. 441kg
C. 1278.0kg
D. 1290.0kg

5. 每搅拌一次需要加的水是（ ）。

A. 45kg
B. 36kg
C. 52kg
D. 40kg

（二）案例二

背景材料：某工程用混凝土，经和易性调整、强度校核及表观密度测定，确定其单位用水量为190kg，砂率宜用0.34，水胶比应用0.50，该混凝土的表观密度为2400kg/m^3。

试根据上述背景材料，计算以下问题。

1. 每立方米混凝土中水泥的用量为（   ）kg。

A. 340
B. 380
C. 420
D. 450

2. 每立方米混凝土中砂的用量为（   ）kg。

A. 622.2
B. 650.5
C. 670.7
D. 690.4

3. 每立方米混凝土中石子的用量为（   ）kg。

A. 1107.8
B. 1150.8
C. 1207.8
D. 1250.8

4. 掺用木钙减水剂，经试验减水率15％，则每立方米混凝土水的用量为（   ）kg。

A. 165.2
B. 161.5
C. 155.2
D. 165.5

5. 掺用木钙减水剂，经试验减水率15％，则每立方米混凝土水泥的用量为（   ）kg。

A. 330.4
B. 323
C. 130.4
D. 331

（三）案例三

背景材料：某钢筋进行力学性能检测，试样直径为16mm，原始标距长度为160mm。

（1）经测定该钢筋的屈服载荷为72.5kN，估算该钢筋的屈服强度值。

（2）经测定该钢筋的所能承受的最大载荷为108kN，估算该钢筋的抗拉强度。

（3）根据以上测定估算该钢筋的屈强比。

（4）经测定试样断裂后的标距长度为192mm，估算该钢筋的伸长率。

（5）经测定该钢筋断裂处的平均直径为8mm，估算该钢筋的断面收缩率。

试根据上述背景材料，计算以下问题。

1. 估算该钢筋的屈服强度值（   ）MPa。

A. 375.2
B. 360.6
C. 420.5
D. 350.8

2. 估算该钢筋的抗拉强度（   ）MPa。

A. 555.2
B. 528.6
C. 537.1
D. 640.4

3. 估算该钢筋的屈强比（   ）。

A. 0.57　　　　　B. 0.67　　　　　C. 0.77　　　　　D. 0.87

4. 估算该钢筋的伸长率（   ）%。

A. 26　　　　　　B. 22　　　　　　C. 20　　　　　　D. 18

5. 估算该钢筋的断面收缩率（   ）%。

A. 75　　　　　　B. 100　　　　　C. 50　　　　　　D. 300

第7章　建筑工程造价

一、单项选择题

1. 工程建设定额的分类有多种方法，是以编制程序和用途分类的定额是（   ）。

A. 劳动消耗定额　　　　　　　　B. 机械消耗定额

C. 材料消耗定额　　　　　　　　D. 预算定额

2. 对按照编制程序和用途分类的五种定额，用于编制施工图预算的定额是（   ）。

A. 施工定额　　　B. 预算定额　　　C. 概算定额　　　D. 概算指标

3. 对按照编制程序和用途分类的五种定额，以下哪种定额水平与其他三种不同（   ）。

A. 施工定额　　　B. 预算定额　　　C. 概算定额　　　D. 概算指标

4. 工程定额计价基本构造要素的直接工程费单价＝（   ）。

A. 人工费＋施工机械使用费

B. 人工费＋材料费

C. 人工费＋材料费＋施工机械使用费

D. 人工费＋材料费＋施工机械使用费＋管理费＋利润

5. 一单项工程分为 3 个子项，它们的概算造价分别是 500 万元、1200 万元、3600 万元，该工程的设备购置费是 900 万元，则该单项工程总概算造价是（   ）万元。

A. 4800　　　　　B. 1700　　　·　C. 1200　　　　　D. 6200

6. 建筑安装工程施工根据施工过程组织上的复杂程度，不可以分解为（   ）。

A. 工序　　　　　　　　　　　　B. 工作过程

C. 综合工作过程　　　　　　　　D. 循环施工过程和非循环施工过程

7. 确定人工定额消耗量、机械台班定额消耗量、材料定额消耗量的基本方法是（   ）。

A. 测时法　　　B. 写实记录法　　　C. 计时观察法　　　D. 工作日写实法

8. 已知某挖土机挖土的一次正常循环工作时间是 2 分钟，每循环工作一次挖土 0.5m³，工作班的延续时间为 8 小时，机械正常利用系数为 0.8，则其产量定额为（   ）m³/台班。

A. 96　　　　　　B. 120　　　　　C. 150　　　　　D. 300

9. 预算定额是指在合理的施工组织设计、正常施工条件下、生产一个规定计量单位合格产品所需的人工、材料和机械台班消耗量标准，其定额编制水平为（   ）。

A. 平均先进水平　　　　　　　　B. 社会平均水平

C. 先进水平　　　　　　　　　　D. 本企业平均水平

10. 在编制预算定额时，对于那些常用的、主要的、价值量大的项目，分项工程划分宜细；次要的、不常用的、价值量相对较小的项目可以划分较粗，这符合预算定额编制的（　　）。

　　A. 平均先进性原则　　　　　　　　B. 时效性原则

　　C. 保密原则　　　　　　　　　　　D. 简明适用原则

11. 已知某挖土机挖土，一次正常循环工作时间是 40 秒，每次循环平均挖土量 0.3m³，机械正常利用系数为 0.8，机械幅度差为 25%。则该机械挖土方 1000m³ 的预算定额机械耗用台班量是（　　）台班。

　　A. 4.63　　　　　B. 5.79　　　　　C. 7.23　　　　　D. 7.41

12. 某工地水泥从两个地方采购，其采购量及有关费用如下表所示，则该工地水泥的基价为（　　）元/吨。

采购处	采购量	原价	运杂费	运输损耗率	采购及保管费费率
来源一	300t	240 元/t	20 元/t	0.5%	3%
来源二	200t	250 元/t	15 元/t	0.4%	

　　A. 244.0　　　　　B. 262.0　　　　　C. 271.1　　　　　D. 271.6

13. 已知某施工企业，初级工的基本工资（G_1）为 18 元/工日，工资性补贴（G_2）为 5 元/工日，生产工人辅助工资（G_3）为 1 元/工日，生产工人劳动保护费（G_5）为 2 元/工日，职工福利计提比例为 2.5%，则该企业初级工的职工福利费是（　　）元/工日。

　　A. 0.6　　　　　B. 0.8　　　　　C. 0.9　　　　　D. 1.0

14. 某施工机械年工作 320 台班，年平均安拆 0.85 次，机械一次安拆费 28000 元，一次场外运费 1000 元，则该施工机械的台班安拆费及场外运费为（　　）元。

　　A. 177　　　　　B. 77　　　　　C. 102　　　　　D. 74

15. 江苏省建筑与装饰工程计价表中一般建筑工程、单独打桩与制作兼打桩项目的管理费与利润，已按（　　）类工程标准计入综合单价内。

　　A. 一　　　　　B. 二　　　　　C. 三　　　　　D. 四

16. 现行的江苏省建筑与装饰工程计价表由二十三章及九个附录组成，第十九章至第二十三章为工程（　　）。

　　A. 实体项目　　　B. 措施项目　　　C. 其他项目　　　D. 规费项目

17. 《房屋建筑与装饰工程工程量计算规范》（GB 500854—2013）附录 A 的构成包括（　　）。

　　A. 楼地面工程　　　　　　　　　　B. 土石方工程

　　C. 门窗工程　　　　　　　　　　　D. 墙柱面工程

18. 实行工程量清单招标的工程建设项目应当采用（　　）合同，量的风险由发包人承担，价的风险在约定风险范围内的，由承包人承担，风险范围以外的按合同约定。

　　A. 固定总价　　　B. 固定单价　　　C. 成本加酬金　　　D. 可调总价。

19. 按单价的综合程度划分，可将分部分项工程单价分为（　　）。

　　A. 预算单价和概算单价　　　　　　B. 地区单价和个别单价

C. 定额单价和补充单价　　　　　D. 工料单价和综合单价

20.《江苏省建设工程费用定额》（2009 年）规定不属于现场安全文明施工措施费的是（　　）。

　　A. 施工现场安全费　　　　　　　B. 临时设施费

　　C. 文明施工费　　　　　　　　　D. 环境保护费

21. 江苏省采用工程量清单计价法计价程序（包工包料）综合单价中的管理费计算基数为（　　）。

　　A. 人工费＋机械费　　　　　　　B. 人工费

　　C. 人工费＋材料费　　　　　　　D. 材料费＋机械费

22. 江苏省采用工程量清单计价法计价程序（包工包料）综合单价中的利润计算基数为（　　）。

　　A. 材料费＋机械费　　　　　　　B. 人工费

　　C. 人工费＋材料费　　　　　　　D. 人工费＋机械费

23. 江苏省采用工程量清单计价法计价程序（包工包料）税金计算程序为（　　）。

　　A.（人工费＋机械费）×费率

　　B. 分部分项工程费×费率

　　C. 综合单价×工程量

　　D.（分部分项工程费＋措施项目费＋其他项目费)×费率

24. 江苏省采用工程量清单计价法计价程序（包工包料）其他项目费用计算程序为（　　）。

　　A. 分部分项工程费×费率

　　B. 综合单价×工程量

　　C. 双方约定

　　D.（分部分项工程费＋措施项目费＋其他项目费）×费率

25. 江苏省计价表规定挖土方：凡槽宽大于（　　）m，或坑底面积大于 20m^2，或建筑场地设计室外标高以下深度超过 30cm 的土方工程。

　　A. 1　　　　　　B. 2　　　　　　C. 3　　　　　　D. 4

26. 江苏省计价表规定沟漕：又称基槽。指图示槽底宽（含工作面）在 3m 以内，且槽长大于槽宽（　　）倍以上的挖土工程。

　　A. 1　　　　　　B. 2　　　　　　C. 3　　　　　　D. 4

27. 江苏省计价表规定基坑又称地坑。指图示坑底面积（含工作面）小于（　　）m^2，坑底的长与宽之比小于 3 倍的挖土工程。

　　A. 10　　　　　B. 20　　　　　C. 30　　　　　D. 40

28. 江苏省计价表规定平整场地是指对建筑场地自然地坪与设计室外标高高差（　　）cm 内的人工就地挖、填、找平，便于进行施工放线。

　　A. 15　　　　　B. 20　　　　　C. 25　　　　　D. 30

29. 江苏省计价表规定计算送桩工程量的计量单位为（　　）。

　　A. 米　　　　　B. 平方米　　　　　C. 立方米　　　　　D. 个

30. 江苏省计价表规定砖基础断面积＝（　　）。

A. 基础墙高×基础墙长＋大放脚面积

B. 基础墙高×基础墙宽

C. 基础墙高×基础墙宽＋大放脚面积

D. 大放脚面积

31. 江苏省计价表规定计算墙体工程量时，应扣（　　）m² 以下的孔洞所占的体积。

A. 0.2　　　　B. 0.3　　　　C. 0.4　　　　D. 0.5

32. 江苏省计价表规定带形基础混凝土工程量的计量单位为（　　）。

A. 米　　　　B. 平方米　　　　C. 立方米　　　　D. 个

33. 江苏省计价表规定当梁、板（包括整板基础）φ8 以上的通筋未设计搭接位置时，编制预算或标底钢筋接头个数时可暂按（　　）m 长一个接头（双面焊）考虑。

A. 8　　　　B. 9　　　　C. 10　　　　D. 12

34. 江苏省计价表规定圈梁、过梁应分别计算，过梁长度按图示尺寸，图纸无明确表示时，按门窗洞口外围宽另加（　　）mm 计算。

A. 300　　　　B. 400　　　　C. 500　　　　D. 600

35. 按江苏省计价表规定有梁板（包括主、次梁）工程量的计算方法为（　　）。

A. 主梁单独计算　　　　B. 主梁、次梁单独计算板另计

C. 主梁、次梁、板分别单独计算　　D. 梁（包括主、次梁）、板体积之和计算

36. 江苏省计价表规定现浇混凝土墙，外墙按图示中心线长度（内墙按净长）乘墙高、墙厚以立方米计算，应扣除门、窗洞口及（　　）m² 外的孔洞体积。

A. 0.2　　　　B. 0.3　　　　C. 0.4　　　　D. 0.5

37. 江苏省计价表规定整体面层、找平层均按主墙是净空面积以平方米计算。扣除凸出地面构筑物、设备基础、地沟所占面积，不扣除柱、垛、间壁墙、附墙烟囱及面积在（　　）m² 以内的孔洞所占面积。

A. 0.2　　　　B. 0.3　　　　C. 0.4　　　　D. 0.5

38. 江苏省计价表规定地板及块料面层按图示尺寸实铺面积以平方米计算。扣除凸出地面构筑物、设备基础、柱、间壁墙等所占面积及面积在（　　）m² 以内的孔洞所占面积。

A. 0.2　　　　B. 0.3　　　　C. 0.4　　　　D. 0.5

39. 江苏省计价表规定楼梯、台阶整体面层按楼梯的工程量计量单位为（　　）。

A. 米　　　　B. 平方米　　　　C. 立方米　　　　D. 个

40. 江苏省计价表规定水泥砂浆和水磨石踢脚板的工程量计量单位为（　　）。

A. 米　　　　B. 平方米　　　　C. 立方米　　　　D. 个

41. 江苏省计价表规定现浇混凝土雨篷、阳台、水平挑板工程量计量单位为（　　）。

A. 米　　　　B. 平方米　　　　C. 立方米　　　　D. 个

42. 江苏省计价表规定整体直形楼梯包括楼梯段、中间休息平台、平台梁、斜梁及楼梯与楼板连结的梁，按水平投影面积计算，不扣除小于（　　）mm 的梯井，伸入墙内部分不另增加。

A. 100　　　　B. 200　　　　C. 300　　　　D. 400

43. 江苏省计价表规定预制混凝土板间或边补现浇板缝，缝宽在（　　）mm 以上

者，模板按平板定额计算。

    A. 60   B. 80   C. 100   D. 120

    44. 江苏省计价表规定内墙、柱木装饰：木装饰龙骨、衬板、面层及粘贴切片板按净面积计算，并扣除门、窗洞口及（   ）m^2 以上的孔洞所占面积。

    A. 0.2   B. 0.3   C. 0.4   D. 0.5

    45. 江苏省计价表规定室内天棚面层净高超过（   ）m 的钉天棚、钉问壁的脚手架与其抹灰的脚手架合并计算一次满堂脚手架。

    A. 3.3   B. 3.6   C. 3.9   D. 4.2

    46. 江苏省计价表规定砌体高度在 3.60m 以内者，套用里脚手架；高度超过 3.60m 者套用（   ）。

    A. 里脚手架   B. 抹灰脚手架   C. 浇捣脚手架   D. 外脚手架

    47. 房屋建筑与装饰工程计量规范（GB 500854—2013）规定水泥砂浆和水磨石踢脚板的工程量计量单位为（   ）。

    A. 米   B. 平方米   C. 立方米   D. 米或平方米均可

    48. 江苏省计价表规定多色简单、复杂图案镶贴花岗岩、大理石，按镶贴图案的工程量计量单位为（   ）。

    A. 米   B. 平方米   C. 立方米   D. 个

    49. 江苏省计价表规定看台台阶、阶梯教室地面整体面层按（   ）计算。

    A. 设计面积   B. 水平投影面积

    C. 展开后的净面积   D. 以上都不对

    50. 江苏省计价表规定栏杆模板的工程量计量单位为（   ）。

    A. 米   B. 平方米   C. 立方米   D. 个

二、多项选择题

1. 工程建设定额的分类有多种方法，主要包含以下方法（   ）。

A. 生产要素消耗内容   B. 材料消耗

C. 编制程序和用途   D. 主编单位和管理权限

E. 专业性质

2. 建筑安装工程施工根据施工过程组织上的复杂程度，可以分解为（   ）。

A. 工序   B. 工作过程

C. 综合工作过程   D. 循环施工过程

E. 非循环施工过程

3. 计时观察法的作用包括（   ）。

A. 取得编制劳动定额、材料定额、机械定额所需的基础资料

B. 研究先进工作法对提高劳动生产率的具体影响

C. 研究先进技术操作对提高劳动生产率的具体影响

D. 研究减少工时消耗的潜力

E. 研究定额执行情况，反馈信息

4. 确定材料定额消耗量的基本方法有（   ）。

A. 现场技术测定法　　　　　　　B. 实验室试验法

C. 现场统计法　　　　　　　　　D. 理论计算法

E. 经验估算法

5. 江苏省建筑与装饰工程计价表作用（　　　）。

A. 编制工程标底、招标工程结算审核的指导

B. 工程投标报价、企业内部核算、制定企业定额的参考

C. 一般工程（依法不招标工程）编制与审核工程预结算的依据

D. 编制建筑工程概算定额的依据

E. 建设行政主管部门调解工程造价纠纷、合理确定工程造价的依据

6. 江苏省建筑与装饰工程计价表综合单价组成为（　　　）。

A. 人工费　　　B. 材料费　　　C. 机械费　　　D. 利润　　　　E. 管理费

7. 《建设工程工程量清单计价规范》规定的费用构成包括（　　　）。

A. 分部分项工程费　　　　　　　B. 措施项目费

C. 其他项目费　　　　　　　　　D. 规费

E. 税金

8. 《建设工程工程量清单计价规范》规定，分部分项工程量清单编制时应该统一的内容有（　　　）。

A. 项目编码和　　　B. 项目名称　　　C. 项目特征

D. 计量单位　　　E. 工程量计算规则

9. 2013 计价规范规定：规费项目清单包括（　　　）和住房公积金。

A. 工程排污费　　　　　　　　　B. 工程定额测定费

C. 安全生产监督费　　　　　　　D. 社会保障费

E. 危险作业意外伤害保险

10. 分部分项工程工料单价的编制依据包括（　　　）。

A. 预算定额　　　B. 人工单价　　　C. 措施费和间接费的取费标准

D. 利润率　　　E. 税率

11. 2013 计价规范规定税费是国家税法规定的应计入建筑安装工程造价内的（　　　）。

A. 营业税及　　　　　　　　　　B. 城市维护建设税

C. 教育费附加　　　　　　　　　D. 地方教育费附加

E. 增值税

12. 2013 计价规范规定其他项目费是对工程中可能发生或必然发生，但价格或是工程量不能确定的项目费用的列支。包括（　　　）。

A. 暂列金额　　　　　　　　　　B. 暂估价

C. 计日工　　　　　　　　　　　D. 总承包服务费

E. 分包管理费

13. 2013 计价规范规定不可竞争费用包括（　　　）和税金、有权部门批准的其他不可竞争费用等。

A. 现场安全文明施工措施费　　　B. 工程排污费

C. 工伤保险　　　　　　　　　　D. 社会保障费

E. 住房公积金

14. 2013 计价规范规定社会保障费包括企业为职工缴纳的（　　）（包括个人缴纳部分）。

A. 养老保险　　　B. 医疗保险　　　C. 失业保险

D. 工伤保险　　　E. 生育保险

15. 江苏省采用工程量清单计价法计价程序（包工包料）措施项目清单费用计算程序为（　　）。

A. 人工费＋机械费　　　　　　　　B. 分部分项工程费×费率

C. 综合单价×工程量　　　　　　　D. 材料费＋机械费

E. 人工费×费率

16. 江苏省计价表规定挖土方、槽、坑尺寸以图示为准，建筑场地以设计室外标高为准。挖土方工作内容包括：（　　）。

A. 挖土　　　　B. 抛土或装筐　　C. 修整底边

D. 运土　　　　E. 土方回填

17. 江苏省计价表规定外墙的高度的确定方法有（　　）。

A. 坡（斜）屋面无檐口天棚，算至墙中心线屋面板底

B. 无屋面板，算至椽子顶面；有屋架且室内外均有天棚，算至屋架下弦底面另加 200mm，无天棚算至屋架下弦另加 300mm

C. 有现浇钢筋混凝土平板楼层者，应算至平板底面当墙高遇有框架梁、肋形板梁时，应算至梁底面

D. 女儿墙高度自板面算至压顶底面

E. 无屋面板，算至椽子顶面；有屋架且室内外均有天棚，算至屋架下弦底面

18. 计算带形基础混凝土工程量时，基础长度确定方法为（　　）。

A. 外墙按中心线长度计算　　　　　B. 均按中心线长度计算

C. 内墙按净长线长度计算　　　　　D. 均按净线长度计算

E. 以上都不对

19. 江苏省计价表规定计算钢筋混凝土现浇柱高时，应按照以下（　　）情况正确确定。

A. 有梁板下的柱，柱高应从柱基上表面（或楼板上表面）算至上一层楼板的下表面

B. 无梁板下的柱，柱高应从柱基上表面算至柱帽（或柱托）的下表面

C. 有预制板的框架柱，柱高应从柱基上表面（或从楼层的楼板上表面）算至上一层楼板的上表面

D. 有预制板的框架柱，无楼层者，框架柱的高度从柱基上表面算至柱顶

E. 有梁板下的柱，柱高应从柱基上表面（或楼板上表面）算至上一层楼板的上表面

20. 以下关于计算钢筋混凝土梁的工程量计算规则，梁的长度确定的说法正确的是（　　）。

A. 梁与柱连接时，梁长算至柱外侧面

B. 梁与柱连接时，梁长算至柱内侧面

C. 主梁与次梁连接时，次梁长算至主梁内侧面

D. 伸入砖墙内的梁头、梁垫体积并入梁体积内计算

E. 主梁与次梁连接时，次梁长算至主梁外侧面

21. 建筑工程施工图预算工程量计算时应遵循以下原则（　　）。

A. 熟悉基础资料

B. 计算工程量的项目应与现行定额的项目一致

C. 工程量的计量单位必须与现行定额的计量单位一致

D. 必须严格按照施工图纸和定额规定的计算规则进行计算

E. 工程量的计算应采用表格形式

22. 建筑工程施工图预算工程量计算时通常采用顺序有（　　）。

A. 按施工顺序计算

B. 按定额顺序计算

C. 按图纸拟定一个有规律的顺序依次计算

D. 先上后下的顺序

E. 先算内部再算外部工程量

23. 钢筋混凝土单梁、柱、墙，抹灰脚手架、满堂脚手架按以下规定计算脚手架（　　）。

A. 单梁：以梁净长乘以地坪（或楼面）至梁顶面高度计算

B. 柱：以柱结构外围周长加 3.60m 乘以柱高计算

C. 墙：以墙净长乘以地坪（或楼面）至板底高度计算

D. 单梁：以梁净长乘以地坪（或楼面）至梁底面高度计算

E. 墙：以墙净长乘以地坪（或楼面）至板顶高度计算

24. 施工图预算的作用有（　　）。

A. 确定工程造价的依据

B. 实行建筑工程预算包干的依据和签订施工会同的主要内容

C. 施工企业安排调配施工力量，组织材料供应的依据

D. 建筑安装企业实行经济核算和进行成本管理的依据

E. 是进行"两算"对比的依据

25. 施工图预算的编制依据有（　　）等。

A. 施工图纸

B. 现行预算定额或地区单位估价表

C. 经过批准的施工组织设计或施工方案

D. 地区取费标准（或间接费定额）和有关动态调价文件

E. 工程的承包合同（或协议书）、招标文件

三、判断题

1. 在编制预算定额时，对于那些常用的、主要的、价值量大的项目，分项工程划分宜细；次要的、不常用的、价值量相对较小的项目可以划分较粗。（　　）

2. 企业定额的建立和使用可以规范建筑市场秩序，规范发包承包行为。（　　）

3. 按照工艺特点，施工过程可以分为手动施工过程和机械施工过程两类。（　　）

4. 全部使用国有资金投资或国有资金投资为主的建筑与装饰工程应执行本江苏省建

筑与装饰工程计价表。 （　　）

5. 计价表项目中带括号的材料价格供选用，包含在综合单价内。 （　　）

6. 计价表的垂直运输机械费包含檐高在 3.6m 内的平房、围墙、层高在 3.6m 以内单独施工的一层地下室工程。 （　　）

7. 计价表适用范围适用于修缮工程。 （　　）

8. 计价表中，除脚手架、垂直运输费用定额已注明其适用高度外，其余章节均按檐口高度在 20m 以内编制的。超过 20m 时，建筑工程另按建筑物超高增加费用定额计算超高增加费，单独装饰工程则另外计取超高人工降效费。 （　　）

9. 使用计价表中，竣工结算时，使用含模量者，模板面积可以调整。 （　　）

10. 《建设工程工程量清单计价规范》规定，分部分项工程量清单编制时项目名称严格和计价规范统一。 （　　）

11. 分部分项工程量清单中所列工程量应按附录中规定的工程量计算规则计算。 （　　）

12. "社会保障费"包括养老保险、失业保险、医疗保险、生育保险和工伤保险五项。
 （　　）

13. 措施项目费是指为完成工程项目施工所必须发生的施工准备和施工过程中技术、生活、安全、环境保护等方面的非工程实体项目费用。 （　　）

14. 地沟又称管道沟。是为埋设室外管道所挖的土方工程。 （　　）

15. 工作面是指人工施工操作或支模板所需要的断面宽度，与基础材料和施工工序有关。 （　　）

16. 单位工程钢筋总用量应按设计要求的长度乘相应规格理论重量计算。 （　　）

17. 当采用电渣压力焊、锥螺纹、墩粗直螺纹、冷压套管等接头时，接头按个计算。
 （　　）

18. 现浇混凝土墙工程量计算时，单面墙垛其突出部分按柱计算，双面墙垛（包括墙）并入墙体体积内计算。 （　　）

19. 现浇混凝土墙工程量计算时，地下室墙有后浇墙带时，后浇墙带应扣除，后浇墙带按设计图纸以立方米计算。 （　　）

20. 外墙面抹灰面积按外墙面的垂直投影面积计算，应扣除门窗洞口和空圈所占的面积，不扣除 0.3m² 以内孔洞面积。 （　　）

21. 计算脚手架时，不扣除门、窗洞口、空圈、车辆通道、变形缝等所占面积。（　　）

22. 外墙脚手架按外墙外边线长度如外墙有挑阳台，则每只阳台计算二个侧面宽度，计入外墙面长度内。 （　　）

23. 内墙脚手架以内墙净长乘以内墙净高计算。有山尖者算至山尖 1/2 处的高度；有地下室时，自地下室室内地坪至墙顶面高度。 （　　）

24. 施工图预算即单位工程预算书，是在施工图设计完成后，工程开工前，根据已批准的施工图纸，在施工方案或施工组织设计已确定的前提下，按照国家或省市颁发的现行预算定额、费用标准、材料预算价格等有关规定，进行逐项计算工程量、套用相应定额、进行工料分析、计算直接费、并计取间接费、计划利润、税金等费用，确定单位工程造价的技术经济文件。 （　　）

25. 施工图预算的编制方法有单价法和实物法两种。 （　　）

四、计算题或案例分析题

（一）背景资料：如下图所示，在人工挖地坑的工程中，坡度系数 K＝0.33，不考虑工作面。计算以下问题（计算结果四舍五入保留 2 位小数）。

1. 该工程的人工挖土深度是（　　）。

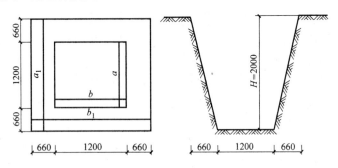

A. 1200mm　　　　B. 660mm　　　　C. 2000mm　　　　D. 1000mm

2. 根据图示，该工程上口的宽计算公式为（　　）。

A. $1200＋2×2000×0.33$　　　　B. $2×2000×0.33$

C. $2000×0.33$　　　　D. $1200×0.33$

3. 根据图示，该工程上口的宽为（　　）。

A. 1200mm　　　　B. 660mm　　　　C. 2000mm　　　　D. 2520mm

4. 该工程的人工挖土体积计算公式为（　　）。

A. $V＝a×b×H$

B. $V＝H/6(a×b＋(a＋a_1)(b＋b_1)＋a_1×b_1)$

C. $V＝H×(a×b＋(a＋a_1)(b＋b_1)＋a_1×b_1)$

D. $V＝a_1×b_1×H$

5. 该工程的人工挖土体积为（　　）。

A. 6.21m³　　　　B. 7.41m³　　　　C. 8.11m³　　　　D. 7.21m³

（二）背景资料：某单位传达室基础平面图及基础详图见下图，室内地坪±0.00m。防潮层－0.06m，防潮层以下用 M10 水泥砂浆砌标准砖基础，内墙基础剖面图同 1-1，防潮层以上为多孔砖墙身。请按江苏省计价表规定计算以下问题（计算结果四舍五入保留 2 位小数）。

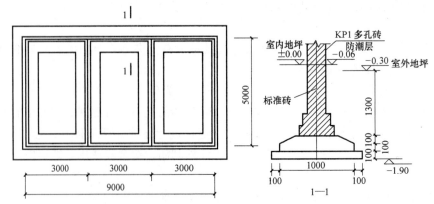

1. 外墙基础长度为（　　）。

A. 28.96m　　　B. 28.00m　　　C. 28.48m　　　D. 28.24m

2. 内墙基础长度为（　　）。

A. 10.00m　　　B. 9.04m　　　C. 9.52m　　　D. 8.56m

3. 基础高度为（　　）。

A. 1.54m　　　B. 1.60m　　　C. 1.30m　　　D. 1.50m

4. 防潮层面积为（　　）m²。

A. 12.00　　　B. 11.36　　　C. 10.24　　　D. 9.00

5. 查表得到大放脚折加高度为（　　）m。

A. 0.197　　　B. 0.164　　　C. 0.394　　　D. 0.906

6. 该工程砖基础的体积为（　　）m³。

A. 12.00　　　B. 11.36　　　C. 10.24　　　D. 15.64

（三）如图，某单位办公楼屋面现浇钢筋混凝土有梁板，板厚为100mm，A、B、1、4轴截面尺寸为240×500（mm），2、3轴截面尺寸为240×350（mm），柱截面尺寸为400×400（mm）。请按江苏省计价表规定计算以下问题（计算结果四舍五入保留2位小数）。

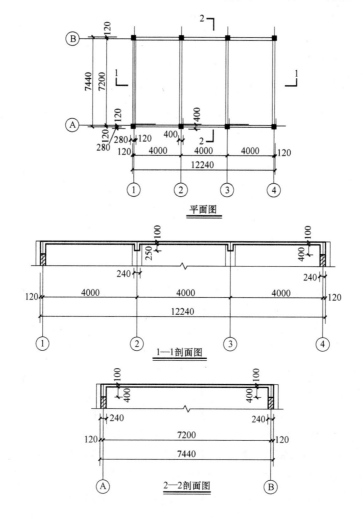

平面图

1—1剖面图

2—2剖面图

1. 四周梁（A、B、1、4 轴线处，梁高扣除板厚）混凝土工程量为（　　）m³。

A. 3.00　　　　B. 3.44　　　　C. 2.05　　　　D. 4.20

2. 2、3 轴线处混凝土梁（梁高扣除板厚）工程量为（　　）m³。

A. 0.84　　　　B. 0.96　　　　C. 1.24　　　　D. 0.78

3. 混凝土板的工程量为（　　）m³。

A. 8.96　　　　B. 7.36　　　　C. 9.11　　　　D. 9.25

4. 该工程混凝土有梁板的工程量为（　　）m³。

A. 12.98　　　B. 14.65　　　C. 12.08　　　D. 13.38

（四）背景资料：某综合楼五层会议室包工包料装饰工程，已知分部分项工程费为 8923.13 元，措施费仅考虑脚手架，费用为 435.65 元。其他项目费中安全文明施工措施费基本费费率为 0.8%，考评费费率为 0.5%，不考虑奖励费。工伤保险费率为 1.2%，工程排污费率为 0.1%，住房公积金不计取，税金为 3.44%，请根据已知条件计算以下问题（计算结果四舍五入保留 2 位小数）。

1. 其他项目费中安全文明措施基本费为（　　）元。

A. 72.47　　　B. 71.38　　　C. 74.87　　　D. 3.49

2. 其他项目费中安全文明措施考评费为（　　）元。

A. 46.79　　　B. 40.86　　　C. 71.38　　　D. 3.48

3. 规费中工伤保险费为（　　）元。

A. 125.67　　B. 124.74　　C. 140.11　　D. 113.77

4. 该工程的税金为（　　）元。

A. 156.78　　B. 339.96　　C. 365.78　　D. 330.37

5. 该工程的总造价为（　　）元。

A. 12057.98　B. 9934.34　　C. 10060.31　D. 9523.14

第 8 章　法 律 法 规

一、单项选择题

1. 在同一个法律体系中，按照一定的标准和原则所制定的同类法律规范总称为（　　）。

A. 法律形式　　B. 法律体系　　C. 法律规范　　D. 法律部门

2. 在我国法律体系中，《招标投标法》属于（　　）部门。

A. 民法　　　　B. 商法　　　　C. 经济法　　　D. 诉讼法

3. 有关招标投标的法律文件中，法律效力最高的是（　　）。

A.《招标投标法》　　　　　　　B.《招标投标法实施条例》

C.《江苏省招标投标条例》　　　D.《工程建设项目施工招标投标办法》

4. 根据法的效力等级，《建设工程质量管理条例》属于（　　）。

A. 法律　　　　B. 部门规章　　C. 行政法规　　D. 单行条例

5.《建筑施工企业安全生产许可证管理规定》属于（　　）。

A. 行政法规　　B. 一般法律　　C. 司法解释　　D. 部门规章

6. 《建设工程质量管理条例》强调了工程质量必须实行（ ）监督管理。

A. 政府   B. 行业   C. 社会   D. 企业

7. 2013 年 3 月 10 日某工程竣工验收合格，则竣工验收备案应在（ ）前办理完毕。

A. 2013 年 3 月 20 日   B. 2013 年 3 月 25 日

C. 2013 年 3 月 30 日   D. 2013 年 4 月 29 日

8. 某新建酒店原定于 2012 年 12 月 18 日开业，可由于工期延误，不得不将开业日期推迟到 2013 年 1 月 18 日，那么在开业前应由（ ）来办理工程竣工验收备案。

A. 酒店投资方   B. 酒店经营方

C. 施工企业   D. 最后完工者

9. 为了保证某工程在"五·一"前竣工，建设单位要求施工单位不惜一切代价保证工程进度，对此，下面说法正确的是（ ）。

A. 因为工程是属于业主的，业主有权这样要求

B. 如果施工单位同意，他们之间就形成了原合同的变更，是合法有效的

C. 建设单位不可以直接这样要求，应该委托监理工程师来下达这样的指令

D. 施工单位有权拒绝建设单位这样的要求

10. 甲公司是乙公司的分包单位，若甲公司分包工程出现了质量事故，则下列说法正确的是（ ）。

A. 业主只可以要求甲公司承担责任

B. 业主只可以要求乙公司承担责任

C. 业主可以要求甲公司和乙公司承担连带责任

D. 业主必须要求甲公司和乙公司同时承担责任

11. 某施工现场运来一批拟用于装修的石材，对于这批石材的检查，下列说法正确的是（ ）。

A. 对石材质量的检查是监理工程师的责任，施工单位不需要检查

B. 对石材质量的检查是施工单位的责任，监理工程师不需要检查

C. 对石材的检查取样应该在监理工程师的监督下取样

D. 如果石材的厂家出示了产品合格证和质量检验报告，就不需要对其进行检查

12. 依据《建设工程质量管理条例》，工程承包单位在（ ）时，应当向建设单位出具质量保修书。

A. 工程价款结算完毕   B. 施工完毕

C. 提交工程竣工验收报告   D. 竣工验收合格

13. 根据《建设工程质量管理条例》关于质量保修制度的规定，屋面防水工程、有防水要求的卫生间、房间和外墙面防渗漏的最低保修期为（ ）。

A. 1 年   B. 2 年   C. 3 年   D. 5 年

14. 某工人在脚手架上施工时，发现部分扣件松动可能倒塌，所以停止作业。这属于从业人员行使的（ ）。

A. 知情权   B. 拒绝权   C. 避险权   D. 紧急避险权

15. 负有安全生产监督管理职责的部门依法对生产经营单位执行监督检查时，对于发

现的重大安全事故隐患在排除前或者排除过程中无法保证安全的，采取的必要措施是（   ）。

A. 责令立即排除

B. 更换施工队伍

C. 责令从危险区域撤出作业人员或暂时停止施工

D. 责令施工单位主要负责人作出检查

16.（   ）是指造成 10 人以上 30 人以下死亡，或者 50 人以上 100 人以下重伤，或者 5000 万元以上 1 亿元以下直接经济损失的事故。

A. 特别重大事故　　　　　　　　B. 故重大事故

C. 较大事故　　　　　　　　　　D. 一般事故

17. 施工中发生事故时，（   ）应当采取紧急措施减少人员伤亡和事故损失，并按照国家有关规定及时向有关部门报告。

A. 建设单位负责人　　　　　　　B. 监理单位负责人

C. 施工单位负责人　　　　　　　D. 事故现场有关人员

18.《建设工程安全生产管理条例》规定，建设单位在编制（   ）时，应当确定建设工程安全作业环境及安全施工措施所需费用。

A. 安全预算　　　B. 工程概算　　　C. 工程预算　　　D. 工程决算

19. 工程监理单位在实施监理过程中，发现存在安全事故隐患的，应当要求施工单位（   ）。

A. 整改　　　　　B. 停工整改　　　C. 停工　　　　D. 立即报告

20.《建设工程安全生产管理条例》规定，（   ）依法对建设工程项目的安全施工负责。

A. 建设单位的主要负责人　　　　B. 施工单位的主要负责人

C. 项目经理　　　　　　　　　　D. 专职安全生产管理人员

21. 根据《建设工程安全生产管理条例》的规定，专职安全生产管理人员负责对安全生产进行现场监督检查，对违章指挥、违章操作的，应当（   ）。

A. 立即上报　　　B. 立即制止　　　C. 处以罚款　　　D. 给予处分

22. 建设工程施工前，施工单位负责项目管理的（   ）应当对有关安全施工措施的技术要求向施工作业班组、作业人员作出详细说明，并由双方签字确认。

A. 项目经理　　　B. 技术人员　　　C. 安全员　　　D. 质检员

23. 根据《建设工程安全生产管理条例》的规定，作业人员进入新的岗位或者新的施工现场前，应当接受（   ）。

A. 工艺操作培训　　　　　　　　B. 机械操作培训

C. 质量教育培训　　　　　　　　D. 安全生产教育培训

24. 安全生产许可证有效期满需要延期的，企业应当于期满前（   ）个月向原安全生产许可证颁发管理机关办理延期手续。

A. 1　　　　　　　B. 2　　　　　　　C. 3　　　　　　　D. 6

25. 根据《招标投标法》的规定，必须进行招标的项目不包括（   ）。

A. 大型基础设施、公用事业等关系到社会公共利益、公众安全的项目

B. 全部或部分使用国有资金投资或者国家融资的项目

C. 使用国际组织或者外国政府贷款、援助资金的项目

D. 全部使用国外资金投资或者国外资金投资占控股地位的项目

26. 根据《工程建设项目招标范围和规模标准规定》的规定，对于招标范围内的各类工程建设项目，下列表述不正确的是（   ）。

A. 施工单项合同估算价在 200 万元人民币以上的必须招标；

B. 重要设备、材料等货物的采购，单项合同估算价在 100 万元人民币以上的必须招标；

C. 勘察、设计、监理等服务的采购，单项合同估算价在 50 万元人民币以上的必须招标；

D. 单项合同估算价低于规定的标准，但项目总投资额在 1000 万元人民币以上的必须招标。

27. 某施工企业于 2007 年承建一单位办公楼，2008 年 4 月竣工验收合格并交付使用。2013 年 5 月，施工企业致函该单位，说明屋面防水保修期满及以后使用维护的注意事项。此事体现了《合同法》的（   ）原则。

A. 公平   B. 自愿   C. 诚实信用   D. 维护公共利益

28. 施工单位向电梯生产公司订购两部 A 型电梯，并要求 10 日内交货。电梯生产公司回函表示如果延长 1 周可如约供货。根据《合同法》，电梯生产公司的回函属于（   ）。

A. 要约邀请   B. 承诺   C. 新要约   D. 部分承诺

29. 某施工单位以电子邮件的方式向某设备供应商发出要约，该供应商向施工单位提供了三个电子邮箱，并且没有特别指定，则此要约的生效时间是（   ）。

A. 该要约进入任一电子邮箱的首次时间

B. 该要约进入三个电子邮箱的最后时间

C. 该供应商获悉该要约收到的时间

D. 该供应商理解该要约内容的时间

30. 某施工企业于 2012 年 12 月 7 日向钢材厂发函："我司欲以 3270 元/t 的价格购买 20 螺纹钢 50t，若有意出售请于 2012 年 12 月 9 日前回复。"钢材厂于 2012 年 12 月 9 日收到该信函，但由于公司放假，公司销售部经理于 2012 年 12 月 10 日才知悉信件内容。根据《合同法》的规定，施工企业发出的函件（   ）。

A. 属于要约，于 2012 年 12 月 7 日生效

B. 属于要约，于 2012 年 12 月 9 日生效

C. 属于要约，于 2012 年 12 月 10 日生效

D. 属于要约邀请，于 2012 年 12 月 9 日生效

31. 甲建筑公司与建设单位签订了一份合同，合同中约定的合同价为 950 万元。后来，建设单位的负责人找到了甲建筑公司的负责人，要求另行签订一个合同，合同价为 800 万元。则（   ）。

A. 后签订的合同是原合同的补充部分，应当以后签订的合同作为结算依据

B. 后签订的合同属于无效的合同，应当以备案的原合同为结算依据

C. 应当以两个合同的平均价作为结算依据

D. 不以任何一个合同为准，应当重新协商签订合同

32. 《劳动合同法》的规定，用人单位自用工之日起满（   ）不与劳动者订立书面劳动合同的，则视为用人单位与劳动者已订立无固定期限劳动合同。

A. 3 个月　　　　　B. 6 个月　　　　　C. 9 个月　　　　　D. 1 年

33. 对劳动合同试用期的叙述中，不正确的是（   ）。

A. 劳动合同期限 3 个月以上不满 1 年的，试用期不得超过 1 个月

B. 劳动合同期限 1 年以上不满 3 年的，试用期不得超过 2 个月

C. 3 年以上固定期限和无固定期限的劳动合同，试用期不得超过 6 个月

D. 以完成一定工作任务为期限的劳动合同或者劳动合同期限不满 3 个月的，试用期不得超过 10 天

34. 劳动者在试用期的工资不得低于本单位相同岗位最低档工资或者劳动合同约定工资的（   ），并不得低于用人单位所在地的最低工资标准。

A. 70%　　　　　B. 75%　　　　　C. 80%　　　　　D. 90%

35. 以下不属于民事纠纷处理方式的是（   ）。

A. 当事人自行和解　　　　　　B. 行政机关调解

C. 行政复议　　　　　　　　　D. 商事仲裁

二、多项选择题

1. 下列法律中，属于经济法的是（   ）。

A. 建筑法　　　B. 招标投标法　　　C. 合同法

D. 公司法　　　E. 反不正当竞争法

2. 我国法的形式主要包括（   ）。

A. 法律　　　　　B. 行政法规　　　　C. 地方性法规

D. 行政规章　　　E. 企业规章

3. 下列选项中，（   ）属于建设工程质量管理的基本制度。

A. 工程质量监督管理制度　　　　B. 工程竣工验收备案制度

C. 工程质量事故报告制度　　　　D. 工程质量检举、控告、投诉制度

E. 工程质量责任制度

4. 建设单位办理竣工验收备案是提交了工程验收备案表和工程竣工验收报告，则还需要提交的材料有（   ）。

A. 施工图设计文件审查意见

B. 法律、行政法规规定应当由规划、公安消防、环保等部门出具的认可文件或者准许使用文件

C. 施工单位签署的工程质量保修书

D. 商品住宅还应当提交《住宅质量保证书》、《住宅使用说明书》

E. 质量监督机构的监督报告

5. 根据《建设工程质量管理条例》，下列选项中，（   ）符合施工单位质量责任和义务的规定。

A. 施工单位应当依法取得相应资质等级的证书，并在其资质等级许可的范围内承揽

工程

   B. 施工单位不得转包或分包工程

   C. 总承包单位与分包单位对分包工程的质量承担连带责任

   D. 施工单位必须按照工程设计图纸和施工技术标准施工

   E. 建设工程实行质量保修制度，承包单位应履行保修义务

6. 下列不属于法律规定的保修范围的是（　　　）。

   A. 因设计缺陷造成的质量缺陷　　　B. 因使用不当造成的损坏

   C. 因不可抗力造成的损坏　　　　　D. 因施工问题造成的质量缺陷

   E. 因材料问题造成的质量缺陷

7. 工程质量监督机构对建设单位组织的竣工验收实施的监督主要是察看其（　　　）。

   A. 是否通过了规划、消防、环保主管部门的验收

   B. 程序是否合法

   C. 资料是否齐全

   D. 工程质量是否满足合同的要求

   E. 实体质量是否存有严重缺陷

8. 生产经营单位安全生产管理人员的职责是（　　　）。

   A. 组织制定本单位安全生产规章制度和操作规程

   B. 根据本单位的生产经营特点，对安全生产状况进行经常性检查

   C. 对检查中发现的安全问题，应当立即处理

   D. 不能处理的，应当及时报告本单位有关负责人

   E. 将检查及处理情况应当记录在案

9. 《建设工程安全生产管理条例》规定，施工单位应当对达到一定规模的危险性较大的（　　　）编制专项施工方案，并附具安全验算结果。

   A. 基坑支护工程　　　　　　　　　B. 土方开挖工程

   C. 模板工程　　　　　　　　　　　D. 起重吊装工程

   E. 脚手架工程

10. 施工现场的安全防护用具、机械设备、施工机具及配件必须（　　　）

   A. 具有生产（制造）许可证、产品合格证

   B. 由专人管理

   C. 定期进行检查、维修和保养

   D. 建立相应的资料档案

   E. 按照国家有关规定及时报废

11. 根据《招标投标法》的规定，投标人不得实施的不正当竞争行为包括（　　　）。

   A. 投标人之间串通投标

   B. 投标人与招标人之间串通招标投标

   C. 投标人以行贿的手段谋取中标

   D. 投标人以低于成本的报价竞标

   E. 投标人以非法手段骗取中标

12. 甲建筑公司收到了某水泥厂寄发的价目表但无其他内容。甲按标明价格提出订购

1000t 某型号水泥，并附上主要合同条款，却被告知因原材料价格上涨故原来的价格不再适用，要采用提价后的新价格，则下列说法正确的是（　　）。

  A. 水泥厂的价目表属于要约邀请　　B. 甲建筑公司的订购表示属于要约

  C. 水泥厂的价目表属于要约　　　　D. 水泥厂新报价属于承诺

  E. 水泥厂新报价属于新要约

13. 下列劳动合同条款，属于必备条款的是（　　）。

  A. 用人单位的名称、住所和法定代表人或者主要负责人

  B. 劳动者的姓名、住址和居民身份证或者其他有效身份证件号码

  C. 试用期

  D. 工作内容和工作地点

  E. 社会保险

14. 某单位生产过程中，有如下具体安排，其中符合《劳动法》劳动保护规定的有（　　）。

  A. 安排女工赵某在经期从事高温焊接作业

  C. 批准女工孙某只能休产假 120d

  B. 安排怀孕 6 个月的女工钱某从事夜班工作

  D. 安排 17 岁的李某担任油漆工

  E. 安排 15 岁的周某担任仓库管理员

15. 在工程建设领域，行政纠纷当事人可以申请行政复议的情形通常包括（　　）。

  A. 行政处罚　　　B. 行政许可　　　C. 行政处分

  D. 行政调解　　　E. 行政强制措施

三、判断题

1. 法律是指全国人大及其常委会、国务院制定的规范性文件。（　　）

2. 最高人民法院对于法律的系统性解释文件和对法律适用的说明，对法院审判有约束力，具有法律规范的性质。（　　）

3. 凡在中华人民共和国境内从事建设工程的新建、扩建、改建等有关活动及实施对建设工程质量监督管理的，必须遵《建设工程质量管理条例》。（　　）

4. 涉及建筑主体和承重结构变动的装修工程，建设单位可以没有设计方案。（　　）

5. 施工单位必须按照工程设计图纸施工，必要时可以修改工程设计。（　　）

6. 工程监理企业不得与被监理工程的施工承包单位以及建筑材料、建筑构配件和设备供应单位有隶属关系或者其他利害关系。（　　）

7. 对在保修期限内和保修范围内发生的质量问题，均先由施工单位履行保修义务。（　　）

8. 生产经营单位的主要负责人对本单位的安全生产工作全面负责。（　　）

9. 生产经营单位在特定情况下，经过有关部门批准，可以使用国家淘汰、禁止使用的生产安全的工艺、设备。（　　）

10. 安全生产监督管理部门依法对生产经营单位执行有关安全生产的监督检查，必要时可以影响被检查单位的正常生产经营活动。（　　）

11. 在条件不允许时，施工单位可以将施工现场的办公、生活区与作业区合并设置。

（　　）

12. 建立劳动关系，可以采用口头或书面形式订立劳动合同。　　　　（　　）

13. 用人单位与劳动者发生劳动争议，当事人可以依法申请调解、仲裁、提起诉讼，也可以协商解决。（　　）

14. 证据保全是指在证据可能灭失或以后难以取得的情况下，法院根据申请人的申请或依职权，对证据加以固定和保护的制度。（　　）

15. 证明责任倒置必须有法律的规定，法官不可以在诉讼中任意将证明责任分配加以倒置。（　　）

四、计算题或案例分析题

（一）背景材料：某建筑公司与某学校签订一教学楼施工合同，明确施工单位要保质保量保工期完成学校的教学楼施工任务。工程竣工后，承包方向学校提交了竣工报告。学校为了不影响学生上课，还没组织验收就直接投入了使用。使用过程中，校方发现了教学楼存在的质量问题，要求建筑公司修理。建筑公司认为教学楼未经验收，学校提前使用出现质量问题，不应再承担责任。

建筑公司的依据是施工合同有关竣工验收的条款，该条款规定："工程未经验收或验收不合格，发包人擅自使用的，应在转移占有工程后7天内向承包人颁发工程接收证书；发包人无正当理由逾期不颁发工程接收证书的，自转移占有后第15天起视为已颁发工程接收证书。工程未经竣工验收，发包人擅自使用的，以转移占有工程之日为实际竣工日期。"

试依据上述背景材料，分析下列问题：

1. 根据《合同法》的规定，下列表述正确的是（　　）。

A. 合同是指平等主体的自然人、法人、其他组织之间设立、变更、终止民事权利义务关系的协议

B. 合同当事人双方应依据合同条款的规定，实现各自享有的权利，并承担各自负有的义务

C. 学校按照合同的约定，承担按时、足额支付工程款的义务，在按合同约定支付工程款后，该学校就有权要求建筑公司按时交付质量合格的教学楼

D. 建筑公司的权利是获取学校的工程款，在享受该项权利后，就应当承担义务，即按时交付质量合格的教学楼给学校，并承担保修义务

E. 校方在未组织竣工验收的情况下就直接投入了使用，违反了施工合同有关工程竣工验收的约定

2. 根据《房屋建筑工程质量保修办法》的规定，关于建设工程质量保修，下列表述正确的是（　　）。

A. 建设工程质量保修是指建设工程在办理竣工验收手续后，在规定的保修期限内，因勘察、设计、施工、材料等原因造成的质量缺陷，应当由施工承包单位负责维修、返工或更换

B. 建设工程质量保修费用，应由施工单位承担

C. 建筑公司在向学校提交竣工验收报告时，应当向学校出具质量保修书

D. 质量保修书中应当明确教学楼的保修范围、保修期限和保修责任等。

E. 因使用不当或者第三方造成的质量缺陷，以及不可抗力造成的质量缺陷，不属于法律规定的保修范围

3. 关于教学楼的质量保修问题，下列表述正确的是（　　　）。

A. 建筑公司提出验收申请后，学校不组织验收，根据施工合同约定视为实际竣工

B. 教学楼的保修期，应自竣工之日起计算

C. 因使用造成的质量问题，应由建筑公司负责维修，校方承担保修费用

D. 若涉及到设计、施工、材料等方面的质量问题，应由建筑公司负责维修并承担保修费用

E. 当教学楼质量问题较严重复杂时，不管是什么原因造成的，只要是在保修范围内，均先由建筑公司履行保修义务

4. 根据《房屋建筑工程质量保修办法》的规定，房屋建筑的地基基础工程和主体结构工程，在正常使用条件下的最低保修期限为（　　　）。

A. 30 年　　　　　　　　　　　　B. 50 年

C. 70 年　　　　　　　　　　　　D. 设计文件规定的该工程的合理使用年限

5. 根据《房屋建筑工程质量保修办法》的规定，屋面防水工程、有防水要求的卫生间、房间和外墙面的防渗漏，在正常使用条件下的最低保修期限为（　　　）。

A. 3 年　　　　　　B. 4 年　　　　　　C. 5 年　　　　　　D. 8 年

（二）背景材料：上海闵行区"莲花河畔景苑"房地产项目开发商为上海梅都房地产开发有限公司（下称"梅都公司"）；施工总承包单位为上海众欣建筑有限公司（下称"众欣公司"）；工程监理单位为上海光启监理公司（下称"光启公司"）。

2006 年 10 月，梅都公司取得上述房地产项目的《建筑工程施工许可证》并开始施工。期间，梅都公司法定代表人张志琴指派秦永林任"莲花河畔景苑"项目负责人，管理现场施工事宜；众欣公司董事长张耀杰指派被告人夏建刚任莲施工现场安全、防火工作负责人，指派被告人陆卫英任二标段项目经理；光启公司指派被告人乔磊任莲花河畔景苑的工程总监理。2008 年 11 月，秦永林接受张志琴指令，将合同约定属于总承包范围的地下车库工程分包给不具备开挖土方资质的张耀雄。后秦永林及张志琴为便于土方回填及绿化用土，指使张耀雄将其中的 12 号地下车库开挖出的土方堆放在 7 号楼北侧等处。2009 年 6 月，为赶工程进度，两人在未进行天然地基承载力计算的情况下，仍指使张耀雄开挖该项目 0 号地下车库的土方，并将土方继续堆放在 7 号楼北侧等处，堆高最高达 10m。乔磊作为工程总监理，对梅都公司指定没有资质的人员承包土方施工违规堆土未按照法律规定及时、有效制止和报告主管部门。

2009 年 6 月 27 日凌晨 5 时许，"莲花河畔景苑"7 号楼整体倒覆，正在 7 号楼内作业的工人肖某来不及躲避，被轰然倒塌的 13 层大楼压住，窒息而亡。此事故造成的直接经济损失达 1946 万元。

据莲花河畔景苑 7 号楼倾倒事故专家组认定，上述 7 号楼倾倒的主要原因是紧贴 7 号楼北侧，在短期内堆土过高，最高处达 10m 左右；与此同时，紧邻大楼南侧的地下车库，基坑正在开挖，开挖深度 4.6m，大楼两侧压力差使土体发生水平位移，过大的水平力超

过桩基的抗侧能力，导致房屋倾倒。

试依据上述背景材料，分析下列问题：

1. 根据《建设工程安全生产管理条例》的规定，关于上海众欣建筑有限公司的安全责任，下列表述正确的是（　　）。

A. 众欣公司为施工总承包单位，应对施工现场的安全生产负总责

B. 众欣公司董事长张耀杰，为众欣公司安全生产第一负责人

C. 众欣公司和分包人张耀雄，对分包工程的安全生产承担连带责任

D. 众欣公司施工现场安全负责人夏建刚，未履行安全检查督促职责

E. 分包人张耀雄对分包工程的安全施工负责，众欣公司项目经理陆卫英不承担责任

2. 根据《建设工程安全生产管理条例》的规定，关于上海梅都房地产开发有限公司的安全责任，下列表述正确的是（　　）。

A. 梅都公司取得该房地产项目的《建筑工程施工许可证》并开始施工，符合国家有关法律、法规的规定

B. 梅都公司与众欣公司是完全平等的合同双方的关系，其对众欣公司的要求必须以合同为根据

C. 梅都公司作为项目开发商，有权选择土方开挖承包人、提出土方堆放要求

D. 梅都公司法定代表人张志琴对该事故的发生负有重大责任

E. 梅都公司项目负责人秦永林对该事故的发生负有重大责任

3. 根据《建设工程安全生产管理条例》的规定，关于上海光启监理公司的安全责任，下列表述正确的是（　　）。

A. 光启监理公司及其监理工程师应当按照法律、法规和工程建设强制性标准实施监理，并对建设工程安全生产承担监理责任

B. 光启公司作为项目开发商的委托监理单位，对梅都公司的有关建设活动不负有监督责任

C. 光启公司应当审查该土方开挖工程专项施工方案是否符合工程建设强制性标准的规定

D. 光启公司项目总监乔磊在实施监理过程中，发现存在情况严重安全事故隐患，应当要求施工单位暂时停止施工，并及时报告梅都公司

E. 光启公司项目总监乔磊对该事故的发生负有重大责任

4. 该楼体倒覆事故，造成一人死亡及 1946 万元的直接经济损失，同时造成重大的社会影响和社会危害，根据《生产安全事故报告和调查处理条例》的规定，该事故应被确定为（　　）。

A. 特别重大事故　　　　　　　B. 重大事故

C. 较大事故　　　　　　　　　D. 一般事故

5. 根据《安全生产法》的规定，该事故发生后，事故现场有关人员应当立即报告（　　），并由其迅速采取有效措施，组织抢救，防止事故扩大，减少人员伤亡和财产损失，并按照国家有关规定立即如实报告当地安全生产监督管理部门。

A. 梅都公司法定代表人张志琴

B. 众欣公司董事长张耀杰

C. 梅都公司项目负责人秦永林

D. 光启公司项目总监乔磊

第9章 职业道德

一、单项选择题

1. 职业道德是所有从业人员在职业活动中应该遵循的（　　）。

A. 行为准则　　　B. 思想准则　　　C. 行为表现　　　D. 思想表现

2. 下面关于道德与法纪的区别和联系说法不正确的是（　　）

A. 法纪属于制度范畴，而道德属于社会意识形态范畴

B. 道德属于制度范畴，而法纪属于社会意识形态范畴

C. 遵守法纪是遵守道德的最低要求

D. 遵守道德是遵守法纪的坚强后盾

3. 党的"十八大"对未来我国道德建设也做出了重要部署。强调要坚持依法治国和以德治国相结合，加强社会公德、职业道德、家庭美德、个人品德教育，弘扬中华传统美德，弘扬时代新风，指出了道德修养的（　　）性。

A. 二位一体　　　B. 三位一体　　　C. 四位一体　　　D. 五位一体

4. 职业道德是对从事这个职业（　　）的普遍要求

A. 作业人员　　　B. 管理人员　　　C. 决策人员　　　D. 所有人员

5. 认真对待自己的岗位，对自己的岗位职责负责到底，无论在任何时候，都尊重自己的岗位职责，对自己的岗位勤奋有加。是（　　）的具体要求。

A. 爱岗敬业　　　B. 诚实守信　　　C. 服务群众　　　D. 奉献社会

6. 做事言行一致，表里如一，真实无欺，相互信任，遵守若言，信守约定，践行规约，注重信用，忠实的履行自己应当承担的责任和义务。是（　　）的具体要求。

A. 爱岗敬业　　　B. 诚实守信　　　C. 服务群众　　　D. 奉献社会

7. 对一个人来说，"诚实守信"既是一种道德品质和道德信念，也是每个公民的道德责任，更是一种崇高的"人格力量"，因此"诚实守信"是做人的（　　）。

A. 出发点　　　B. 立足点　　　C. 闪光点　　　D. 基本点

8. 加强职业道德修养的途径不包括（　　）。

A. 树立正确的人生观　　　　　B. 培养自己良好的行为习惯

C. 学习先进人物的优秀品质　　D. 提高个人技能，力争为企业创造更大的效益

9. 某人具有"军人作风"、"工人性格"，讲的是这个人具有职业道德内容中的（　　）特征。

A. 职业性　　　B. 继承性　　　C. 多样性　　　D. 纪律性

二、多项选择题

1. 建设行业职业道德建设的特点有（　　）。

A. 人员多、专业多、岗位多、工种多

B. 条件艰苦，工作任务繁重

C. 施工面大，人员流动性大

D. 各工种之间联系紧密

E. 群众性

2. 公民道德主要包括（　　）三个方面。

A. 社会公德　　　B. 社会责任心　　　C. 职业技能

D. 职业道德　　　E. 家庭美德

3. 职业道德是从事一定职业的人们在其特定职业活动中所应遵循的符合职业特点所要求的（　　）的总和。

A. 道德准则　　　B. 行为规范　　　C. 道德情操

D. 道德品质　　　E. 道德追求

4. 职业道德的涵义主要包括（　　）方面的内容。

A. 职业道德是一种职业规范，受社会普遍的认可，是长期以来自然形成的

B. 职业道德没有确定形式，主要依靠文化、内心信念和习惯，通过职工的自律来实现

C. 职业道德大多没有实质的约束力和强制力，主要是对职业人员义务的要求

D. 职业道德标准多元化，代表了不同企业可能具有不同的价值观，承载着企业文化和凝聚力，影响深远

E. 职业道德是法的一种补充形式，与法的效力相同，都是由国家强制力保证实施的

5. 我国现阶段各行各业普遍使用的职业道德的基本内容包括（　　）。

A. 爱岗敬业　　　B. 诚实守信　　　C. 办事公道

D. 服务群众　　　E. 奉献企业

6. 职业道德内容具有的基本特征有（　　）。

A. 职业性　　　B. 继承性　　　C. 多样性

D. 纪律性　　　E. 临时性

7. 职业道德建设的必要性和意义表现在（　　）。

A. 加强职业道德建设，是提高职业人员责任心的重要途径

B. 加强职业道德建设，是促进企业和谐发展的迫切要求

C. 加强职业道德建设，是提高企业竞争力的必要措施

D. 加强职业道德建设，是加强团队建设的基本保障

E. 加强职业道德建设，是提高全社会道德水平的重要手段

8. 一般职业道德要求（　　）。

A. 忠于职守，热爱本职　　　　B. 质量第一、金钱至上

C. 遵纪守法，安全生产　　　　D. 文明施工、勤俭节约

E. 钻研业务，提高技能

9. 对于工程技术人员来讲，提高职业道德要从以下（　　）着手。

A. 热爱科技，献身事业，不断更新业务知识，勤奋钻研，掌握新技术、新工艺

B. 深入实际，勇于攻关，不断解决施工生产中的技术难题提高生产效率和经济效益

C. 一丝不苟，精益求精，严格执行建筑技术规范，认真编制施工组织设计，积极推广和运用新技术、新工艺、新材料、新设备，不断提高建筑科学技术水平

D. 以身作则，培育新人，既当好科学技术带头人，又做好施工科技知识在职工中的普及工作

E. 严谨求实，坚持真理，在参与技术研究活动时，认定自己的水平，坚持自己的观点

10. 加强职业道德修养的方法主要有（　　）。

A. 学习职业道德规范、掌握职业道德知识

B. 努力工作，不断提高自己的生活水平

C. 努力学习现代科学文化知识和专业技能，提高文化素养

D. 经常进行自我反思，增强自律性

E. 提高精神境界，努力做到"慎独"

11. 加强建设行业职业道德建设的措施主要有（　　）。

A. 发挥政府职能作用，加强监督监管和引导指导

B. 发挥企业主体作用，抓好工作落实和服务保障

C. 改进教学手段和创新方式方法，结合项目现场管理，突出职业道德建设效果

D. 开展典型性教育，发挥惩奖激励机制作用

E. 倡导以效益为本理念，积极寻求节约的途径

三、判断题

1. 道德是以善恶为标准，通过社会舆论、内心信念和传统习惯来评价人的行为，调整人与人之间以及个人与社会之间相互关系的行为规范的总和。（　　）

2. 涉及社会公共部分的道德，称为职业公德。（　　）

3. 社会公德是全体公民在社会交往和公共生活中应该遵循的行为准则，涵盖了人与人、人与社会、人与自然之间的关系。（　　）

4. 职业道德是所有从业人员在职业活动中应该遵循的行为准则，涵盖了从业人员与服务对象、职业与职工、职业与职业之间的关系。（　　）

5. 家庭美德是每个公民在家庭生活中应该遵循的行为准则，涵盖了夫妻、长幼、邻里之间的关系。（　　）

6. 忠实履行岗位职责是国家对每个从业人员的基本要求，也是职工对国家、对企业必须履行的义务。（　　）

7. 建筑工程的质量问题不仅是建筑企业生产经营管理的核心问题，不是企业职业道德建设中的一个重大课题。（　　）

8. 遵纪守法，不是一种道德行为，而是一种法律行为。（　　）

9. 对一个团体来说，诚实守信是一种"形象"，一种品牌，一种信誉，一个使企业兴旺发达的基础。（　　）

10. 文明生产是指以高尚的道德规范为准则，按现代化生产的客观要求进行生产活动的行为，是属于精神文明的范畴。（　　）

11. 勤俭节约是指在施工、生产中严格履行节省的方针，爱惜公共财物和社会财物以及生产资料，它也是职业道德的一种表现。（　　）

12. 一个从业人员只要知道了什么是职业道德规范，就是不进行职业道德修养，也能形成良好职业道德品质。（　　）

三、参考答案

第1章

一、单项选择题

1. C；2. A；3. C；4. B；5. B；6. A；7. A；8. A；9. B；10. A；11. B；
12. D；13. A；14. D；15. D；16. D；17. B；18. B；19. D；20. D；21. C；
22. B；23. D；24. C；25. C；26. D；27. D；28. A；29. C；30. A；31. B；
32. A；33. D；34. D；35. B；36. A；37. B；38. C；39. A；40. B；41. C；
42. D；43. D；44. C；45. B；46. D；47. A；48. B；49. C；50. B；51. C；
52. A；53. C；54. D；55. C；56. C；57. D；58. D；59. C；60. C；61. C；
62. D；63. A；64. B；65. A；66. A；67. D；68. C；69. B；70. D；71. D

二、多项选择题

1. AC；2. BC；3. AD；4. ABCD；5. ABC；6. ABDE；7. BCD；8. ABDE；
9. ABD；10. ABCD；11. ABCDE；12. ABC；13. ACD；14. BCD；15. ABCD；
16. ABCD；17. ABCE；18. ACDE；19. ABC；20. ABDE；21. ACE；22. ABCD；
23. CDE；24. ACDE；25. ABDE；26. ABDE；27. ABCDE；28. ABCDE；
29. ABDE；30. ACDE；31. ACE

三、判断题（A 表示正确，B 表示错误）

1. A；2. A；3. B；4. B；5. B；6. B；7. B；8. A；9. B；10. A；11. B；12. B；
13. A；14. B；15. A；16. B；17. A；18. B；19. B；20. B；21. B；22. A；
23. B；24. B；25. B；26. A；27. B；28. A；29. B；30. A

四、计算题或案例分析题

（一）
1. A；2. B；3. C；4. D；5. C
（二）
1. D；2. C；3. B；4. A；5. A
（三）
1. ABD；2. AE；3. B；4. B；5. C
（四）

1. D；2. A；3. C；4. C；5. C

第2章

一、单项选择题

1. C；2. B；3. C；4. D；5. A；6. C；7. D；8. D；9. A；10. B；11. C；12. C；
13. B；14. D；15. A；16. D；17. A；18. B；19. B；20. A；21. C；22. D

二、多项选择题

1. ABD；2. BCDE；3. ABCD；4. ABCE；5. BCDE；6. ABCD；7. BCD；
8. ABE；9. ABCD；10. ABCD；11. BCDE；12. ABC；13. ABCD

三、判断题 （A表示正确，B表示错误）

1. B；2. B；3. A；4. A；5. B；6. B；7. A；8. B；9. A；10. B；11. A；12. A；
13. A

第3章

一、单项选择题

1. B；2. A；3. C；4. B；5. A；6. B；7. C；8. D；9. D；10. D；11. B；
12. C；13. D；14. D；15. C；16. C；17. A；18. A；19. A；20. C；21. C；
22. D；23. B；24. C；25. A；26. B；27. A；28. D；29. A；30. A；31. A；
32. A；33. A；34. B；35. B；36. A；37. A；38. A；39. B；40. D；41. B；
42. B；43. B；44. A；45. B；46. A；47. A；48. A；49. B；50. D；51. B；
52. B；53. C；54. C；55. B；56. D；57. C；58. D；59. A；60. C；61. B；
62. D；63. B；64. A；65. C；66. C；67. C；68. B；69. D；70. C；71. C

二、多项选择题

1. ABCD；2. ABDE；3. ABCD；4. AD；5. ABE；6. ABCD；7. AE；8. AE；
9. ADE；10. AE；11. ABCD；12. ABCDE；13. AD；14. ABCD；15. ABCDE；
16. ABCDE；17. ABCDE；18. ABC；19. ABCDE；20. ABCDE；21. ABCD；
22. ABCD；23. AC；24. ABC；25. ABC；26. ABCDE；27. ABCDE；
28. ABCD；29. AD；30. ABCDE；31. ABCD；32. ABE；33. ACD

三、判断题 （A表示正确，B表示错误）

1. A；2. B；3. B；4. A；5. A；6. A；7. B；8. A；9. A；10. A；11. A；
12. A；13. B；14. A；15. B；16. B；17. B；18. B；19. A；20. A；21. B；

22. A；23. A；24. A；25. A；26. A；27. A；28. A；29. A；30. A；31. A

四、计算题或案例分析题

（一）

1. C；2. C；3. D；4. A；5. A；6. A

（二）

1. A；2. B；3. D；4. C；5. A

（三）

1. C；2. B；3. A

（四）

1. C；2. D；3. A；4. A；5. A

（五）

1. A；2. C；3. C；4. B；5. B；6. B

第4章

一、单项选择题

1. A；2. B；3. C；4. A；5. B；6. A；7. B；8. C；9. A；10. C；11. D；12. B；
13. D；14. C；15. A；16. A；17. D；18. B；19. C；20. A

二、多项选择题

1. ACDE；2. ABC；3. ACD；4. ACE；5. ABCD；6. AB；7. BCDE；8. BDE；
9. BCDE；10. ABD

三、判断题 (A 表示正确，B 表示错误)

1. A；2. B；3. A；4. B；5. B；6. A；7. A；8. B；9. A；10. A

第5章

一、单项选择题

1. C；2. A；3. D；4. C；5. D；6. A；7. B；8. D；9. C；10. B；11. A；12. C；
13. B；14. B；15. D；16. B；17. A；18. A；19. B；20. C；21. A；22. B；
23. A；24. B；25. C；26. C；27. A；28. D；29. B；30. C；31. D；32. A；
33. A；34. C；35. C；36. A；37. B；38. B；39. A；40. B；41. C；42. C；
43. C；44. D；45. B；46. B；47. A

二、多项选择题

1. ABCD；2. BCDE；3. ABC；4. ABCD；5. BCDE；6. ABC；7. CDE；8. BCD；

9. BCD；10. ABC；11. ABCDE；12. ABC；13. ABE；14. ABD；15. ABCE；
16. ABCDE；17. ADE；18. ABC；19. ABCDE；20. ABCD；21. AB；22. CD；
23. ABC；24. ABC；25. ABCD

三、判断题（A 表示正确，B 表示错误）

1. A；2. A；3. B；4. B；5. B；6. B；7. B；8. A；9. B；10. A；11. A；
12. A；13. B；14. B；15. A；16. B；17. B；18. B；19. B；20. A；21. A

四、计算题或案例分析题

（一）
1. A；2. B；3. A；4. B；5. A
（二）
1. D；2. C；3. D；4. C；5. D

第 6 章

一、单项选择题

1. A；2. B；3. A；4. C；5. B；6. D；7. A；8. C；9. B；10. D；11. A；
12. C；13. D；14. A；15. B；16. D；17. B；18. D；19. B；20. D；21. B；
22. B；23. D；24. A；25. A；26. C；27. B；28. A；29. A；30. B；31. C；
32. B；33. B；34. B；35. D；36. A；37. D；38. C；39. A；40. B；41. D；
42. D；43. D；44. D；45. D；46. B；47. B；48. D；49. B；50. D；51. A；
52. B；53. C；54. C；55. B；56. A；57. B；58. D；59. B；60. C；61. B；
62. D；63. A；64. D；65. C

二、多项选择题

1. ABCD；2. ABD；3. ABCD；4. AB；5. BC；6. CDE；7. ABCD；8. ABC；
9. ABD；10. ABCD；11. ABDE；12. ABD；13. ACE；14. ABCE；15. ABCD；
16. ABC；17. ABD；18. ABCD；19. ABE；20. ABC；21. AB；22. ACD；
23. ACD；24. DE；25. ABCD；26. ABD；27. ABC；28. ABCD；29. ABCE；
30. ABCE

三、判断题（A 表示正确，B 表示错误）

1. A；2. A；3. B；4. A；5. A；6. B；7. B；8. B；9. A；10. A；11. B；
12. B；13. A；14. B；15. A；16. A；17. A；18. B；19. A；20. A；21. A；
22. B；23. A；24. B；25. A；26. A；27. B；28. A；29. A；30. A

四、计算题或案例分析题

（一）

1. C；2. C；3. B；4. B；5. C

（二）

1. B；2. A；3. C；4. B；5. B

（三）

1. B；2. C；3. B；4. C；5. A

第 7 章

一、单项选择题

1. D；2. B；3. A；4. C；5. D；6. D；7. C；8. A；9. B；10. D；11. A；
12. C；13. A；14. B；15. C；16. B；17. B；18. B；19. D；20. B；21. A；
22. D；23. D；24. C；25. C；26. C；27. B；28. D；29. C；30. C；31. B；
32. C；33. A；34. C；35. D；36. B；37. B；38. B；39. B；40. A；41. B；
42. B；43. C；44. B；45. B；46. D；47. D；48．B；49. C；50. A

二、多项选择题

1. ACDE；2. ABC；3. BCDE；4. ABCD；5. ABCDE；6. ABCDE；
7. ABCDE；8. ABCDE；9. AD；10. AB；11. ABC；12. ABCD；
13. ABCDE；14. ABC；15. BC；16. ABC；17. ABCD；18. AC；
19. ABCD；20. BCD；21. ABCDE；22. ABC；23. ABC；24. ABCDE；
25. ABCDE

三、判断题（A 表示正确，B 表示错误）

1. A；2. A；3. B；4. A；5. B；6. B；7. B；8. A；9. B；10. B；11. A；
12. B；13. A；14. A；15. A；16. A；17. A；18. B；19. A；20. A；21. A；
22. B；23. A；24. A；25. A

四、计算题或案例分析题

（一）

1. C；2. A；3. D；4. B；5. D

（二）

1. B；2. C；3. A；4. D；5. A；6. D

（三）

1. B；2. A；3. C；4. D

（四）

1. C；2. A；3. D；4. D；5. B

第 8 章

一、单项选择题

1. C；2. C；3. A；4. C；5. D；6. A；7. B；8. A；9. D；10. C；11. C；
12. C；13. D；14. D；15. C；16. B；17. C；18. C；19. C；20. C；21. B；
22. B；23. D；24. C；25. D；26. D；27. C；28. C；29. A；30. B；31. B；
32. D；33. D；34. C；35. C

二、多项选择题

1. ABE；2. ABCD；3. ABCD；4. BCD；5. ACDE；6. BC；7. BCE；
8. BCDE；9. ABCDE；10. ABCDE；11. ABCDE；12. ABE；13. ABDE；
14. ABC；15. ABE

三、判断题（A 表示正确，B 表示错误）

1. B；2．A；3. A；4. B；5. B；6. A；7. A；8. A；9. B；10. B；11. B；12. B；
13. A；14. A；15. A

四、计算题或案例分析题

（一）
1. ABCDE；2. ACDE；3. ABCE；4. D；5. C
（二）
1. ABCD；2. ABDE；3. ACDE；4. B；5. B

第 9 章

一、单项选择题

1. A；2. B；3. C；4. D；5. A；6. B；7. B；8. D；9. A

二、多项选择题

1. ABCD；2. ADE；3. ABCD；4. ABCD；5. ABCD；6. ABCD；7. ABCE；
8. ACDE；9. ABCD；10. ACDE；11. ABCD

三、判断题（A 表示正确，B 表示错误）

1. A；2. B；3. A；4. A；5. A；6. A；7. B；8. B；9. A；10. B；
11. A；12. B

第二部分

专业管理实务

一、考 试 大 纲

第一篇　建筑施工技术

第1章　土 方 工 程

（1）了解土方工程施工的内容、特点及土的工程分类

（2）掌握土的工程性质（土的可松性、含水量及其渗透性）

（3）掌握基坑（槽）土方量的计算

（4）熟悉场地平整相关工作，会进行场地平整土方量的计算与调配

（5）熟悉土方工程的施工准备工作及辅助工作

（6）掌握常用的基坑（槽）土壁支撑技术

（7）掌握降低地下水位的方法（明降水法及轻型井点降水法），会进行轻型井点降水的布置及计算

（8）了解电渗井点、管井井点和深井井点降水的要求

（9）熟悉常用土方施工机械的特点及选择要求

（10）熟悉基坑（槽）土方开挖的方法、流程及要求

（11）熟悉土方填筑与压实的方法及要求

（12）掌握影响土方压实效果的主要因素及相互关系

（13）熟悉填土压实的质量控制与检查要求

（14）熟悉土方工程施工的质量要求及安全要求

第2章　地基处理与桩基础工程

（1）了解地基处理的基本原理

（2）熟悉地基处理的常用方法及相关要求

（3）熟悉局部地基处理的方法及相关要求

（4）了解桩基的构成及桩的工程分类

（5）了解预制桩的预制、起吊、运输与堆放要求

（6）熟悉桩的连接方法及要求

（7）熟悉预制桩沉桩前的准备工作

（8）掌握预制桩的沉设方法及相关的技术要求（重点是锤击法和静压法）

（9）熟悉灌注桩施工的方法及要求

（10）掌握钻孔灌注桩施工流程及相关要求

（11）了解人工挖孔灌注桩施工流程及相关要求

（12）熟悉沉管灌注桩施工流程及相关要求

（13）了解爆扩灌注桩施工流程及相关要求

（14）掌握桩基检测与验收要求

第3章　砌筑工程

（1）熟悉脚手架的种类及基本要求

（2）掌握扣件式钢管脚手架的基本构造要求、搭设要求及安全要求

（3）了解碗扣式钢管脚手架的基本构造要求、搭设要求及安全要求

（4）了解门式钢管脚手架的基本构造要求、搭设要求及安全要求

（5）熟悉里脚手架的种类及搭设要求

（6）熟悉常用垂直运输设施种类及特点

（7）熟悉砌体材料的准备与运输要求

（8）掌握砖墙的砌筑施工工艺与质量要求

（9）掌握框架填充墙砌筑施工工艺与质量要求

（10）熟悉砌体工程施工的安全技术要求

第4章　钢筋混凝土工程

（1）了解模板的组成及基本要求

（2）了解模板工程材料的种类

（3）熟悉基本构件的模板构造要求

（4）掌握模板计算荷载确定及计算规定

（5）熟悉模板的拆除要求

（6）熟悉组合模板及大模板施工要求

（7）掌握模板安装质量和安全技术要求

（8）了解普通混凝土结构用的钢筋种类、检验及存放要求

（9）掌握钢筋的翻样与配料要求

（10）熟悉钢筋的加工过程及相关要求

（11）掌握钢筋的连接方法及相关要求（绑扎连接、焊接及机械连接）

（12）掌握钢筋的代换原则与代换方法

（13）了解混凝土的制备要求

（14）熟悉混凝土的搅拌要求（搅拌方法及搅拌制度）

（15）熟悉混凝土的运输要求

（16）熟悉混凝土的浇筑及捣实要求

（17）掌握混凝土的施工缝和后浇带的处理办法

（18）掌握大体积混凝土的浇筑方法和相关要求

（19）熟悉混凝土的养护与拆模要求

（20）熟悉混凝土冬期施工方法及要求

（21）掌握混凝土质量缺陷的修整的方法

（22）了解混凝土特殊施工方法

（23）熟悉混凝土施工的质量要求

（24）熟悉混凝土施工的安全技术要求

第5章 预应力混凝土工程

（1）了解预应力混凝土的定义、特点及分类

（2）熟悉预应力钢筋及锚（夹）具的种类及选用要求

（3）熟悉预应力张拉设备及连接器的种类及选用要求

（4）掌握先张法预应力混凝土的施工工艺流程和相关要求

（5）熟悉有粘结后张法预应力混凝土的施工工艺流程和相关要求

（6）掌握无粘结后张法预应力混凝土的施工工艺流程和相关要求

（7）熟悉预应力混凝土施工的质量要求

（8）熟悉预应力混凝土施工的安全技术要求

第6章 结构安装工程

（1）了解结构安装工程中常用的施工起重机械分类、特点及选用要求

（2）了解结构安装工程中常用的起重设备分类、特点及选用要求

（3）熟悉构件吊装相关技术要求（准备工作、安装方法和吊装工艺要求）

（4）熟悉单层装配式混凝土结构工业厂房安装方案的制定及安装要求

（5）了解多层装配式框架结构安装方案制定及安装要求

（6）熟悉结构安装工程的质量要求及安全技术要求

第7章 防水工程

（1）了解地下防水及屋面防水设计和施工的原则

（2）掌握常用的防水材料种类及性能要求

（3）熟悉地下结构的防水等级及常用的防水方案

（4）掌握地下结构刚性防水（防水混凝土及防水砂浆）施工要求

（5）掌握地下结构柔性防水（卷材防水及涂料防水）施工要求

（6）熟悉屋面防水等级和设防要求

（7）熟悉正常屋面和倒置式屋面的防水构造

（8）熟悉屋面刚性防水（防水混凝土及防水砂浆）施工要求

（9）掌握屋面柔性防水（沥青、改性沥青防水卷材及合成高分子防水卷材）施工要求

（10）熟悉室内其他部位的防水做法及施工要求

(11) 了解外墙面防水施工要求

(12) 熟悉防水工程质量缺陷的处理方法

(13) 熟悉防水工程的安全要求

第8章 钢结构工程

(1) 了解钢结构材料（钢材）的基本知识

(2) 了解钢结构构件的储存要求

(3) 熟悉钢结构构件加工制作的准备工作，内容及相关要求

(4) 熟悉钢结构构件的验收要求

(5) 掌握钢结构焊接连接的技术要求

(6) 掌握钢结构普通螺栓连接及高强度螺栓连接的技术要求

(7) 熟悉钢结构连接质量验收要求

(8) 熟悉单层钢结构房屋工程安装的内容及相关要求

(9) 了解多层及高层钢结构工程安装的内容及相关要求

(10) 了解轻型门式刚架结构工程安装的内容及相关要求

(11) 熟悉钢结构涂装工程的相关要求

(12) 熟悉钢结构工程施工质量验收要求

(13) 熟悉钢结构工程施工安全技术要求

第9章 建筑节能技术

(1) 了解外墙外保温系统的基本构造和特点

(2) 熟悉外墙外保温系统的基本要求

(3) 了解增强石膏复合聚苯保温板外墙内保温施工要求

(4) 掌握 EPS 板薄抹灰外墙外保温系统施工要求

(5) 熟悉胶粉 EPS 颗粒保温浆料外墙外保温系统施工

(6) 了解 EPS 板与现浇混凝土外墙外保温系统一次浇筑成型施工要求

(7) 熟悉外墙保温系统施工质量验收要求

(8) 了解节能工程专项验收资料要求

第二篇 高层建筑施工技术

第1章 深基坑施工

1.1 支护结构选型

(1) 掌握常用的深基坑支护结构的类型

（2）熟悉常用的各类深基坑支护结构的选型

1.2 基坑开挖

了解深基坑开挖的一般规定

1.3 开挖监控

（1）熟悉深基坑监控方案的内容
（2）熟悉深基坑监控点的布置
（3）掌握深基坑监测项目
（4）熟悉深基坑重点监测项目的监测方法
（5）了解深基坑监测报告的内容

1.4 排桩地下连续墙施工

（1）熟悉深基坑排桩施工的要求
（2）掌握深基坑地下连续墙的施工工艺
（3）熟悉深基坑地下连续墙施工泥浆的作用和性能指标
（4）掌握深基坑地下连续墙的施工技术要点
（5）掌握深基坑干、湿作业成孔锚杆支护的施工技术要点

1.5 水泥土墙施工

（1）熟悉深基坑水泥土搅拌桩的施工方法和施工步骤
（2）掌握深基坑水泥土墙施工的规范要求
（3）熟悉深基坑水泥土墙的施工技术要点

1.6 土钉墙施工

（1）掌握深基坑土钉墙施工的工艺流程
（2）熟悉深基坑土钉墙施工的关键技术（排水设施设置、基坑开挖、边坡处理、土钉设置、铺钢筋网、喷射面层、土钉现场测试等）
（3）了解深基坑土钉墙施工的施工监测

1.7 逆作拱墙施工

（1）熟悉深基坑逆作法施工的工艺原理
（2）熟悉深基坑逆作法施工的优缺点
（3）掌握深基坑逆作法施工的关键技术（中间支撑柱施工、地下室结构施工等）

1.8 地下水控制施工

（1）熟悉深基坑施工常用的地下水控制方法
（2）熟悉常用的各类深基坑施工地下水控制方法的应用

第2章 大体积混凝土施工

2.1 概述

（1）熟悉大体积混凝土工程施工应满足的一般要求

（2）了解大体积混凝土工程施工前的准备工作

2.2 原材料、配合比、制作及运输

（1）了解大体积混凝土配合比设计、制备、运输等的一般规定

（2）熟悉大体积混凝土对水泥、骨料、掺合料、外加剂、拌合用水等原材料的技术要求

2.3 混凝土施工

（1）熟悉大体积混凝土工程施工组织设计的内容

（2）了解大体积混凝土工程的混凝土浇筑方法、质量保证措施

（3）熟悉大体积混凝土工程的模板和支架系统设计及拆模规定

（4）掌握大体积混凝土工程的混凝土浇筑和养护的一般规定

（5）掌握筏形基础大体积混凝土浇筑（包括后浇带设置、混凝土浇筑方案、混凝土振捣、混凝土泌水处理和表面处理、混凝土养护、混凝土温度监测工作等）

（6）掌握箱型基础大体积混凝土浇筑

2.4 大体积混凝土结构温差裂缝

（1）了解大体积混凝土结构温度裂缝的产生原因

（2）掌握防治大体积混凝土结构温度裂缝的技术措施

2.5 温控施工的现场监测

（1）了解对于大体积混凝土施工测温频率、浇筑体内监测点布置、温测元件等的一般规定

（2）熟悉大体积混凝土工程施工的温度控制规定

（3）熟悉基础大体积混凝土测温点设置的规定

（4）熟悉柱、墙、梁大体积混凝土测温点设置的规定

（5）掌握大体积混凝土施工测温及测温频率的规定

第3章 高层建筑垂直运输

3.1 塔式起重机

（1）熟悉塔式起重机的分类

(2) 了解塔式起重机的特点

(3) 了解塔式起重机的主要参数

(4) 熟悉附着式自升塔式起重机及其使用要求

(5) 熟悉内爬式塔式起重机及其使用要求

(6) 掌握塔式起重机的操作要点

3.2　泵送混凝土施工机械

(1) 了解混凝土搅拌运输车的形式及其使用注意事项

(2) 熟悉混凝土泵的种类及其工作原理

(3) 了解混凝土泵车

(4) 掌握混凝土泵送机械的安全操作

(5) 熟悉混凝土泵的故障及处理

3.3　施工电梯

(1) 熟悉施工电梯的分类、选择和使用

(2) 熟悉齿轮齿条驱动施工电梯、轮绳驱动施工电梯的组成和应用

(3) 掌握施工电梯的安全操作

3.4　塔机基础

(1) 熟悉塔机板式和十字形基础、桩基础、组合式基础的相关规定

(2) 熟悉塔机的基础施工

第4章　高层建筑外用脚手架

4.1　扣件式钢管脚手架

(1) 掌握扣件式钢管脚手架的基本架构

(2) 熟悉满堂脚手架的搭设及相关规定

(3) 熟悉型钢悬挑脚手架的搭设及相关规定

4.2　碗扣式钢管脚手架

(1) 掌握碗扣式钢管脚手架的碗扣节点构成

(2) 熟悉碗扣式钢管脚手架的构造要求

(3) 了解脚手架设置应符合的规定

4.3　门式钢管脚手架

(1) 掌握门式钢管脚手架的基本构造

(2) 了解悬挑脚手架和满堂脚手架的相关规定

(3) 熟悉模板支架的要求

4.4　附着式升降脚手架

（1）掌握附着式升降脚手架的特点和组成构造
（2）了解附着式升降脚手架的架体结构、附着支撑结构
（3）熟悉附着式升降脚手架的防倾装置和防坠落装置
（4）掌握附着式升降脚手架的安全防护

4.5　升降平台

（1）熟悉升降平台的分类
（2）熟悉各类升降平台的应用特点

第5章　主体工程施工

5.1　钢筋连接技术

（1）掌握钢筋闪光对焊的适用对象、相关规定、工艺流程、质量检查
（2）掌握钢筋手工电弧焊的工艺流程及相关规定
（3）掌握钢筋电渣压力焊的适用对象、操作工艺、相关规定、质量检查
（4）掌握钢筋气压焊的适用对象、焊接设备、工艺流程、相关规定、质量检查

5.2　大模板施工

（1）了解大模板的构造组成
（2）了解大模板的面板种类和特点
（3）了解常用大模板的类型
（4）掌握大模板的施工工艺（包括内墙现浇外墙预制大模板建筑施工、内外墙全现浇大模板建筑施工、内浇外砌大模板建筑施工）
（5）熟悉大模板的维修保养（包括日常保养、现场临时修理）
（6）掌握大模板的安全施工技术

5.3　滑模施工

（1）熟悉液压滑升模板的组成（包括模板系统、操作平台系统、液压提升系统、施工精度控制系统）
（2）了解滑模施工的水平度控制和垂直度控制
（3）掌握墙体滑模施工工艺
（4）掌握滑框倒模施工工艺
（5）掌握楼板施工方法（包括逐层空滑楼板并进法、先滑墙体楼板跟进法、楼板降模法）及其工艺特点

5.4　爬模施工

（1）熟悉爬升模板的构造（包括模板、爬架、爬升装置）
（2）掌握模板与爬架互爬、模板与模板互爬的技术特点、工艺流程、相关规定

5.5　钢结构高层建筑施工

（1）熟悉钢柱安装、框架钢梁安装、剪力墙板安装、钢扶梯安装等的相关规定
（2）掌握标准节框架的安装方法（包括节间综合安装法、按构件分类大流水安装法）
（3）了解高层钢框架校正的基本原理
（4）掌握高层钢框架校正的校正方法

第三篇　施工项目管理

第1章　施工项目管理概论

1.1　施工项目管理概念、目标和任务

（1）了解项目、施工项目管理的定义
（2）熟悉项目管理的目标
（3）掌握项目管理的任务

1.2　施工项目的组织

（1）了解项目结构分析
（2）熟悉组织工具的概念、特点、适用范围
（3）掌握施工项目管理组织类型的特征、适用范围和优缺点
（4）熟悉施工组织设计的分类和内容

1.3　施工项目目标动态控制

（1）了解目标动态控制的原理
（2）掌握项目目标动态控制的纠偏措施
（3）熟悉动态控制方法在施工管理中的应用

1.4　项目施工监理

（1）了解项目施工监理的概念、性质、监理方法
（2）熟悉旁站监理的应用

第2章 施工项目质量管理

2.1 施工项目质量管理的概念和原理

（1）了解质量及质量管理的概念

（2）熟悉影响质量的因素

（3）掌握 PDCA 的工作原理

2.2 施工项目质量控制系统

（1）了解质量控制的概念

（2）熟悉三阶段质量控制的内容

（3）了解质量控制系统的分类

2.3 施工项目施工质量控制和验收的方法

（1）掌握施工质量控制的过程内容

（2）了解施工质量计划的编制

（3）熟悉施工作业过程的质量控制

（4）掌握施工质量验收的内容

2.4 施工项目质量的政府监督

了解建设工程项目质量政府监督的内容

2.5 质量管理体系

熟悉质量管理八项原则

2.6 施工项目质量问题的分析与处理

（1）熟悉工程质量事故的特点

（2）掌握工程质量事故的分类及原因

（3）掌握工程质量事故处理的类型

第3章 施工项目进度管理

3.1 概述

（1）了解工程进度计划的分类

（2）熟悉工期的定义

3.2 施工组织与流水施工

（1）了解施工组织的三种组织方式
（2）熟悉流水施工的类型
（3）掌握流水施工的参数及横道图表示方法

3.3 网络计划技术

（1）了解网络计划技术的优点
（2）掌握双代号网络图的表示方法和具体参数的计算
（3）熟悉单代号网络图、双代号时标网络图的表示方法及参数分析

3.4 施工项目进度控制

（1）了解施工进度控制的概念
（2）熟悉影响施工进度的因素
（3）掌握施工项目进度控制的措施
（4）熟悉施工项目进度控制的内容
（5）掌握施工进度计划实施的分析方法
（6）熟悉施工进度计划的调整方法

第4章 施工项目成本管理

4.1 施工项目成本管理的内容

（1）熟悉施工项目成本管理的任务
（2）掌握施工项目成本管理的措施

4.2 施工项目成本计划的编制

（1）了解施工项目成本计划的编制依据
（2）熟悉施工项目成本计划的编制方法

4.3 施工项目成本核算

（1）熟悉合同变更价款的确定方法
（2）掌握索赔费用的组成和计算方法
（3）熟悉工程结算的方法

4.4 施工项目成本控制和分析

（1）了解施工成本控制的依据
（2）熟悉施工项目成本控制的方法

（3）熟悉施工项目成本分析的依据

（4）掌握施工项目成本分析的方法

第5章　施工项目安全管理

5.1　安全生产管理概论

（1）熟悉安全生产方针

（2）了解安全生产管理制度

5.2　施工安全管理体系

（1）了解安全生产管理体系的重要性和建立安全生产管理体系的原则

（2）熟悉施工安全的组织保证体系的内容

5.3　施工安全技术措施

（1）了解施工安全技术措施的编制要求

（2）熟悉施工安全技术措施的主要内容

（3）掌握施工安全技术交底的内容

5.4　施工安全教育与培训

熟悉施工安全教育主要内容

5.5　施工安全检查

掌握安全检查的主要内容

5.6　施工过程安全控制

了解不同施工阶段安全控制的内容

第6章　施工信息管理

6.1　施工方信息管理任务

了解施工方信息管理的任务

6.2　施工文件档案管理

熟悉施工文件档案管理的内容

二、习　题

第一篇　建筑施工技术

第1章　土　方　工　程

一、单项选择题

1. 根据土的开挖难易程度，可将土石分为八类，其中前四类土由软到硬的排列顺序为（　　）。

A. 松软土、普通土、坚土、砂砾坚土

B. 普通土、松软土、坚土、砂砾坚土

C. 松软土、普通土、砂砾坚土、坚土

D. 坚土、砂砾坚土、松软土、普通土

2. 现场开挖时主要用镐，少许用锹、锄头挖掘，部分用撬棍挖掘的土可能是（　　）类土。

A. 松软土　　　　B. 普通土　　　　C. 坚土　　　　D. 砂砾坚土

3. 自然状态下的土，经过开挖后，其体积因松散而增加，以后虽经回填压实，仍不能恢复到原来的体积，这种性质称为（　　）。

A. 土的流动性　　B. 土的可松性　　C. 土的渗透性　　D. 土的结构性

4. 土的渗透性用渗透系数表示，渗透系数的表示符号是（　　）。

A. K　　　　　　B. Ks　　　　　　C. E　　　　　　D. V

5. 土方回填施工时，常以土的（　　）作为土的夯实标准。

A. 可松性　　　　B. 天然密度　　　　C. 干密度　　　　D. 含水量

6. 基坑是指底面积在 $20m^2$ 以内，且底长为底宽（　　）以内者。

A. 2 倍　　　　　B. 3 倍　　　　　C. 4 倍　　　　　D. 5 倍

7. 场地平整是指就地挖填找平，将现场平整为施工所要求的设计平面，厚度在（　　）以内的挖土工程。

A. ±10cm　　　　B. ±20cm　　　　C. ±30cm　　　　D. ±50cm

8. 施工中确定场地设计标高原则通常是（　　）。

A. 挖方量最少　　　　　　　　B. 填方量最少

C. 场地内挖、填土方量平衡原则　　D. 方便场地排水

9. 场地平整时，场地土方量的计算采用较多的方法是（　　）。

A. 直接计算法   B. 间接计算法

C. 方格网法   D. 几何法

10. 场地平整时，挖方区与填方区的分界线，通常称为场地的（   ）。

A. 边界线   B. 分界线   C. 零线   D. 边线

11. 土方工程施工前通常需完成一些必要的准备性工作，不包括（   ）。

A. 垂直运输机械的进场   B. 临时道路的修筑

C. 供水与供电管线的敷设   D. 临时设施的搭设

12. 一般施工现场排水沟的横断面和纵向坡度不宜小于（   ）。

A. 0.4m×0.4m，0.1％   B. 0.5m×0.5m，0.1％

C. 0.4m×0.4m，0.2％   D. 0.5m×0.5m，0.2％

13. 施工场地内主要临时运输道路路面按双车道修筑，其宽度不应小于（   ）。

A. 4m   B. 5m   C. 6m   D. 7m

14. （   ）适用于能保持直立壁的干土或天然湿度的黏土类土，地下水很少，深度在 2m 以内的支撑。

A. 间断式水平支撑   B. 断续式水平支撑

C. 连续式水平支撑   D. 连续式或间断式垂直支撑

15. 在轻井点施工工艺流程中，放线定位后，安装井点管、填砂砾滤料、上部填黏土密封前所进行的工作是（   ）。

A. 铺设总管   B. 安装抽水设备与总管连通

C. 安装集水箱和排水管   D. 开动真空泵排气，再开动离心水泵抽水

16. "流砂"现象产生的原因是由于（   ）。

A. 地面水流动的作用   B. 地下水动水压力大于或等于土的浸水密度

C. 土方开挖的作用   D. 基坑降水不当

17. "管涌"现象产生的原因是由于（   ）。

A. 地面水流动的作用

B. 地下水动水压力大于或等于土的浸水密度

C. 土方开挖的作用

D. 承压水顶托力大于坑底不透水层覆盖厚度的重量

18. 下面防治流砂的方法中，（   ）是根除流砂的最有效的方法。

A. 水下挖土法   B. 打钢板桩法   C. 土壤冻结法   D. 井点降水法

19. 回灌井点应布置在降水井的外围，两者之间的水平距离不得小于（   ）。

A. 4m   B. 5m   C. 6m   D. 7m

20. 回灌井点的回灌水必须具有规定压力，一般应不小于（   ）MPa。

A. 0.01   B. 0.05   C. 0.1   D. 0.5

21. 移挖作填以及基坑和管沟的回填土，当运距在 100m 以内时，可采用（   ）施工。

A. 反铲挖土机   B. 推土机

C. 铲运机   D. 摊铺机

22. 具有"后退向下，强制切土"挖土特点的土方施工机械是（   ）。

A. 正铲　　　　　B. 反铲　　　　　C. 拉铲　　　　D. 抓铲

23. 土方的开挖顺序、方法必须与设计工况相一致，并遵循开槽支撑，（　　），严禁超挖的原则。

　　A. 先撑后挖，分层开挖　　　　　　B. 先挖后撑，分层开挖

　　C. 先撑后挖，分段开挖　　　　　　D. 先挖后撑，分段开挖

24. 土的实际干密度可用"环刀法"测定。其取样组数为：柱基回填取样不少于柱基总数的（　　），且不少于5个。

　　A. 3%　　　　　B. 5%　　　　　C. 10%　　　　D. 20%

25. 深基坑上下应先挖好阶梯或支撑靠梯，或开斜坡道，采取防滑措施，（　　）踩踏支撑上下。

　　A. 可　　　　　B. 宜　　　　　C. 不宜　　　　D. 禁止

二、多项选择题

1. 土方工程施工的特点有（　　）。

　　A. 工期短　　　　B. 土方量大　　　C. 工期长

　　D. 施工速度快　　E. 施工条件复杂

2. 砂土按颗粒粗细程度可分为（　　）。

　　A. 粗砂　　　　　B. 中砂　　　　　C. 细砂

　　D. 特细砂　　　　E. 粉砂

3. 在（　　）时需考虑土的可松性。

　　A. 进行土方的平衡调配　　　　　　B. 计算填方所需挖土体积

　　C. 确定开挖方式　　　　　　　　　D. 确定开挖时的留弃土量

　　E. 计算运土机具数量

4. 土方调配图表的编制过程是（　　）。

　　A. 划分调配区　　　　　　　　　　B. 计算土方量

　　C. 确定场地零线　　　　　　　　　D. 计算调配区之间的平均运距

　　E. 确定土方最优调配方案，绘制土方调配图、调配平衡表

5. 土方开挖前需做好准备工作，包括（　　）等。

　　A. 清除障碍物　　　　　　　　　　B. 设置排水设施

　　C. 设置测量控制网　　　　　　　　D. 修建临时设施

　　E. 地基验槽

6. 流砂防治的具体措施有：（　　）及井点降水法等。

　　A. 水下挖土法　　　　　　　　　　B. 枯水期施工法

　　C. 抢挖法　　　　　　　　　　　　D. 加设横撑式支撑

　　E. 打板桩

7. 轻型井点系统由（　　）及抽水设备等组成。

　　A. 井点管　　　B. 连接管　　　C. 集水总管

　　D. 滤管　　　　E. 深井泵

8. 轻型井点系统的平面布置主要取决于基坑的平面形状和开挖深度，应尽可能将基

坑内各主要部分都包围在井点系统中，一般采用（　　）形式。

    A. 单层井点   B. 双层井点

    C. 单排线状井点   D. 双排线状井点

    E. 环状井点

9. 管井的井点管埋设可采用的方法有（　　）。

    A. 干作业钻孔法   B. 打拔管成孔法

    C. 用泥浆护壁冲击钻孔方法   D. 泥浆护壁钻孔方法

    E. 钻孔压浆法

10. 引起坑壁土体内剪力增加的原因有（　　）。

    A. 坡顶堆放重物   B. 坡顶存在动载

    C. 土体遭受暴晒   D. 雨水或地面水进入

    E. 水在土体内渗流而产生动水压力

11. 下面属于止水挡土结构的有（　　）。

    A. 土钉墙支护结构   B. 地下连续墙

    C. 深层搅拌水泥土桩墙   D. 拉森式钢板桩

    E. 挡土灌注桩

12. 土方边坡自然放坡坡度的大小，应根据（　　）等因素确定。

    A. 土质条件   B. 开挖深度

    C. 开挖宽度   D. 地下水位高低

    E. 工期长短

13. 铲运机适用于（　　）工程。

    A. 大面积场地平整   B. 大型基坑开挖

    C. 路基填筑   D. 水下开挖

    E. 石方挖运

14. 在土方进行回填时，对回填土方压实的方法有（　　）。

    A. 碾压法   B. 夯实法

    C. 振动压实法   D. 运土工具压实法

    E. 水浸法

15. 填方所用土料若设计无要求时，则（　　）可用作表层以下的填土料。

    A. 膨胀土   B. 碎块草皮和有机质含量大于 8％的土

    C. 碎石类土   D. 爆破石碴

    E. 淤泥质土

三、判断题

1. 挖土方：是指宽度＞3m 或面积＞20m² 或平整场地厚度在±30cm 以上的挖土工程。   （　　）

2. 基槽通常根据其形状（曲线、折线、变截面等）划分成若干计算段，分别计算土方量，然后再累加求得总的土方工程量。   （　　）

3. 施工场地内主要临时运输道路、机械运行的道路均宜按永久性道路的要求修筑。

（　　）

4. 井点降水法一般宜用于降水深度较大，土层为细砂或粉砂，或是软土地区。

（　　）

5. 集水井降水法施工，是在基坑（槽）开挖时，沿坑底周围或中央开挖排水沟，在沟底设置集水井，使坑（槽）内的水经排水沟流向集水井，然后用水泵抽走。（　　）

6. 井点降水法就是在基坑开挖前，预先在基坑四周埋设一定数量的滤水管（井），利用抽水设备从中抽水，使地下水位降落到在坑底以下，直至施工结束为止。（　　）

7. 沟槽宽度大于 6m，且降水深度不超过 5m 时，可用双排线状井点。（　　）

8. 土方边坡用边坡坡度或坡系数表示，两者互为倒数，工程中常以 $h:b$ 表示坡度。

（　　）

9. 推土机是在拖拉机上安装推土板等工作装置而成的机械，适用于运距 200m 以内的推土，最快速度为 60m/min。（　　）

10. 基坑开挖深度超过 2.0m 时，必须在坑顶边沿设两道护身栏杆，夜间加设红灯标志。（　　）

四、计算题或案例分析题

（一）某场地土方平整，用方格网法计算土方工程量，绘制的方格网如下图中所示，已知方格的边长为 20m×20m，不考虑土的可松性，场地的排水坡度 $i_x = i_y = 0.3\%$。

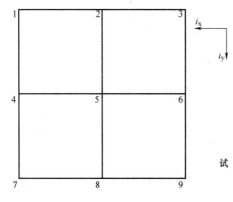

角点	天然地面标高(m)
1	42.45
2	43.11
3	43.81
4	43.15
5	43.21
6	43.40
7	42.70
8	42.75
9	42.80

计算并回答下列问题：

1. 不考虑场地排水时，用挖填土方平衡法计算场地平整后的水平标高 H_0 为（　　）。

A. 43.0m　　　　B. 43.09m　　　　C. 43.15m　　　　D. 43.21m

2. 考虑场地的排水时，经计算可知方格网角点 3 的施工高度 h 为（　　）。

A. −0.4m　　　　B. −0.6m　　　　C. 0.5m　　　　D. 0.6m

3. 施工高度 h 为正值时，表示该点为（　　）。

A. 挖方点　　　　B. 填方点　　　　C. 不挖不填点　　　D. 不确定

4. 场地的零线是场地的（　　）的分界线。

A. 排水区　　　　B. 挖方区　　　　C. 填方区　　　　D. 挖方区与填方区

5. 在进行土方调配时应考虑的原则有（　　）。

A. 挖方和填方基本平衡，且就近调配

B. 考虑施工与后期利用

C. 合理布置挖、填分区线，选择恰当的调配方向、运输路线

D. 好土用在回填质量高的地区

E. 保证施工机械和人员的安全

（二）某钢筋混凝土单层排架式厂房，有 42 个 C20 独立混凝土基础，基础剖面如下图所示，基础底面积为 2400mm（宽）×3200mm（长），每个 C20 独立基础和 C15 素混凝土垫层的体积共为 $12.37m^3$，基础下为 C15 素混凝土垫层厚 100mm。基坑开挖采用四边放坡，坡度为 1∶0.5。土的最初可松性系数 $K_s=1.10$，最终可松性系数 $K's=1.03$（单选题）。

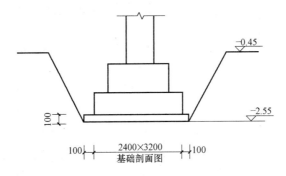

6. 基础施工程序正确的是（　　）。

A. ⑤定位放线⑦验槽②开挖土方④浇垫层①立模、扎钢筋⑥浇混凝土、养护③回填

B. ⑤定位放线④浇垫层②开挖土方⑦验槽⑥浇混凝土、养护①立模、扎钢筋③回填

C. ⑤定位放线②开挖土方⑦验槽①立模、扎钢筋④浇垫层⑥浇混凝土、养护③回填

D. ⑤定位放线②开挖土方⑦验槽④浇垫层①立模、扎钢筋⑥浇混凝土、养护③回填

7. 定位放线时，基坑上口白灰线长、宽尺寸（　　）。

A. 2400mm（宽）×3200mm（长）

B. 3600mm（宽）×4400mm（长）

C. 4600mm（宽）×5400mm（长）

D. 4700mm（宽）×5500mm（长）

8. 基坑土方开挖量是（　　）。

A. $1432.59m^3$　　B. $1465.00m^3$　　C. $1529.83m^3$　　D. $2171.40m^3$

9. 基坑回填需土（松散状态）量是（　　）。

A. $975.10m^3$　　B. $1009.71m^3$　　C. $1485.27m^3$　　D. $1633.79m^3$

10. 回填土可采用（　　）。

A. 含水量趋于饱和的黏性土　　　　B. 爆破石碴作表层土

C. 有机质含量为 2% 的土　　　　D. 淤泥和淤泥质土

（三）某基槽槽底宽度为 3.5m，自然地面标高为 −0.5m，槽底标高为 −4.5m，地下水为 −1.0m。基坑放坡开挖，坡度系数为 0.5m，采用轻型井点降水，降水深至坑下

0.5m（单选题）。

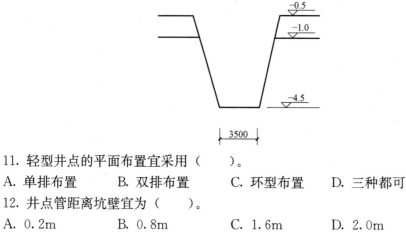

11. 轻型井点的平面布置宜采用（　　）。

A. 单排布置　　　B. 双排布置　　　C. 环型布置　　　D. 三种都可

12. 井点管距离坑壁宜为（　　）。

A. 0.2m　　　　B. 0.8m　　　　C. 1.6m　　　　D. 2.0m

13. 水力坡度 I 宜取（　　）。

A. 1/5　　　　B. 1/8　　　　C. 1/10　　　　D. 1/12

14. 井点管的埋设深度宜大于或等于（　　）。

A. 4.0m　　　　B. 4.5m　　　　C. 5.13m　　　　D. 5.76m

15. 井点管的铺设工艺为（　　）。

A. ①铺设集水总管③冲孔②沉设井点管④填砂滤料、上部填黏土密封⑥用弯联管连接井点管与总管⑤安装抽水设备

B. ③冲孔②沉设井点管④填砂滤料、上部填黏土密封①铺设集水总管⑥用弯联管连接井点管与总管⑤安装抽水设备

C. ⑤安装抽水设备③冲孔②沉设井点管④填砂滤料、上部填黏土密封①铺设集水总管⑥用弯联管连接井点管与总管

D. ⑤安装抽水设备③冲孔②沉设井点管④填砂滤料、上部填黏土密封⑥用弯联管连接井点管与总管①铺设集水总管

（四）某工程基坑底长 60m，宽 25m，深 5m，拟采用四边放坡开挖，边坡坡度定为 1:0.5。测得土的 $K_s=1.20$，$K'_s=1.05$。若混凝土基础和地下室占有的体积为 3000m³（计算结果取整）。

16. 该基坑开挖时，基坑上口面积为（　　）。

A. 1950m²　　　B. 1500m²　　　C. 1650m²　　　D. 1900m²

17. 该基坑开挖时，基坑中部面积为（　　）。

A. 1719m²　　　B. 1675m²　　　C. 1788m²　　　D. 1825m²

18. 基坑土方开挖的工程量为（　　）。

A. 7380m³　　　B. 7820m³　　　C. 2880m³　　　D. 8604m³

19. 若以自然状态土的体积计，该基坑应预留的回填土为（　　）。

A. 6505m³　　　B. 6405m³　　　C. 5604m³　　　D. 5337m³

20. 问 K_s 指的为土的最后可松性系数，说法是否正确？（　　）。

A. 正确　　　　　B. 错误

（五）某工程有 60 个混凝土独立基础，每个基坑坑底面积均为 2.4m×3.6m，室外自然地面标高为 −0.45m，基底标高为 −2.45m，拟四边放坡开挖，坡度系数为 $m=0.45$，每个基础体积为 6.9m³。土的最初可松性系数 $K_s=1.20$，最终可松性系数 $K'_s=1.05$。试回答下面问题：（计算结果保留两位小数）：

21. 每个基坑的上口面积为（　　）。

A. 22.18m² 　　B. 22.68m² 　　C. 31.25m² 　　D. 33.56m²

22. 每个基坑的中部面积为（　　）。

A. 13.65m² 　　B. 13.96m² 　　C. 14.85m² 　　D. 15.23m²

23. 每个基坑土方开挖工程量为（　　）。

A. 17.28m³ 　　B. 29.7m³ 　　C. 30.24m³ 　　D. 45.36m³

24. 该工程回填的体积量为（　　）。

A. 1333.71m³ 　B. 1400.40m³ 　C. 1500.4m³ 　D. 1600.46m³

25. 若以原状土体积计，则该工程应预留的回填土为（　　）。

A. 1333.71m³ 　B. 1360.40m³ 　C. 1500.4m³ 　D. 1600.46m³

第 2 章　地基处理与桩基础工程

一、单项选择题

1. 观察验槽的内容不包括（　　）。

A. 基坑（槽）的位置、尺寸、标高、和边坡是否符合设计要求

B. 是否已挖到持力层

C. 槽底土的均匀程度和含水量情况

D. 降水方法与效益

2. 观察验槽的重点应选择在（　　）。

A. 基坑中心线　　　　　　　　B. 基坑边角处

C. 受力较大的部位　　　　　　D. 最后开挖的部位

3. （　　）是利用夯实的砂垫层替换地基的一部分软土层，从而起到提高原地基的承载力、减少地基沉降、加速软土层的排水固结作用。

A. 砂换土垫层法　　　　　　　B. 强夯法

C. 强夯转换法　　　　　　　　D. 砂石桩法

4. 换土垫层法中，（　　）只适用于地下水位较低，基槽经常处于较干燥状态下的一般黏性土地基的加固。

A. 砂垫层　　　B. 砂石垫层　　　C. 灰土垫层　　　D. 卵石垫层

5. 浇筑钢筋混凝土阶梯形独立基础时，每一台阶高度内应整层作为一个浇筑层，每浇灌完一台阶应稍停（　　），使其初步获得沉实，再浇筑上层。

A. 10～20min 　B. 20～30min 　C. 30～60min 　D. 60～90min

6. 箱形基础当基础长度超过（　　）m 时，为防止出现温度收缩裂缝，一般应设置

贯通后浇带。

    A. 10   B. 20   C. 30   D. 40

    7. 泥浆护壁成孔灌注桩施工中有以下步骤：①成孔；②清孔；③水下浇筑混凝土；④埋设护筒；⑤测定桩位；⑥下钢筋笼；⑦制备泥浆。其工艺流程顺序为（　　　）。

    A. ④⑤⑦①②⑥③   B. ⑦⑤④①②⑥③

    C. ⑦④⑤①②③⑥   D. ⑤④⑦①②⑥③

    8. 筏板基础混凝土浇筑完毕后，表面应覆盖和洒水养护时间不少于（　　　）。

    A. 7d   B. 14d   C. 21d   D. 28d

    9. 根据桩的（　　　）进行分类，桩可分为预制桩和灌注桩两类。

    A. 承载性质   B. 使用功能   C. 使用材料   D. 施工方法

    10. 钢筋混凝土预制桩制作时，强度达到（　　　）的设计强度方可起吊。

    A. 30%   B. 40%   C. 70%   D. 100%

    11. 钢筋混凝土预制桩制作时，强度达到（　　　）的设计强度方可运输。

    A. 30%   B. 40%   C. 70%   D. 100%

    12. 仅适用于压垂直桩及软土地基桩的施工方法是（　　　）。

    A. 锤击沉桩法   B. 水冲沉桩法   C. 静力压桩法   D. 振动沉桩法

    13. 打桩的入土深度控制，对于承受轴向荷载的摩擦桩，应（　　　）。

    A. 以贯入度为主，以标高作为参考

    B. 仅控制贯入度不控制标高

    C. 以标高为主，以贯入度作为参考

    D. 仅控制标高不控制贯入度

    14. 静力压桩的施工程序中，"静压沉桩"的上一道工序为（　　　）。

    A. 压桩机就位   B. 吊桩插桩

    C. 桩身对中调直   D. 测量定位

    15. 锤击打桩法进行打桩时，宜采用（　　　）的方式，可取得良好的效果。

    A. 重锤低击，低提重打   B. 重锤高击，低提重打

    C. 轻锤低击，高提重打   D. 轻锤高击，高提重打

    16. 关于打桩质量控制，下列说法错误的是（　　　）。

    A. 桩尖所在土层较硬时，以贯入度控制为主

    B. 桩尖所在土层较软时，以贯入度控制为主

    C. 桩尖所在土层较硬时，以桩尖设计标高控制为辅

    D. 桩尖所在土层较软时，以桩尖设计标高控制为主

    17. 钢筋混凝土预制桩沉桩时，能减小孔隙水压力影响的措施是（　　　）。

    A. 预钻排水孔   B. 采用预钻孔打桩工艺

    C. 合理安排沉桩顺序   D. 控制沉桩速率

    18. 灌注桩在"成孔及清孔"时的质量检查内容是（　　　）。

    A. 钢筋规格   B. 焊条规格与品种

    C. 焊缝外观质量   D. 孔底沉渣厚度

    19. 人工挖孔灌注桩的施工桩孔开挖深度超过（　　　）m时，就需有专门向井底送风

的设备。

    A. 3   B. 5   C. 10   D. 15

20. 现浇钢筋混凝土独立基础施工程序为（   ）。①开挖；②支模；③养护；④浇筑；⑤验槽。

    A. ①②③④⑤   B. ①②⑤③④   C. ⑤①②④③ D. ①⑤②④③

二、多项选择题

1. 钎探验槽打钎时，对同一工程应保证（   ）一致。

    A. 锤重   B. 步径   C. 用力

    D. 锤径   E. 捶击数

2. 箱形基础长度超过 40m 时，一般应设置贯通后浇带，要求（   ）。

    A. 缝宽不宜小于 800mm   B. 在后浇带处钢筋应断开

    C. 顶板浇灌后，相隔 7～14d

    D. 用同设计强度等级的细石混凝土浇筑后浇带

    E. 用比设计强度等级提高一级的微膨胀的细石混凝土浇筑后浇带

3. 按桩的承载性质不同，可分为（   ）。

    A. 摩擦桩   B. 预制桩   C. 灌注桩

    D. 端承桩   E. 管桩

4. 预制桩根据桩沉入土中的方法不同，可分为（   ）等。

    A. 锤击沉桩法   B. 振动沉桩法

    C. 静力压桩法   D. 沉管沉桩法

    E. 钻孔压浆成桩法

5. 按成孔方法不同，灌注桩可分为（   ）。

    A. 钻孔灌注桩法   B. 人工挖孔灌注桩

    C. 冲孔灌注桩   D. 静力压桩

    E. 沉管灌注桩

6. 预制桩制作时，要求（   ）。

    A. 桩身混凝土强度等级不应低于 C20

    B. 混凝土宜用机械搅拌，机械振捣

    C. 浇筑时应由桩尖向桩顶连续浇筑捣实

    D. 一次完成，严禁中断

    E. 养护时间不少于 14d

7. 桩架的作用是（   ）。

    A. 提供动力   B. 固定桩的位置

    C. 在打入过程中引导桩的方向   D. 承受桩锤的重量

    E. 保证桩锤沿着所要求的方向冲击桩

8. 钢筋混凝土预制桩，桩中心距小于等于 4 倍桩径时，宜采用（   ）顺序施打。

    A. 逐排打设   B. 自边沿向中央打设

    C. 自中央向边沿打设   D. 由近往远

E. 分段打设

9. 打桩时应注意观察的事项有（　　　）。

A. 打桩架是否垂直　　　　　　　　B. 桩锤的回弹

C. 贯入度变化情况　　　　　　　　D. 桩入土深度

E. 打桩的顺序

10. 混凝土预制长桩接桩时，常用（　　　）等接桩方法。

A. 焊接接桩　　　B. 法兰接桩　　　C. 刚性连接

D. 柔性连接　　　E. 硫磺胶泥锚接

11. 打桩时宜用（　　　），方可取得良好效果。

A. 重锤低击　　　B. 轻锤高击　　　C. 高举高打

D. 低提重打　　　E. 高提轻打

12. 预制桩成桩质量检查的指标主要包括（　　　）等。

A. 制桩质量　　　　　　　　　　　B. 打入（静压）深度

C. 停锤标准　　　　　　　　　　　D. 孔底沉渣厚度

E. 桩位及垂直度

13. 预制桩现场制作时，在绑扎钢筋、安设吊环前需完成（　　　）的工作。

A. 场地地坪浇筑混凝土　　　　　　B. 支模

C. 浇筑混凝土　　　　　　　　　　D. 场地地基处理、整平

E. 支间隔端头板

14. 预制桩的堆放场地要求（　　　）。

A. 平整坚实　　　　　　　　　　　B. 排水良好

C. 垫木应在同一垂直线上　　　　　D. 堆放层数不宜超过5层（管桩3层）

E. 把不同规格的桩统一堆放

15. 静力压桩法与锤击沉桩相比，它具有施工（　　　）和提高施工质量等特点。

A. 无噪声　　　B. 有振动　　　C. 浪费材料

D. 降低成本　　　E. 沉桩速度慢

16. 灌注桩成孔及清孔时，质量检查内容包括（　　　）等。

A. 孔的中心位置　　　　　　　　　B. 孔深

C. 孔径　　　　　　　　　　　　　D. 孔的垂直度

E. 混凝土强度

17. 回转钻机成孔法适用于（　　　）的地质条件。

A. 松散土层　　　B. 黏土层　　　C. 砂砾层

D. 软岩层　　　E. 硬岩层

18. 在沉管灌注桩施工中常见的问题有（　　　）。

A. 孔壁坍塌　　　B. 断桩　　　C. 桩身倾斜

D. 缩颈桩　　　E. 吊脚桩

19. 桩基检测时，属于动测法的方法有（　　　）等。

A. 钻孔取芯法　　　　　　　　　　B. 锤击贯入法

C. 水电效应法　　　　　　　　　　D. 破损试验法

E. 动力参数法

20. 人工挖孔灌注桩，孔下操作人员必须（　　　）。

A. 穿防滑鞋　　　　　　　　　B. 戴安全帽

C. 系安全带　　　　　　　　　D. 在孔口四周设置护栏的环境下

E. 采用 12V 以下的安全灯照明

三、判断题

1. 砂和砂石换土垫层法就是用夯（压）实的砂或砂石垫层替换地基的一部分软土层，适用于深层地基处理。　（　　　）

2. 砂和砂石地基应采用压路机往复碾压，一般不少于 4 遍，其轮迹搭接不小于 500mm，边缘和转角处应用人工或机夯补打密实。　（　　　）

3. 深层搅拌机预搅下沉时，不宜冲水；当遇到较硬土夹层下沉太慢时，方可适量冲水，但应考虑冲水成桩对桩身强度的影响。　（　　　）

4. 水泥土搅拌法（湿法）施工中需确定搅拌机械的灰浆泵输送量、灰浆经输浆管到达搅拌机喷浆口的时间和起吊设备提升速度等施工参数。　（　　　）

5. 钢筋混凝土独立基础验槽合格后，垫层混凝土应待 1～2d 后灌筑，以保护地基。　（　　　）

6. 对于混凝土阶梯形基础，每一台阶高度内应整层作为一个浇筑层，每浇灌完一台阶应稍停 0.5～1h，使其初步获得沉实，再浇筑上层。　（　　　）

7. 箱形基础采取内外墙与顶板分次支模浇筑方法施工，其施工缝应留设在墙体上，位置应在底板以上 300mm。　（　　　）

8. 基础的底板、内外墙和顶板宜连续浇灌完毕，当基础长度超过 40m 时，为防止出现温度收缩裂缝，一般应设置贯通后浇带，缝宽不宜小于 800mm，在后浇带处钢筋应断开。　（　　　）

9. 桩身混凝土强度等级不应低于 C30，宜用机械搅拌、机械振捣，浇筑时应由桩尖向桩顶连续浇筑捣实，一次完成，严禁中断。　（　　　）

10. 人工挖孔灌注桩施工挖出的土石方应及时运离孔口，不得堆放在孔口四周 2m 范围内，机动车辆的通行不得对井壁的安全造成影响。　（　　　）

四、计算题或案例分析题

（一）某工程基坑开挖至设计标高后，组织了基坑验槽，发现基坑底部土质情况与设计要求相符，只是在东南角上出现两处局部土体强度偏低，必须进行处理。设计单位提出了相应的处理办法，施工单位按设计单位的要求进行了处理。试回答以下问题：

1. 基坑验槽应由（　　　）来组织？

A. 项目经理　　　　　　　　　B. 设计负责人

C. 勘察负责人　　　　　　　　D. 总监或建设单位项目负责人

2. 参加基坑验槽的单位主要有（　　　）。

A. 勘察设计单位　　　　　　　B. 施工单位

C. 监理单位　　　　　　　　　D. 建设单位

E. 质量监督部门

3. 基坑验槽的主要方法有（　　）。

A. 表面检查验槽法　　　　　　　　　B. 洛阳铲钎探验槽法

C. 钎探检查验槽法　　　　　　　　　D. 轻型动力触探验槽法

E. 专家评估法

4. 观察验槽的内容包括（　　）。

A. 检查基坑（槽）开挖的平面位置、尺寸、槽底深度、标高和边坡等是否符合设计要求

B. 仔细观察槽壁、槽底土质类型、均匀程度和有关异常土质是否存在，核对基坑土质和地下水情况

C. 槽底土的均匀程度和含水量情况是否与勘察报告相符

D. 检查采取的降水措施是否合理，降水效果是否良好

E. 检查基槽之中是否有旧建筑物基础、古井、古墓、洞穴、地下掩埋物及地下人防工程等

5. 观察验槽的重点应选择在（　　）。

A. 基坑中心线　　　　　　　　　　　B. 基坑边角处

C. 受力较大的部位　　　　　　　　　D. 最后开挖的部位

6. 钎探打钎时，对同一工程应保证（　　）一致。

A. 锤重　　　　　　B. 步径　　　　　　C. 用力

D. 锤径　　　　　　E. 捶击数

7. 本工程出现的局部土体强度偏低的处理办法可采用（　　）。

A. 清除原来的软弱土后用砂石进行回填压实

B. 将坑底暴晒 2-3 天后再进行基础施工

C. 将坑底预压 7 天后再进行基础施工

D. 直接在上面用砂石进行回填后压实

（二）某工程位于上海地区，上部结构为 28 层的剪力墙结构体系，下部结构拟采用桩基础，地质情况为：表层为 0.5m 的种植土，−0.5m 以下为淤泥质土，−2.50m 处为地下水位线，−18.50m 处开始为坚硬土层，桩的直径为 300mm，施工单位经过了 330d 的艰苦奋斗，圆满地完成了该工程的施工任务。试回答以下问题：

8. 根据本工程的地质情况，该工程的桩一般采用的是（　　）。

A. 摩擦桩　　　　　B. 端承桩　　　　　C. 预制桩　　　　　D. 抗拔桩

9. 该工程的桩一般采用（　　）方法制作。

A. 工厂预制　　　　B. 现场灌注　　　　C. 外地购买　　　　D. 国外采购

10. 该工程的桩一般采用（　　）方法施工。

A. 锤击法　　　　　　　　　　　　　B. 静压法

C. 泥浆护壁钻孔　　　　　　　　　　D. 人工挖孔

11. 该桩基施工完成后必须进行桩基检测，检测的方法一般采用（　　）。

A. 静载试验法　　　　　　　　　　　B. 动测法

C. 超声波探测法　　　　　　　　　　D. 钻孔抽芯法

12. 该工程桩基工程验收时应提交资料有（　　　）。

A. 工程地质勘察报告、桩基施工图、图纸会审记要、设计变更及材料代用通知单

B. 经审定的施工组织设计、施工方案及执行中的变更情况

C. 桩位测量放线图、包括工程桩位复核签证单

D. 成桩质量检查报告及单桩承载力检测报告

E. 基坑挖至设计标高的工程确认单

第3章　砌筑工程

一、单项选择题

1. 工人在地面或楼层上砌墙（或其他作业），当砌到（　　　）高度后，必须搭设相应高度的脚手架，方能继续砌筑。

A. 0.8m　　　　　B. 1.2m　　　　　C. 1.6m　　　　　D. 1.8m

2. 扣件用于钢管之间的连接，（　　　）用于2根垂直交叉钢管的连接。

A. 直角扣件　　　B. 旋转扣件　　　C. 对接扣　　　D. 承插件

3. 目前使用的垂直运输设施一般能人货两用的是（　　　）。

A. 井架　　　　　B. 龙门架　　　　C. 施工电梯　　　D. 独脚提升架

4. 一般用作砌筑基础、地下室、多层建筑的下层等潮湿环境中的砂浆是（　　　）。

A. 水泥砂浆　　　B. 水泥混合砂浆

C. 石灰砂浆　　　D. 纸筋灰砂浆

5. 砌筑砂浆强度标准值应以标准养护龄期为28d的试块抗压试验结果为准。施工时每一楼层或（　　　）m³砌体中的各种设计强度等级的砂浆，每台搅拌机至少检查一次。

A. 100　　　　　B. 150　　　　　C. 200　　　　　D. 250

6. 砌筑时用"一块砖、一铲灰、一揉压"并随手将挤出的砂浆刮去的砌筑方法是（　　　）。

A. 摊大灰法　　　B. 刮浆法　　　C. 挤浆法　　　D. "三一"砌砖法

7. 砌筑中控制每皮砖和砖缝厚度，以及门窗洞口、过梁、楼板、预埋件等标高位置是用（　　　）控制的。

A. 抄平　　　　　B. 放线　　　　　C. 摆砖　　　　　D. 立皮数杆

8. 宽度小于（　　　）m的窗间墙，应选用整砖砌筑，半砖和破损的砖，应分散使用于墙心或受力较小部位。

A. 1.0　　　　　B. 1.2　　　　　C. 1.8　　　　　D. 2.0

9. 砌块砌筑施工的主要工序顺序是（　　　）。

A. 铺灰、砌块安装就位、镶砖、灌缝、校正

B. 铺灰、镶砖、砌块安装就位、灌缝、校正

C. 铺灰、砌块安装就位、灌缝、校正、镶砖

D. 铺灰、砌块安装就位、校正、灌缝、镶砖

10. 砌块密实度差，灰缝砂浆不饱满，特别是竖缝；墙体存在贯通性裂缝；门窗框固

定不牢，嵌缝不严等。这都是砌块砌体产生（　　）质量问题的主要原因。

    A. 砌体强度偏低、不稳定　　　　　　B. 墙体裂缝

    C. 墙面渗水　　　　　　　　　　　　D. 层高超高

11. 墙身砌筑高度超过 1.2m 时应搭设脚手架，同一块脚手板上的操作人员不得超过（　　）人。

    A. 1　　　　　　B. 2　　　　　　C. 3　　　　　　D. 4

12. 砂浆的稠度越大，说明砂浆的（　　）。

    A. 流水性越差　　B. 强度越高　　C. 保水性越好　　D. 黏结力越强

13. 砖墙水平灰缝的砂浆饱满度应达到（　　）以上。

    A. 90%　　　　　B. 80%　　　　　C. 75%　　　　　D. 70%

14. 砌砖墙留斜槎时，斜槎长度不应小于高度的（　　）。

    A. 1/2　　　　　B. 1/3　　　　　C. 2/3　　　　　D. 1/4

15. 砖砌体留直槎时应加设拉结筋，拉结筋沿墙高每（　　）设一层。

    A. 300mm　　　B. 500mm　　　C. 700mm　　　D. 1000mm

16. 砖墙的水平灰缝厚度和竖缝宽度，一般应为（　　）左右。

    A. 3mm　　　　B. 7mm　　　　C. 10mm　　　D. 15mm

17. 在砖墙中留设施工洞时，洞边距墙体交接处的距离不得小于（　　）。

    A. 240mm　　　B. 360mm　　　C. 500mm　　　D. 1000mm

18. 隔墙或填充墙的顶面与上层结构的接触处，宜（　　）。

    A. 用砂浆塞填　　　　　　　　　　　B. 用砖斜砌顶紧

    C. 用埋筋拉结　　　　　　　　　　　D. 用现浇混凝土连接

19. 某砖墙高度为 2.5m，在常温晴好天气时，最短允许（　　）砌完。

    A. 1 天　　　　　B. 2 天　　　　　C. 3 天　　　　　D. 5 天

20. 对于实心砖砌体，宜采用（　　）砌筑，容易保证灰缝饱满。

    A. "三一" 砖砌法　　　　　　　　　B. 挤浆法

    C. 刮浆法　　　　　　　　　　　　　D. 满后灰法

21. 设有钢筋混凝土构造柱的抗震多层砖房的施工顺序，正确的是（　　）。①绑扎钢筋；②立模板；③砌砖墙；④浇筑混凝土。

    A. ①②④③　　　　B. ①②③④　　　　C. ①③②④　　　D. ②①④③

二、多项选择题

1. 外脚手架既可用于外墙砌筑，又可用于外装修施工，其主要形式有（　　）。

    A. 角钢折叠式脚手架　　　　　　　　B. 多立杆式脚手架

    C. 桥式脚手架　　　　　　　　　　　D. 框式脚手架

    E. 支柱式脚手架

2. 框式脚手架由钢管制成的框架和（　　）等部分组成。

    A. 扣件　　　　　B. 水平撑　　　　C. 栏杆

    D. 三角架　　　　E. 底座

3. 下列部件中属于扣件式钢管脚手架的有（　　）。

A. 钢管　　　　　　　B. 吊环　　　　　　　C. 扣件

D. 底座　　　　　　　E. 脚手板

4. 悬挑式脚手架的支撑结构必须具有足够的（　　　　）。

A. 高度　　　　　　　B. 承载力　　　　　　C. 刚度

D. 宽度　　　　　　　E. 稳定性

5. 在砖墙组砌时，应用丁砖组砌的部位有（　　　　）。

A. 墙的台阶水平面上砖　　　　　　B. 砖墙最上一皮砖

C. 砖墙最下一皮砖　　　　　　　　D. 砖挑檐的腰线砖

E. 门洞侧边砖

6. 砖砌体的组砌原则有（　　　　）。

A. 砖块之间要错缝搭接　　　　　　B. 砖砌体表面不能出现游丁走缝

C. 砖砌体内、外不能有过长的通缝　　D. 砌筑时应尽量少砍砖

E. 要选择有利于提高生产率的砌筑方法

7. 井架随搭设高度需设置一定数量的缆风绳，要求（　　　　）。

A. 高度 15m 时，设一道缆风绳

B. 超过 15m，每增高 8～10m 增设一道缆风绳

C. 每道布置 4～6 根缆风绳

D. 缆风绳宜用直径为 7～9mm 钢丝绳（或 φ8 钢筋代用）

E. 缆风绳宜与地面成 60°夹角

8. 在受冻融和干湿交替部位的承重结构用砖，宜采用（　　　　）。

A. MU10 以下的黏土砖　　　　　　B. MU10 以上的黏土砖

C. MU10 以下的煤渣砖　　　　　　D. MU10 以上的煤渣砖

E. 黏土空心砖

9. 砌块按制作材料的不同，可分为（　　　　）。

A. 钢筋混凝土砌块　　　　　　　　B. 混凝土砌块

C. 轻混凝土空心砌块　　　　　　　D. 加气混凝土砌块

E. 粉煤灰硅酸盐密实砌块

10. 皮数杆是砌筑时控制砌体竖向尺寸的标志，同时还可以保证砌体的垂直度，一般立于（　　　　）。

A. 立于房屋的四大角　　　　　　　B. 立于内外墙交接处

C. 立于楼梯间以及洞口多的地方　　D. 每隔 2～5m 立一根

E. 立于槎口处

11. 抗震设防地区的建筑物基础墙的水平防潮层，宜采用（　　　　）。

A. 油毡防潮层　　　　　　　　　　B. 合成高分子卷材防潮层

C. 聚合物防水卷材防潮层　　　　　D. 防水砂浆防潮层

E. 细石混凝土防潮层

12. 不得在（　　　　）等部位留设脚手眼。

A. 过梁上与过梁成 60°角的三角形范围内

B. 宽度小于 0.5m 的窗间墙中

C. 梁或梁垫下及其左右各 500mm 的范围内

D. 砖砌体的门窗洞口两侧 150mm（石砌体为 600mm）的范围内

E. 半砖墙中

13. 施工时需在砖墙中留置的临时洞口，要求（　　）。

A. 侧边离交接处的墙面不应小于 500mm

B. 洞口净宽度不应超过 1m

C. 洞口顶部宜设置过梁

D. 应用丁砖砌筑

E. 抗震设防烈度为 9 度地区，临时洞口的留置应会同设计单位研究确定

14. 砖墙每天砌筑高度以不超过（　　）为宜，雨期施工时，每天砌筑高度不宜超过（　　）。

A. 1.2m　　　　　B. 1.4m　　　　　C. 1.6m

D. 1.8m　　　　　E. 2.0m

15. 砖砌体工作段的分段位置宜设在（　　）。

A. 伸缩缝处　　　B. 沉降缝处　　　C. 防震缝处

D. 门窗洞口处　　E. 内外墙交接处

16. 钢筋砖过梁其构造要求正确的是（　　）。

A. 底部配置 $2\phi 6 \sim 2\phi 8$ 钢筋

B. 两端伸入墙内不应少于 120mm

C. 并有 90° 弯钩埋入墙的竖缝内

D. 在过梁的不少于六皮砖高度范围内，应用 M5.0 砂浆砌筑

E. 在过梁跨度的 1/4 高度范围内，应用 M5.0 砂浆砌筑

17. 砌块施工的主要工序有（　　）等。

A. 铺灰　　　　　B. 吊砌块就位　　C. 校正

D. 勾缝　　　　　E. 镶砖

18. 砖砌体的质量通病有（　　）。

A. 砂浆强度不稳定　　　　　　B. 砌体组砌方法错误

C. 灰缝砂浆不饱满　　　　　　D. 墙面游丁走缝

E. 层高超高

19. 砌筑过程中必须采取适当的安全措施，在砌筑过程中，应注意（　　）。

A. 严禁站在墙顶上作业

B. 砍砖时应面向外打

C. 脚手架上堆砖高度不得超过三皮砖

D. 脚手架上堆料不得超过规定荷载

E. 同一块脚手板上的操作人员不得超过一人

三、判断题

1. 直角扣件用于两根任意交叉钢管的连接。　　　　　　　　　　　　　　（　　）

2. 在脚手架的操作层上，应设置护身栏杆和挡脚板，栏杆高度一般为 0.7～0.9m。

（　　）

3. 高层建筑在搭外脚手架时，可在脚手架外表面挂竖向安全网，在作业层的脚手板下应平挂安全网。

（　　）

4. 对多立杆式脚手架，施工均布活荷载标准值规定为：维修和装饰脚手架为 1kN/m²，结构脚手架为 3kN/m²。

（　　）

5. 井架超过 15m 时，每增高 6～8m 增设一道缆风绳，每道布置 2～3 根缆风绳。（　　）

6. 承重结构用砖，其强度等级不宜低于 MU10。

（　　）

7. 混合砂浆具有较好的和易性，尤其是保水性，常用作砌筑地面以上的砖石砌体。

（　　）

8. 挤浆法：用灰勺、大铲或铺灰器在墙顶上铺一段砂浆，然后双手拿砖或单手拿砖，用砖挤入砂浆中一定厚度之后把砖放平，达到下齐边、上齐线、横平竖直的要求。（　　）

9. 皮数杆是指在其上划有每皮砖和砖缝厚度，以及门窗洞口、过梁、楼板、预埋件等标高位置的一种木制标杆。

（　　）

10. 砌一砖厚以上的砖墙必须双面挂线。

（　　）

11. 基础墙的防潮层，如设计无具体要求，宜用 1：3 的水泥砂浆加适量的防水剂铺设，其厚度一般为 20mm。

12. 非抗震设防及抗震设防烈度为 6 度、7 度地区，如临时间断处留斜槎确有困难，除转角处外，也可以留直槎，但必须做成阳槎，并加设拉结筋。

（　　）

13. 宽度小于 1m 的窗间墙，应选用整砖砌筑，半砖和破损的砖，应分散使用于墙心或力较小部位。

（　　）

14. 设有钢筋混凝土构造柱的抗震多层砖房砖墙应砌成马牙槎，每一马牙槎沿高度方向的尺寸不超过 300mm，马牙槎从每层柱脚开始，应先进后退砌筑。

（　　）

15. 雨期施工时，砖墙每天砌筑高度以不超过 1.8m 为宜。

（　　）

四、计算题或案例分析题

（一）某多层住宅工程，位于 6 度抗震设防区，共 5 层，层高 3m，坡屋面。基础为钢筋混凝土条形基础，基础墙采用 MU15 的烧结普通标准砖砌筑，上部墙体采用 MU15 的烧结多孔砖砌筑，所用的砂浆有 M10 的水泥砂浆和 M7.5 的混合砂浆。砌筑时外部采用了扣件式钢管脚手架，里面采用了角钢折叠式里脚手架。楼板和梁用 C30 混凝土现浇的，屋面为钢筋混凝土坡屋面。整个工程历时 280d 完成，施工良好，无安全事故发生。

1. 扣件式钢管脚手架的基本组成部分有（　　）。

A. 标准的钢管杆件（立杆、横杆、斜杆）

B. 特制扣件

C. 脚手板

D. 防护构件

E. 防雷装置

2. 角钢折叠式里脚手架的架设间距，砌墙时宜为（　　）。

A. 1.0～2.0m　　　B. 1.0～3.0m　　　C. 2.0～2.4m　　D. 2.2～2.5m

3. 砖在砌筑前应提前 1～2 天浇水湿润，以使砂浆和砖能很好地粘结。严禁砌筑前临时浇水，以免因砖表面存有水膜而影响砌体质量。检查含水率的最简易方法是现场断砖，砖截面周围融水深度（　　　）视为符合要求。

A. 10～20mm　　　B. 15～20mm　　　C. 20～25mm　　　D. 15～25mm

4. 该工程的砖砌体采用（　　　）的砌筑方法较好。

A. "三一" 砌砖法　B. 挤浆法　　　　C. 抹浆法　　　　D. 刮浆法

5. 该砌筑工程质量的基本要求有（　　　）。

A. 横平竖直　　　　　　　　　B. 砂浆饱满、灰缝均匀

C. 上下错缝　　　　　　　　　D. 内外搭砌、接槎牢固

E. 美观经济

6. 该工程构造柱处的砌筑要求有（　　　）。

A. 砌成马牙槎，每 300mm 为一个槎口

B. 先退后进砌

C. 先进后退砌

D. 每 500mm 设 2Φ6 拉接筋（一砖墙）

E. 拉接筋伸出槎口 500mm

（二）某工程采用的砌筑砂浆强度为 M10，施工过程中共收集到 6 组砂浆试块，实测强度（MPa）分别为：11.0、8.8、12.6、12.0、9.97、12.8，且砂浆试块的取样、制作和养护等均符合要求，试回答以下问题（按现行规范答题）：

7. 砂浆试块一般每砌（　　　）m³ 砌体制作一组。

A. 200　　　　　B. 250　　　　　C. 300　　　　　D. 500

8. 砂浆试块一组（　　　）块。

A. 2　　　　　　B. 3　　　　　　C. 5　　　　　　D. 6

9. 当一组砂浆试块中的三个试件的最大值或最小值与中间值的差超过中间值的 15% 时，应以（　　　）值作为该组试件的抗压强度代表值。

A. 最小　　　　　B. 最大　　　　　C. 中间　　　　　D. 任意

10. 当施工中或验收时出现（　　　）情况，可采用现场检验方法对砂浆和砌体强度进行原位检测或取样检测，并判定其强度。

A. 砂浆试块缺乏代表性或试块数量不足

B. 对砂浆试块的试验结果有怀疑或有争议

C. 砂浆试块的试验结果不能满足设计要求

D. 砂浆试块超过龄期

E. 砂浆试块的强度超过了设计要求

11. 该工程的砂浆试块的平均值为（　　　）。

A. 10.5　　　　　B. 10.7　　　　　C. 11.2　　　　　D. 11.8

12. 该工程砂浆试块的最小强度值为（　　　）。

A. 8.8　　　　　B. 9.97　　　　　C. 11.0　　　　　D. 12.0

13. 该工程砂浆的强度可评定为（　　　）。

A. 合格　　　　　B. 不合格

14. 砌筑砂浆的分层度不得大于（　　）。

A. 10mm　　　　　B. 20mm　　　　　C. 30mm　　　　　D. 50mm

15. 该工程砂浆的含泥量一般不得超过（　　）。

A. 3%　　　　　B. 5%　　　　　C. 8%　　　　　D. 10%

16. 干拌砌筑砂浆的表示符号 DMM－10－90－PO，其中的 90 表示砂浆的（　　）。

A. 水泥用量　　　B. 强度等级　　　C. 稠度　　　D. 分层度

（三）某市有一新建住宅小区工程，全部为砖混结构，建筑层数 3－6 层，部分为砖基础，部分为砌石基础。施工组织设计拟采用现场拌制砂浆，砂浆配合比由当地有资质的试验室出具，现场机械搅拌。

17. 根据皮数杆确定最下面一层砖或毛石的标高时，应拉线检查基础垫层表面标高是否合适，若第一层毛石的水平灰缝大于（　　）时，应用细石混凝土进行找平，不得用砂浆或砂浆中掺细砖或碎石处理。

A. 20mm　　　　　B. 30mm　　　　　C. 40mm　　　　　D. 50mm

18. 石基础砌筑时，应双挂线，分层砌筑，每层高度一般为（　　）。

A. 25～35cm　　　B. 30～40cm　　　C. 35～45cm　　　D. 40～50cm

19. 若施工时气温高达到 30℃时，按相关规范规定，水泥砂浆应在（　　）内使用完毕。

A. 2h　　　　　B. 3h　　　　　C. 4h　　　　　D. 5h

20. 以下关于砌筑施工的说法，不正确的是（　　）。

A. 砌体砂浆的取样频率为 250m³ 砌体取样一组

B. 常温施工时，砌筑前一天应将砖、石浇水润透

C. 砖基础水平灰缝厚度宜为 10mm

D. 水平灰缝砂浆饱满度不得小于 80%

21. 砖基础砌筑时，若采用间隔式大放脚砌筑，正确做法是每砌两皮及一皮砖，轮流两边各收进（　　）砖长。

A. 1/4　　　　　B. 1/3　　　　　C. 3/4　　　　　D. 1

22. 湿拌砌筑砂浆的表示符号 WMM－10－90－12－PO，其中的 12 表示砂浆的（　　）。

A. 凝结时间　　　B. 强度等级　　　C. 稠度　　　D. 分层度

第 4 章　钢筋混凝土工程

一、单项选择题

1. 跨度 1.5m 的现浇板钢筋混凝土平台板的底模板，拆除时所需的混凝土强度为设计要求混凝土立方体抗压强度标准值的（　　）。

A. 25%　　　　　B. 50%　　　　　C. 75%　　　　　D. 100%

2. 某现浇混凝土悬挑阳台，混凝土强度为 C30，悬挑长度为 1.5m，当混凝土强度至少达到（　　）时方可拆除底模板。

A. 30N/mm² 　　B. 22.5N/mm² 　　C. 21N/mm² 　　D. 15N/mm²

3. 框架结构模板的拆除顺序一般是（ 　　）。

A. 柱→楼板→梁侧板→梁底板 　　　　B. 梁侧板→梁底板→楼板→柱

C. 柱→梁侧板→梁底板→楼板 　　　　D. 梁底板→梁侧板→楼板→柱

4. 混凝土必须养护至其强度达到（ 　）时，才能够在其上行人或安装模板支架。

A. 1.2MPa 　　B. 1.8MPa 　　C. 2.4MPa 　　D. 3MPa

5. 某梁的跨度为 6m。采用钢模板、钢支柱支模时，其跨中起拱高度可为（ 　　）。

A. 1mm 　　B. 2mm 　　C. 4mm 　　D. 8mm

6. 某混凝土梁的跨度为 6.3m，采用木模板、钢支柱支模时其跨中起拱高度可为
（ 　　）。

A. 1mm 　　　　B. 2mm 　　　　C. 4mm 　　　　D. 12mm

7. 某混凝土梁的受拉钢筋图纸上原设计用 Φ12 钢筋（HRB335），现准备用 Φ20 钢筋
（HRB335）代换，应按（ 　　）原则进行代换。

A. 钢筋强度相等 　　　　　　　　B. 钢筋面积相等

C. 钢筋面积不小于代换前的面积 　　D. 钢筋受拉承载力设计值相等

8. 根据结构进行翻样，分别计算构件各钢筋的直线下料长度、根数及重量，编出钢
筋配料单，属于（ 　　）工作。

A. 钢筋备料 　　B. 钢筋配料 　　C. 钢筋加工 　　D. 钢筋绑扎

9. （ 　　）用于现浇钢筋混凝土结构构件内竖向或斜向（倾斜度在 4∶1 的范围内）
钢筋的焊接。

A. 闪光对焊 　　B. 电渣压力焊 　　C. 电阻点焊 　　D. 三个都可以

10. （ 　　）主要用于小直径钢筋的交叉连接，如用来焊接钢筋网片、钢筋骨架等。

A. 闪光对焊 　　　　B. 电渣压力焊 　　C. 电阻点焊 　　D. 气压焊

11. 6 根 Φ10（HPB300）钢筋代换成 Φ6（HPB300）钢筋，代换后的数量应为
（ 　　）。

A. 10Φ6 　　　　B. 13Φ6 　　　　C. 17Φ6 　　　　D. 21Φ6

12. 某梁纵向受力钢筋为 5 根直径为 20mm 的 HRB335 级钢筋（抗拉强度为 300N/
mm²），现在拟用直径为 25mm 的 HPB300 级钢筋（抗拉强度为 270N/mm²）代换，代换
后的钢筋根数为（ 　　）。

A. 3 根 　　　　B. 4 根 　　　　C. 5 根 　　　　D. 6 根

13. 混凝土搅拌机按搅拌原理可分为（ 　　）式和强制式两类。

A. 简易 　　　　B. 附着 　　　　C. 自落 　　　　D. 便携

14. 搅拌塑性混凝土宜采用（ 　　）。

A. 涡桨式强制搅拌机 　　　　　　B. 行星式强制搅拌机

C. 立轴式搅拌机 　　　　　　　　D. 双锥反转出料式搅拌机

15. 采用一次投料法在投料斗中投料时，投料顺序为（ 　　）。

A. 砂、石、水泥 　　　　　　　　B. 水泥、砂、石

C. 砂、水泥、石 　　　　　　　　D. 石、水泥、砂

16. 采用泵送混凝土工艺时，水泥用量不宜过少，否则泵送阻力增大，最小水泥用量

为（　　）kg/m³，水灰比宜为 0.4～0.6。

 A. 200   B. 250   C. 300   D. 400

17. 浇筑混凝土时，自高处倾落的自由高度不应超过（　　）m。

 A. 1   B. 1.5   C. 2   D. 3

18. 混凝土在运输时不应产生离析、分层现象，如有离析现象，则必须在浇筑混凝土前进行（　　）。

 A. 加水   B. 二次搅拌

 C. 二次配合比设计   D. 振捣

19. 柱的施工缝留设不正确的是（　　）。

 A. 基础的顶面   B. 吊车梁的下面

 C. 吊车梁的上面   D. 无梁楼盖柱帽的下面

20. 混凝土构件的施工缝的留设位置不正确的是（　　）。

 A. 柱应留在基础的顶面、梁或吊车梁牛腿的下面、无梁楼盖柱帽的下面

 B. 双向受力板、拱、薄壳应按设计要求留设

 C. 单向板留置在平行于板的长边任何位置

 D. 有主次梁的留置在次梁跨中的 1/3 范围内

21. 开始浇筑柱子时，底部应先浇筑一层厚（　　）。

 A. 5～10mm 相同成分的细石混凝土

 B. 5～10mm 相同成分的水泥砂浆或水泥浆

 C. 50～100mm 相同成分的细石混凝土

 D. 50～100mm 相同成分的水泥砂浆或水泥浆

22. 大体积混凝土浇筑时，若结构的长度超过厚度 3 倍时，可采用（　　）的浇筑方案。

 A. 全面分层 B. 分段分层 C. 斜面分层 D. 分部分层

23. 大体积混凝土结构采用分段分层施工时，要求次段混凝土应在前段混凝土（　　）浇筑并捣实。

 A. 初凝前 B. 初凝后 C. 终凝前 D. 终凝后

24. 下列措施中，（　　）不能起到控制大体积混凝土结构因水泥水化热而产生的温升。

 A. 采用矿渣硅酸盐水泥   B. 掺入适量的粉煤灰替代部分水泥

 C. 掺加减水剂（木质素磺酸钙） D. 采用高强度等级水泥

25. 后浇带处的混凝土，宜用（　　），强度等级宜比原结构的混凝土提高 5～10N/mm²，并保持不少于 15d 的潮湿养护。

 A. 细石混凝土   B. 微膨胀混凝土

 C. 抗冻混凝土   D. 高性能混凝土

26. 普通硅酸盐水泥配制的混凝土，若采用洒水养护，养护时间不少于（　　）d。

 A. 3   B. 7   C. 14   D. 28

27. 搅拌混凝土时，为了保证按配合比投料，要按砂石实际（　　）进行修正，调整以后的配合比称为施工配合比。

A. 含泥量　　　　B. 称量误差　　　C. 含水量　　　D. 粒径

28. 浇筑柱子混凝土时，其根部应先浇一层 50～100mm 厚的水泥砂浆，是为了防止（　　）质量缺陷。

A. 空洞　　　　　B. 麻面　　　　　C. 蜂窝　　　　D. 烂根

29. 浇筑混凝土时，自由倾落高度不应超过 2m，为了避免混凝土产生（　　）质量缺陷。

A. 流动性变差　　B. 保水性变差　　C. 黏聚性变差　　D. 分层离析

30. 当混凝土浇筑高度超过（　　）时，应采取串筒、溜槽或振动串筒下落。

A. 2m　　　　　　B. 3m　　　　　　C. 4m　　　　　D. 5m

31. 某 C25 混凝土在 30℃时初凝时间为 210min，若混凝土运输时间为 60min，则混凝土浇筑和间歇的最长时间应是（　　）。

A. 120min　　　　B. 150min　　　　C. 180min　　　D. 90min

32. 硅酸盐水泥拌制的防水混凝土，养护时间不应少于（　　）。

A. 14 天　　　　　B. 21 天　　　　　C. 7 天　　　　D. 28 天

33. 蒸汽养护的混凝土构件出池后，表面温度与外界温差不得大于（　　）。

A. 10℃　　　　　B. 20℃　　　　　C. 30℃　　　　D. 40℃

34. 在梁板柱等结构的接缝和施工缝处产生"烂根"的原因之一是（　　）。

A. 混凝土强度偏低　　　　　　　B. 养护时间不足

C. 配筋不足　　　　　　　　　　D. 接缝出模板拼缝不严，漏浆

35. 当梁的高度大于（　　）时，可单独浇筑。

A. 0.5m　　　　　B. 0.8m　　　　　C. 1m　　　　　D. 1.2m

36. 在浇筑与柱和墙连成整体的梁和板时，应在柱和墙浇筑完毕后停歇（　　），使其获得初步沉实后，再继续浇筑梁和板。

A. 1～2h　　　　　B. 1～1.5h　　　　C. 0.5～1h　　　D. 1～2h

37. 所谓混凝土的自然养护，是指在平均气温不低于（　　）条件下，在规定时间内使混凝土保持足够的湿润状态。

A. 0℃　　　　　　B. 3℃　　　　　　C. 5℃　　　　D. 10℃

38. 冬期施工中，混凝土入模温度不得低于（　　）。

A. 0℃　　　　　　B. 3℃　　　　　　C. 5℃　　　　D. 10℃

39. 冬期施工中，配制混凝土用的水泥强度等级不应低于（　　）。

A. 32.5　　　　　B. 42.5　　　　　C. 52.5　　　　D. 62.5

40. 冬期施工中，配制混凝土用的水泥用量不应少于（　　）。

A. 300kg/m³　　　B. 310kg/m³　　　C. 320kg/m³　　D. 330kg/m³

二、多项选择题

1. 模板是现浇混凝土成型用的模具，要求它（　　）。

A. 能保证结构和构件的形状、尺寸的准确

B. 具有足够的承载能力、刚度和稳定性

C. 能可靠地承受浇筑混凝土时的重量、侧压力和施工荷载

D. 装拆方便，能多次周转使用

E. 接缝整齐

2. 木模板主要优点有（　　）。

A. 制作方便　　　　B. 拼装随意　　　　C. 通用性较强

D. 轻便灵活　　　　E. 导热系数小

3. 模板以及其支架应有足够的强度、刚度和稳定性，能可靠的承受（　　）。

A. 浇筑混凝土的重量　　　　　　　B. 浇筑混凝土的侧压力

C. 建筑设计荷载　　　　　　　　　D. 施工荷载

E. 建筑使用荷载

4. 关于拆除模板时的混凝土强度，以下说法正确的有（　　）。

A. 与水泥品种、混凝土配合比有关

B. 应达到混凝土设计强度等级

C. 当设计无要求时，应符合国家的规定

D. 与构件类型有关

E. 应符合设计要求

5. 同一连接区段内，纵向受拉钢筋绑扎搭接接头面积百分率应符合设计要求；当设计无具体要求时，应符合（　　）的规定。

A. 对梁类、板类构件不宜大于 25%

B. 对墙类构件不宜大于 25%

C. 当工程中确有必要增大接头面积百分率时，对梁类构件不应大于 50%

D. 对柱类构件不宜大于 25%

E. 钢筋绑扎搭接接头连接区段的长度为 1.3 倍的搭接长度

6. 电渣压力焊的工艺参数为（　　），根据钢筋直径选择，钢筋直径不同时，根据较小直径的钢筋选择参数。

A. 焊接电流　　　B. 渣池电压　　　C. 造渣时间

D. 通电时间　　　E. 变压器的级数

7. 电渣压力焊的（　　）应连续进行。

A. 引弧　　　　　B. 稳弧　　　　　C. 预热

D. 顶锻　　　　　E. 闪光

8. 钢筋套筒挤压连接的工艺参数，主要有（　　），压接顺序应从中间隧道向两端压接。

A. 压接顺序　　　B. 压接力　　　　C. 压接道数

D. 压接时间　　　E. 压接温度

9. 钢筋直螺纹连接方法的优点是（　　）。

A. 丝扣松动对接头强度影响小

B. 应用范围广

C. 不受气候影响

D. 扭紧力矩不准对接头强度影响小

E. 现场操作工序简单、速度快

10. 钢筋现场代换的原则有（   ）。

A. 等面积代换   B. 等应力代换

C. 等刚度代换   D. 等间距代换

E. 等强度代换

11. 钢筋常用的焊接方法有（   ）。

A. 熔焊   B. 钎焊   C. 电弧焊

D. 电渣压力焊   E. 闪光对焊

12. 为了获得质量优良的混凝土拌合物，必须确定合理的搅拌制度，即确定：（   ）。

A. 搅拌时间   B. 投料顺序   C. 进料容量

D. 出料容量   E. 出料时间

13. 对混凝土拌合物运输的基本要求是（   ）。

A. 不产生离析现象

B. 保证浇筑时有规定的坍落度

C. 不吸水、不漏浆

D. 在混凝土终凝之前能有充分时间进行浇筑、捣实

E. 在混凝土终凝之前能有充分时间进行养护

14. 泵送混凝土进行输送管线布置时，应（   ），以减少压力损失。

A. 尽可能弯   B. 转弯要缓   C. 管段接头要严

D. 多用锥形管   E. 最好用布料杆

15. 混凝土结构施工缝的留置要求，正确的有（   ）。

A. 柱子宜留在基础顶面   B. 可留在主梁跨中 1/3 跨度范围内

C. 可留在无梁楼盖柱帽的下面   D. 墙可留在门洞口过梁跨中 1/2 范围内

E. 可留在单向板平行于短边 1m 处

16. 跨度为 2m，长度为 6m 的现浇板，施工缝宜留在（   ）的位置。

A. 平行于板短边 1m   B. 平行于板短边 2m

C. 平行于板短边 3m   D. 平行于板长边 1m

E. 平行于板长边 1.5m

17. 大体积混凝土结构浇筑方案有（   ）几种。

A. 全面分层   B. 全面分段

C. 分段分层   D. 斜面分段分层

E. 斜面分层

18. 为控制大体积混凝土结构因水泥水化热而产生的温升，可以（   ）的措施。

A. 采用硅酸盐水泥   B. 利用混凝土后期强度

C. 掺入粉煤灰外掺料   D. 采用细砂拌制

E. 掺入木质素磺酸钙

19. 后浇带处的混凝土浇筑时（   ）。

A. 宜用微膨胀混凝土

B. 强度宜比原结构提高 10%

C. 强度宜比原结构提高 5～10N/mm²

D. 保持不少于 7d 的潮湿养护

E. 保持不少于 15d 的潮湿养护

20. 钢筋混凝土结构的施工缝，宜留置在（　　）。

A. 剪力较小位置　　　　　　　　B. 便于施工位置

C. 弯矩较小位置　　　　　　　　D. 两构件接点处

E. 剪力较大位置

21. 施工中可能造成混凝土强度降低的因素有（　　）。

A. 水胶比过大　　　　　　　　　B. 养护时间不足

C. 混凝土产生离析　　　　　　　D. 振捣时间短

E. 养护时洒水过多

22. 控制大体积混凝土裂缝的方法（　　）。

A. 优先选用低水化热的水泥　　　B. 在保证强度的前提条件下，降低水灰比

C. 控制混凝土内外温差　　　　　D. 增加水泥用量

E. 及时对混凝土覆盖保温、保湿材料

23. 对大体积混凝土进行"二次振捣"的目的是（　　）。

A. 降低水化热　　　　　　　　　B. 提高混凝土与钢筋的握裹力

C. 增加混凝土的密实度　　　　　D. 提高混凝土抗压强度

E. 提高抗裂度

24. 施工中混凝土结构产生裂缝的原因有（　　）。

A. 接缝处模板拼缝不严，漏浆　　B. 模板局部沉浆

C. 拆模过早　　　　　　　　　　D. 养护时间过短

E. 混凝土养护期间内部与表面温差过大

25. 填充后浇带混凝土时，要求（　　）。

A. 强度比原结构强度提高一级

B. 最好选在主体收缩状态

C. 在室内正常的施工条件下后浇带间距为 30m

D. 不宜采用无收缩水泥

E. 宜采用微膨胀水泥

26. 混凝土结构表面损伤，缺棱掉角产生的原因有（　　）。

A. 浇筑混凝土顺序不当，造成模板倾斜

B. 模板表面未涂隔离剂，模板表面未处理干净

C. 振捣不良，边角处未振实

D. 模板表面不平，翘曲变形

E. 模板接缝处不平整

27. 与碱骨料反应有关的因素有（　　）。

A. 水泥的含碱量过高　　　　　　B. 环境湿度大

C. 空气中二氧化碳的浓度低　　　D. 混凝土中的氯离子含量

E. 骨料中含有碱活性矿物成分

28. 混凝土质量缺陷的处理方法有（　　　）。

A. 表面抹浆修补　　　　　　　　B. 敲掉重新浇筑混凝土

C. 细石混凝土填补　　　　　　　D. 水泥灌浆

E. 化学灌浆

29. 二次投料法与一次投料法相比，所具有的优点有（　　　）。

A. 不易产生离析　　　　　　　　B. 强度提高

C. 节约水泥　　　　　　　　　　D. 生产效率高

E. 和易性好

30. 混凝土冬季施工养护期间加热的方法包括（　　　）。

A. 蓄热法　　　　　　　　　　　B. 掺化学外加剂法

C. 蒸汽加热法　　　　　　　　　D. 暖棚法

E. 电极加热法

三、判断题

1. 在普通混凝土中，轴心受拉及小偏心受拉杆件（如桁架和拱的拉杆）的纵向受力钢筋宜采用绑扎搭接连接。　　　　　　　　　　　　　　　　　　　　（　　）

2. 钢筋套筒挤压连接的挤压顺序，应从两端逐步向中间压接。　　　　　（　　）

3. 自落式搅拌机宜用于搅拌干硬性混凝土和轻骨料混凝土。　　　　　　（　　）

4. 搅拌时间是指从原材料全部投入搅拌筒时起，到全部卸出时为止所经历的时间。
　　　　　　　　　　　　　　　　　　　　　　　　　　　　　　　　　（　　）

5. 用裹砂石法混凝土搅拌工艺搅拌混凝土时，先将全部的石子、砂和 70％的拌合水倒入搅拌机，拌合 60s（秒）使骨料湿润，再倒入全部水泥进行造壳搅拌 30s（秒）左右，然后加入 30％的拌合水再进行糊化搅拌 15s（秒）左右即完成。　　　　（　　）

6. 在施工缝处继续浇筑混凝土时，待已浇筑的混凝土的强度不低于 $1.2N/mm^2$ 时才允许继续浇筑。　　　　　　　　　　　　　　　　　　　　　　　　　　　（　　）

7. 梁和板一般同时浇筑，从一端开始向前推进。只有当梁高大于 1m 时才允许将梁单独浇筑，此时的施工缝留在楼板板面下 20～30mm 处。　　　　　　　　　（　　）

8. 自然养护，即在平均气温高于 0℃的条件下于一定时间内使混凝土保持湿润状态的方法。　　　　　　　　　　　　　　　　　　　　　　　　　　　　　　　（　　）

9. "后浇带"的保留时间视其作用而定一般不宜少于 28d，有的要到结构封顶再浇筑。　　　　　　　　　　　　　　　　　　　　　　　　　　　　　　　　　（　　）

10. 下雪或下雨时不得露天施焊，构件焊区表面潮湿或冰雪没有清除前不得施焊，风速超过或等于 4m/s（CO_2 保护焊风速 2m/s），应采取挡风措施。　　　　　（　　）

四、计算题或案例分析题

（一）某抗震区钢筋混凝土梁的配筋图如下图所示，其中钢筋保护层厚为 20mm，钢筋弯起角度均为 45°，试进行钢筋下料长度的计算（按现行规范计算）。

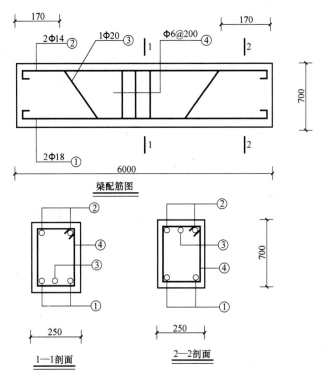

梁配筋图

1—1剖面

2—2剖面

计算资料：

钢筋的量度差近似值及钢筋弯钩增加长度

钢筋弯起角度	30°	45°	60°	90°	135°	180°
量度差近似值	0.3d	0.5d	1d	2d	3d	—
弯钩增加长度	—	—	—	3.5d	4.9d	6.25d

箍筋调整值表

箍筋直径(mm)	4～5	6	8	10～12
量外包时(mm)	40	50	60	70
量内包时(mm)	80	100	120	150～170

1. ②号钢筋的计算简图为（　　　）。

A. B.

C. D.

2. ②号钢筋的下料长度为（　　　）。

A. 5505mm　　B. 5650mm　　C. 5775mm　　D. 6000mm

3. ③号钢筋的计算简图为（　　　）。

A. B.

C. D.

4. ③号钢筋的直段长度为（　　　）。

  A. 4505mm　　　B. 4664mm　　　C. 4754mm　　　D. 6000mm

5. ③号钢筋的斜段长度为（　　　）。

  A. 648mm　　　B. 660mm　　　C. 916mm　　　D. 986mm

6. ③号钢筋的下料长度为（　　　）。

  A. 6000mm　　　B. 6488mm　　　C. 6538mm　　　D. 6706mm

7. ④号钢筋弯钩平直部分的长度为（　　　）。

  A. $3d$　　　B. $5d$　　　C. $10d$　　　D. 100mm

8. ④号钢筋的下料长度为（　　　）。（量外包，按箍筋下料调整值计算）

  A. 1790mm　　　B. 1838mm　　　C. 1910mm　　　D. 1980mm

（二）某工程的钢筋混凝土剪力墙的厚度为200mm，采用大模板施工，模板高度为2.6m，现场施工条件为：混凝土温度为20℃，浇筑速度为1.4m/h，混凝土的坍落度为60mm，不掺外加剂，向模板倾倒混凝土时产生的水平荷载 Q_{3K} 为 6kN/m²，振捣混凝土时的水平荷载 Q_{2K} 为 4kN/m²。

试确定下面关于模板的有关问题：

9. 模板及其支架应具有足够的（　　　），能可靠地承受浇筑混凝土的重量、侧压力以及施工荷载。

  A. 承载能力　　　B. 刚度　　　　　C. 稳定性

  D. 变形能力　　　E. 美观性

10. 在计算模板及支架时，主要考虑下列荷载有（　　　）。

  A. 模板及支架自重，浇筑混凝土的重量，钢筋重量

  B. 施工人员及施工设备重量在水平投影面上的荷载

  C. 振捣混凝土时产生的荷载

  D. 新浇筑混凝土对模板的侧压力

  E. 倾倒混凝土时对垂直面模板产生的水平荷载及雪荷载

11. 该工程新浇混凝土对大模板产生的侧压力为（　　　）。

  A. 33.6kN/m²　B. 34.1kN/m²　C. 35.7kN/m²　D. 62.4kN/m²

12. 上述侧压力呈三角形分布，且有效压头高度 h 为（　　　）。

  A. 1.58m　　　B. 1.68m　　　C. 1.78m　　　D. 1.88m

13. 计算该大模板强度时的荷载组合值为（　　　）。

  A. 35.7kN/m²　　　　　　　　B. 42.84kN/m²

  C. 48.24kN/m²　　　　　　　 D. 50.64kN/m²

14. 计算该大模板刚度时的荷载组合值为（　　　）。

  A. 35.7kN/m²　　　　　　　　B. 42.84kN/m²

  C. 43.24kN/m²　　　　　　　 D. 44.68kN/m²

（三）某工程现浇钢筋混凝土肋梁楼板，板的厚度为200mm，梁的高度为700mm，混凝土设计强度等级为C30，在施工过程中共收集到试块10组，其中前6组的试验结果如下表所示，试根据目前情况确定每组试块的强度代表值。

试件组号	试件尺寸	龄期	第一块	第二块	第三块	强度代表值
1	150×150×150	28d	31.0MPa	32.0MPa	36.0MPa	
2	150×150×150	28d	26.5MPa	32.5MPa	37.9MPa	
3	150×150×150	28d	28.5MPa	31.5MPa	36.6MPa	
4	150×150×150	28d	25.8MPa	30.5MPa	34.9MPa	
5	200×200×200	28d	26.2MPa	28.5MPa	30.5MPa	
6	100×100×100	28d	21.8MPa	24.5MPa	26.9MPa	

15. 测定混凝土强度的标准试块尺寸为（　　）mm^3。

A. 50×50×50

B. 100×100×100

C. 150×150×150

D. 200×200×200

16. 第1组试件的强度代表值为（　　）。

A. 31.0MPa

B. 32.0MPa

C. 33.0MPa

D. 不作为强度评定的依据

17. 第2组试件的强度代表值为（　　）。

A. 26.5MPa

B. 32.5MPa

C. 37.9MPa

D. 不作为强度评定的依据

18. 第3组试件的强度代表值为（　　）。

A. 28.5MPa

B. 31.5MPa

C. 32.2MPa

D. 不作为强度评定的依据

19. 第4组试件的强度代表值为（　　）。

A. 25.8MPa

B. 30.4MPa

C. 30.5MPa

D. 不作为强度评定的依据

20. 第5组试件的强度代表值为（　　）。

A. 28.4MPa

B. 28.5MPa

C. 29.8MPa

D. 不作为强度评定的依据

（四）某大梁采用C20混凝土，实验室配合比提供的每立方米混凝土的材料用量：水泥为300kg/m^3，砂子为700kg/m^3，石子为1400kg/m^3，水胶比 W/B＝0.60。现场实测砂子含水率为3％，石子含水率为1％。现拟采用JZ350型搅拌机拌制（每拌的出料容量为350升），使用50kg袋装水泥，水泥整袋投入搅拌机试计算以下问题（计算结果四舍五入取整数）：

21. 测定实验室配合比时的砂石是（　　）。

A. 粗细均匀的

B. 潮湿的

C. 干燥的

D. 细度模数相同的

22. 该工程混凝土的施工配合比可调整为（　　）。

A. 1：2.33：4.67

B. 1：2.40：4.72

C. 1：2.54：4.82

D. 1：2.64：4.95

23. 每搅拌一次水泥的用量为（　　）（按50kg的整倍取值）

A. 50kg

B. 100kg

C. 150kg

D. 200kg

24. 每搅拌一次砂的用量为（　　）。

A. 210kg   B. 230kg   C. 233kg   D. 240kg

25. 每搅拌一次石的用量为（   ）。

A. 415kg   B. 460kg   C. 472kg   D. 480kg

26. 每搅拌一次需要加的水为（   ）。

A. 38kg   B. 40kg   C. 48kg   D. 60kg

（五）某工程混凝土楼板设计强度等级为 C30，一个验收批中混凝土标准养护试块为 10 组，试块取样、试压等符合国家验收规范的有关规定，各组试块的强度代表值分别为（MPa）：36.5、38.1、29.4、28.5、28.8、32.5、315、37.1、29.2、31.3。

试按现行规范评定该工程混凝土的强度。相关验算公式如下：

$$(\lambda_1 = 1.15;\ \lambda_2 = 0.90;\ mf_{cu} \geq f_{cu,k} + \lambda_1 Sf_{cu};\ f_{cu,min} \geq \lambda_2 f_{cu,k};\ S_{fcu} =$$

$$\sqrt{\frac{\sum\limits_{i=1}^{n} f_{cu,i}^2 - nm_{f_{cu}}^2}{n-1}}\ )$$

27. 求平均值 mf_{cu} =（   ）。

A. 31.18   B. 32.29   C. 32.69   D. 33.12

28. 求最小值 $f_{cu,min}$ =（   ）。

A. 26.5MPa   B. 27.5MPa   C. 28.5MPa   D. 28.9MPa

29. 标准差 Sf_{cu} =（   ）。

A. 2.500   B. 3.158   C. 4.051   D. 4.856

30. 按新规范要求，验算平均值的公式为（   ）。

A. $mf_{cu} - Sf_{cu} \geq \lambda_1 f_{cu,k}$ B. $mf_{cu} - 1.1Sf_{cu} \geq \lambda_1 f_{cu,k}$

C. $mf_{cu} \geq f_{cu,k} + \lambda_1 Sf_{cu}$ D. $mf_{cu} \geq 1.1 f_{cu,k} + \lambda_1 Sf_{cu}$

31. 按新规范要求，验算平均值的验算结果为（   ）。

A. 符合要求   B. 不符合要求   C. 不确定   D. 无法验算

32. 按新规范要求验算，验算最小值的公式为（   ）。

A. $f_{cu,min} \geq f_{cu,k}$ B. $f_{cu,min} \geq \lambda_2 f_{cu,k}$

C. $1.1 f_{cu,min} \geq f_{cu,k}$ D. $1.1 f_{cu,min} \geq \lambda_2 f_{cu,k}$

33. 按新规范要求，验算最小值的验算结果为（   ）。

A. 符合要求   B. 不符合要求   C. 不确定   D. 无法验算

34. 综合评定该工程的混凝土强度为（   ）

A. 合格   B. 不合格   C. 不确定   D. 无法评定

（六）某建筑工程为框架剪力墙结构，地下 3 层，地上 30 层，基础为钢筋混凝土箱形基础，基础埋深 12m，底板厚 3m，底板混凝土强度等级为 C35。施工单位施工组织设计中制定了大体积混凝土的施工方案，并在浇筑完成后进行了人工循环水降温措施。施工时还在主体结构施工中留置了后浇带。工程验收时发现局部出现几处裂缝，经专家鉴定为温度控制不好引起的裂缝，施工单位提出了处理措施，经监理和设计单位认可后进行了裂缝处理。

35. 该工程的基础施工方案应按大体积混凝土施工方法施工，大体积混凝土分层施工方案主要有（   ）。

A. 全面分层　　　　B. 分段分层　　　　C. 斜面分层

D. 横向分层　　　　E. 纵向分层

36. 该工程的基础施工时，必须对内外温差进行严格控制，当设计无具体要求时，内外温差一般控制在（　　）以内。

A. 10℃　　　　B. 20℃　　　　C. 25℃　　　　D. 35℃

37. 该工程的基础混凝土浇筑完毕后，应在（　　）内加以覆盖和浇水。

A. 2h　　　　B. 6h　　　　C. 12h　　　　D. 24h

38. 该工程的基础混凝土浇筑完毕后，应至少湿润养护（　　）天。

A. 7　　　　B. 14　　　　C. 21　　　　D. 28

39. 该工程的基础混凝土浇筑完毕后，必须进行（　　）工作，以减少混凝表面的收缩裂缝。

A. 二次振捣　　　B. 二次抹面　　　C. 外部降温　　　D. 内部冷却

40. 下面能正确控制大体积混凝土裂缝的方法是（　　）。

A. 拌制混凝土时，适当使用速凝剂

B. 优先选用水化热低的矿渣水泥拌制混凝土

C. 在保证混凝土设计强度等级的前提下，适当增加水灰比，增加水泥用量

D. 增加混凝土入模温度，严格控制好混凝土的内外温差

41. 大体积混凝土的浇捣时，应做到（　　）。

A. 采用振捣棒振捣

B. 振动棒快插快拔，以便振捣均匀

C. 每点振捣时间一般为 10～30s

D. 分层连续浇筑时，振捣棒不应插入下一层，以免影响下层混凝土的凝结

E. 应对混凝土进行二次振捣，以排除粗集料下部泌水生成的水分和空隙

42. 混凝土质量缺陷的处理方法有（　　）。

A. 表面抹浆修补　　　　　　　　B. 敲掉重新浇筑混凝土

C. 细石混凝土填补　　　　　　　D. 水泥灌浆

E. 化学灌浆

（七）某框架-剪力墙结构房屋，框架柱横向间距为 9m，纵向间距为 12m，楼盖为梁板结构。第三层楼板施工时的气温为 0℃，没有雨。施工单位制定了完整的施工方案，采用了商品混凝土 C30，钢筋现场加工，模板采用木模板，由木工制作好后直接现场拼装。

43. 施工现场没有设计图纸上的 HPB300 级钢筋（如 ϕ6@200），现拟用 HRB335 级钢筋代替，应按钢筋代换前后（　　）相等的原则进行代换。

A. 强度　　　　B. 刚度　　　　C. 面积　　　　D. 根数

44. 对跨度为 9m 的现浇钢筋混凝土梁，底模及支架拆除时的混凝土强度应达到（　　）。

A. 15MPa　　　　B. 21MPa　　　　C. 27MPa　　　　D. 30MPa

45. 该工程施工时若要留设施工缝，一般可留在（　　）。

A. 柱中 1/2 处　　　　　　　　　B. 主梁跨中 1/3 处

C. 单向板平行于板的短边处　　　D. 纵横剪力墙交接处

46. 在施工缝处继续浇筑混凝土时，应先做到（　　）。

A. 清除混凝土表面疏松物及松动石子

B. 将施工缝处冲洗干净，但不得有积水

C. 已浇筑混凝土的强度达到 1.2N/mm²

D. 已浇筑的混凝土的强度达到 0.5N/mm²

E. 在施工缝处先铺一层与混凝土成分相同的水泥砂浆

47. 该工程混凝土施工应采用冬季施工法，其混凝土养护方法有（　　）。

A. 洒水法
B. 涂刷沥青乳液法

C. 蓄热法
D. 加热法

E. 掺外加剂法

48. 该工程的商品混凝土若采用泵送工艺时，对混凝土的配合比提出的要求有（　　）。

A. 最小水泥用量为 350kg/m³

B. 水灰比宜为 0.4～0.6

C. 砂宜用中砂，砂率宜控制在 38%～45%

D. 碎石最大粒径与输送管内径之比宜为 1:2

E. 不同的泵送高度对泵送混凝土的坍落度有不同要求

第5章　预应力混凝土工程

一、单项选择题

1. 预应力混凝土是在结构或构件的（　　）预先施加压应力而成。

A. 受压区　　　B. 受拉区　　　C. 中心线处　　　D. 中性轴处

2. 预应力先张法施工适用于（　　）。

A. 现场大跨度结构施工
B. 构件厂生产大跨度构件

C. 构件厂生产中、小型构件
D. 现在构件的组并

3. 先张法施工时，混凝土强度至少达到设计强度标准值的（　　）时，方可放张。

A. 50%　　　B. 75%　　　C. 85%　　　D. 100%

4. 后张法施工较先张法的优点是（　　）。

A. 不需要台座、不受地点限制
B. 工序少

C. 工艺简单
D. 锚具可重复利用

5. 无粘结预应力施工的特点是（　　）。

A. 需留孔道和灌浆
B. 张拉时摩擦阻力大

C. 宜用于多跨连续梁板预应力施工
D. 预应力筋沿长度方向受力不均匀

6. 曲线铺设的预应力筋应（　　）。

A. 一端张拉
B. 两端分别张拉

C. 一端张拉后另一端补强
D. 两端同时张拉

7. 预应力后张法施工适用于（　　）。

A. 现场制作大跨度预应力构件
B. 构件厂生产大跨度预应力构件

C. 构件厂生产中小型预应力构件
D. 用台座制作预应力构件

8. 关于电热法施工，以下说法正确的是（　　）。

A. 是利用混凝土热胀冷缩的原理来实现的

B. 是利用钢筋热胀冷缩的原理来实现的

C. 电张时预应力钢筋与孔道存在摩擦损失

D. 不便于高空作业

9. 先张法预应力混凝土是借助于（　　）使混凝土产生预压应力。

A. 端部锚具　　　　　　　　　　B. 钢筋的热胀冷缩

C. 外力　　　　　　　　　　　　D. 混凝土与预应力筋的粘结力

10. 先张法预应力筋的放张不宜采用（　　）放张。

A. 整体　　　　　　　　　　　　B. 千斤顶松开张拉架

C. 砂箱　　　　　　　　　　　　D. 逐根切割预应力筋

二、多项选择题

1. 施加预应力可提高结构（构件）的（　　）。

A. 强度　　　　　　B. 刚度　　　　　　C. 抗裂度

D. 抗冻性　　　　　E. 耐磨性

2. 以下预应力损失属于长期损失的有（　　）。

A. 摩擦损失　　　　　　　　　　B. 锚固损失

C. 养护温差损失　　　　　　　　D. 混凝土徐变损失

E. 钢材松弛损失

3. 以下与先张法施工有关的设施和机具有（　　）。

A. 锚具　　　　　　　　　　　　B. 夹具

C. 锥锚式双作用千斤顶　　　　　D. 电动螺杆张拉机

E. 弹簧测力器

4. 以下与有粘结后张法施工有关的工序包括（　　）。

A. 台座准备　　　　　　　　　　B. 放松预应力筋

C. 预埋螺旋管　　　　　　　　　D. 抽管

E. 孔道灌浆

5. 无粘结预应力筋张拉后的端部锚头处理方法有（　　）。

A. 将套筒内注防腐油脂　　　　　B. 留足预留长度后切掉多余钢绞线

C. 将锚具外钢绞线散开打弯　　　D. 在锚具及钢绞线上涂刷防腐油

E. 抹封端砂浆或浇筑混凝土

6. 对于先张法预应力施工，以下说法正确的有（　　）。

A. 在浇筑混凝土之前，先张拉预应力钢筋，并固定在台座或钢模上

B. 浇筑混凝土后，养护到一定强度方可放松钢筋

C. 借助混凝土与预应力钢筋之间的粘结，使混凝土产生预压应力

D. 常用于生产大型预制构件

E. 可用于现场结构（构件）预应力施工

7. 电热法施加预应力的特点有（　　）。

A. 耗电量大　　　　　　　　　B. 属于后张法

C. 预应力值不易准确测量　　　D. 操作复杂

E. 既适用于制作先张法构件施工，又适用于制作后张法构件施工

8. 后张法预应力施工，具有的优点有（　　）。

A. 经济　　　　　　　　　　　B. 不受地点限制

C. 不需要台座　　　　　　　　D. 锚具可重复利用

E. 工艺简单

9. 无粘结预应力混凝土施工的特点有（　　）。

A. 价格低　　　　　　　　　　B. 工序简单

C. 属于后张法　　　　　　　　D. 属于先张法

E. 不需要预留孔道和灌浆

10. 无粘结预应力筋施工要点有（　　）。

A. 曲线铺设时曲率可垫铁马凳控制

B. 强度可以充分发挥

C. 宜两端同时张拉

D. 可采用钢绞线制作

E. 应在混凝土结硬后铺放

三、判断题

1. 预应力结构的混凝土强度等级不宜低于 C25。　　　　　　　　　　　（　　）

2. 锚具是锚固后张法预应力钢筋、钢丝或钢绞线的一种工具，它锚固在构件端部，并与构件一起共同受力，且永久性留在构件中。　　　　　　　　　　　（　　）

3. 后张法预应力筋的张拉力，主要是靠构件端部的锚具传递给混凝土，使混凝土产生预压应力的。　　　　　　　　　　　　　　　　　　　　　　　　　　（　　）

4. 先张法预应力筋的张拉力，主要是靠钢筋与混凝土之间的粘结传递给混凝土，使混凝土产生预压应力的。　　　　　　　　　　　　　　　　　　　　　　　（　　）

5. 7 股钢绞线由于的面积较大、柔软、施工定位方便，是目前国内外应用最广的一种预应力筋。　　　　　　　　　　　　　　　　　　　　　　　　　　　　（　　）

6. 夹具是在先张法施工中，为保持预应力筋的张拉力，并将其固定在张拉台座或设备上所使用的临时性锚固装置。　　　　　　　　　　　　　　　　　　　　（　　）

7. 镦头锚具通常用穿心式千斤顶（YC-60 千斤顶）或拉杆式千斤顶来进行张拉。

（　　）

8. 张拉设备应当操作方便、可靠，准确控制张拉应力，应以最小的速率增大拉力。

（　　）

9. 当设计无要求时，先张法预应力筋放张时的混凝土强度，不应低于设计的混凝土立方体抗压强度标准值的 85%。　　　　　　　　　　　　　　　　　　　（　　）

10. 先张法进行孔道灌浆时，宜用 32.5 级硅酸盐水泥或普通硅酸盐水泥调制的水泥浆，水灰比不应大于 0.45，强度不应小于 20MPa。　　　　　　　　　　　（　　）

四、计算题或案例分析题

某公共建筑屋面大梁跨度为40m，设计为预应力混凝土，混凝土强度等级为C40，预应力钢筋采用钢绞线，非预应力钢筋为HRB400钢筋。施工单位按设计要求组织了施工，并按业主的要求完成了施工。试回答以下问题：

1. 该工程的预应力混凝土一般采用（　　）法施工。

A. 先张法　　　　　　　　　　B. 后张法

C. 无粘结后张法　　　　　　　D. 有粘结后张法

2. 预应力混凝土一般是在结构或构件的（　　）预先施加压应力。

A. 受压区　　　　B. 受拉区　　　　C. 中心线处　　　　D. 中性轴处

3. 该工程的预应力筋，宜采用（　　）。

A. 一端张拉　　　　　　　　　B. 两端分别张拉

C. 一端张拉后，另一端补强　　D. 两端同时张拉

4. 在预应力筋张拉时，构件的混凝土强度不应低于设计强度标准值的（　　）。

A. 30%　　　　B. 50%　　　　C. 75%　　　　D. 100%

5. 有粘结后张法施工工序包括（　　）。

A. 台座准备　　　　　　　　　B. 放松预应力筋

C. 预埋螺旋管　　　　　　　　D. 抽管

E. 孔道灌浆

6. 无粘结预应力筋张拉后的端部锚头处理工作包括（　　）。

A. 将套筒内注防腐油脂　　　　B. 留足预留长度后切掉多余钢绞线

C. 将锚具外钢绞线散开打弯　　D. 在锚具及钢绞线上涂刷防腐油

E. 抹封端砂浆或浇筑混凝土

7. 预应力筋张拉时，通常要超张拉（　　），以抵消部分预应力损失。

A. 0.5%　　　　B. 0.3%　　　　C. 5%

D. 3%　　　　　E. 10%

第6章　结构安装工程

一、单项选择题

1. 起重机的稳定性是指起重机在自重和外荷载作用下抵抗（　　）能力。

A. 破坏　　　　B. 变形　　　　C. 震动　　　　D. 倾覆

2. 起重机吊物上升时，吊钩距起重臂端不得小于（　　）。

A. 0.5m　　　　B. 0.8m　　　　C. 1m　　　　D. 1.5m

3. 遇（　　）以上大风或雷雨天，禁止操作塔式起重机。

A. 5级　　　　B. 6级　　　　C. 7级　　　　D. 8级

4. 卷扬机使用时，必须用（　　）予以固定，以防止工作时产生滑动造成倾覆。

A. 木桩　　　　　　　　　　　B. 钢筋混凝土桩

C. 地锚 D. 锚杆

5. 卷扬机必须有良好的接地或接零装置，接地电阻不得大于（　　）。

A. 4Ω B. 6Ω C. 10Ω D. 20Ω

6. 结构吊装中常用的钢丝绳是由（　　）钢丝绳围绕一根绳芯（一般为麻芯）捻成。

A. 4 股 B. 6 股 C. 9 股 D. 12 股

7. 吊装中的钢丝绳常用 $6×19$、$6×37$ 两种，其中 $6×19$ 可用作（　　）。

A. 缆风绳和吊索 B. 穿滑轮组
C. 绑扎构件 D. 牵缆绳

8. 屋架的吊装，吊索与水平线的夹角不宜小于（　　），以免屋架承受过大的横向压力，必要时可采用横吊梁。

A. 30° B. 45° C. 60° D. 75°

9. 以下（　　）不是单层工业厂房结构安装的方法。

A. 分件吊装法 B. 节间吊装法 C. 综合吊装法 D. 组合吊装法

10. 分件吊装法是在厂房结构吊装时，起重机每开行一次，仅吊装一种或两种构件，一般分（　　）开行吊装完全部构件。

A. 一次 B. 二次 C. 三次 D. 五次

11. 起重机的起重能力用（　　）来表示的。

A. 静力矩 M（kN·m） B. 动力矩 M（kN·m）
C. 重力矩 M（kN·m） D. 倾覆力矩 M（kN·m）

12. 吊装所用的钢丝绳，事先必须认真检查，若表面腐蚀达钢丝绳直径（　　）时，不准使用。

A. 5％ B. 10％ C. 20％ D. 50％

13. 起重机负重开行时，应缓慢行驶，且构件离地不得超过（　　）。

A. 300mm B. 500mm C. 800mm D. 1000mm

14. 当柱平放起吊且抗弯强度不足时，柱的绑扎起吊方法应采用（　　）。

A. 斜吊法 B. 旋转法 C. 直吊法 D. 滑行法

15. 履带式起重机臂长一定时，起重量 Q、起重高度 H、工作半径 R 三者关系是（　　）。

A. $Q↑R↓H↑$ B. $Q↑R↓H↓$ C. $Q↓R↓H↓$ D. $Q↑R↑H↓$

二、多项选择题

1. 结构安装工程的主要施工特点有（　　）。

A. 构件类型多 B. 构件的重量影响大
C. 构件受力变化复杂 D. 高空作业多
E. 安全隐患少

2. 结构安装工程中常用的起重机械有（　　）。

A. 桅杆起重机 B. 自行杆式起重机（履带式、汽车式和轮胎式）
C. 塔式起重机 D. 浮吊
E. 卷扬机

3. 结构安装工程中常用的索具设备有（　　）。

A. 钢丝绳   B. 吊具（卡环、横吊梁）

C. 滑轮组   D. 卷扬机

E. 锚碇

4. 桅杆起重机分为（   ）。

A. 独脚桅杆   B. 人字桅杆

C. 悬臂桅杆   D. 牵缆式桅杆起重机

E. 塔式起重机

5. 常用的自行式起重机有（   ）。

A. 履带式起重机   B. 桅杆式起重机

C. 塔式起重机   D. 汽车式起重机

E. 轮胎式起重机

6. 塔式起重机的类型很多，按有无引走机构可分为（   ）。

A. 固定式   B. 移动式   C. 上回转式

D. 下回转式   E. 稳定式

7. 固定卷扬机方法有（   ）种。

A. 螺栓锚固法   B. 水平锚固法

C. 立桩锚固法   D. 压重物锚固法

E. 钢板焊接法

8. 双绕钢丝绳按照捻制方向不同，分为（   ）种。

A. 同向绕   B. 交叉绕   C. 混合绕

D. 正向绕   E. 反向绕

9. 构件的主要吊升方法有（   ）种。

A. 一点吊   B. 两点吊   C. 直吊法

D. 旋转法   E. 滑行法

10. 屋架扶直有（   ）方法。

A. 人工扶直   B. 机械扶直   C. 正向扶直

D. 反向扶直   E. 正、反向组合扶直

三、判断题

1. 缆风绳与地面一般夹角为 $30°\sim45°$。   （   ）

2. 人字桅杆一般是用两根钢杆用钢丝绳或铁件铰接而成，两杆夹角以 $45°$ 为宜。

（   ）

3. 自行杆式起重机有履带式起重机、汽车式起重机和轮胎式起重机三类。 （   ）

4. 汽车式起重机是一种自行式回转起重机，具有行驶速度快，对路面破坏小，具有可吊重物行驶（负荷行驶）的优点。 （   ）

5. 起升高度是指起重滑轮组中动滑轮吊钩钩口到停机面的垂直距离。 （   ）

6. 汽车式起重机底盘上装有可伸缩的支腿，起重时可使用支腿以增加机身的稳定性，并保护轮胎，必要时支腿下面可加垫块，以增加支承面。 （   ）

7. 附着式自升塔式起重机的液压自升系统主要包括：顶升套架、长行程液压千斤顶、

支承座、顶升横梁及定位销等。 （　　）

8. 卷扬机的主要技术参数是卷筒牵引力、钢丝绳的速度和卷筒容量。 （　　）

9. 滑轮横吊梁由吊环、滑轮和轮轴等部分组成，一般用于吊装 100KN 以下的柱。 （　　）

10. 钢板横吊梁主要由 Q235 钢板制成，一般用于 100KN 以下柱的吊装。 （　　）

11. 滑车组是由一定数量的定滑车和动滑车以及绕过它们的绳索组成，具有省力和改变力的方向的功能，是起重机械的主要组成部分。 （　　）

12. 构件的吊装工艺仅包括绑扎、吊升、对位、临时固定、校正工序。 （　　）

13. 发现吊钩、卡环出现变形或裂纹时，仍可继续使用。 （　　）

14. 从事安装工作的人员要定期进行体格检查，对心脏病或高血压患者，不得进行高空作业。 （　　）

15. 进行结构安装时，要统一用哨声，红绿旗、手势等指挥，只要吊装指挥作业人员熟悉各种信号就可以了。 （　　）

四、计算题或案例分析题

有一安装施工单位承接了一单层钢结构工业厂房安装任务，该厂房长 120m，宽 36m，柱距 6m×12m。施工单位编制了起重吊装方案，并选派了一名有经验的工程师指挥了整个吊装作业。三个月后完成了全部的吊装作业，没有发生严重的质量事故和安全事故。问：

1. 选择起重机时，包括的内容有（　　　　）。
A. 起重机的类型　　　　　　　　B. 起重机的索具
C. 起重机的型号　　　　　　　　D. 起重机的数量
E. 起重机的起重高度

2. 起重机类型的确定主要根据（　　　　）。
A. 厂房结构的特点，厂房的跨度　　B. 构件的重量和安装高度
C. 施工现场条件　　　　　　　　D. 现有起重设备和吊装方法
E. 施工人员的工作经验

3. 结构安装工程中常用的索具设备有（　　　　）。
A. 钢丝绳　　　　　　　　　　　B. 吊具（卡环、横吊梁）
C. 滑轮组　　　　　　　　　　　D. 卷扬机
E. 锚碇

4. 起重机的起重能力用（　　　　）来表示的。
A. 静力矩 M（kN·m）　　　　　B. 动力矩 M（kN·m）
C. 重力矩 M（kN·m）　　　　　D. 倾覆力矩 M（kN·m）

5. 起重机的主要性能参数不包括（　　　　）。
A. 起重量 Q　　　　　　　　　　B. 起重高度 H
C. 工作幅度（回转半径）R　　　　D. 起重臂长 L

6. 确定起重方案时，涉及的计算主要有（　　　　）。
A. 起重量 Q 计算　　　　　　　　B. 起重高度 H 计算

C. 起重臂长度计算　　　　　　　　　　　D. 工作幅度（回转半径）R 计算

E. 起重费用计算

7. 确定起重机的开行路线时主要考虑（　　）因素。

A. 起重机的性能　　　　　　　　　　　B. 构件的尺寸与重量

C. 构件的平面布置　　　　　　　　　　D. 安装方法

E. 费用

8. 构件平面布置的原则主要有（　　）。

A. 每跨构件宜布置在本跨内，并注意构件布置的朝向。

B. 应满足安装工艺的要求，尽可能布置在起重机的回转半径内，以减少起重机负荷行驶。

C. 应"重远轻近"，即将重构件布置在距起重机停机点较远的地方，轻构件布置在距停机点较近的地方。

D. 应便于支模与浇灌混凝土，当为预应力混凝土构件时要考虑抽芯穿筋张拉等问题。

E. 构件布置力求占地最少，以保证起重机的行驶路线畅通和安全回转。

第7章　防水工程

一、单项选择题

1. 地下结构的变形缝的宽度宜为 20～30mm，通常采用（　　）接缝密封材料。

A. 止水带　　　　　　　　　　　　　B. 遇水膨胀橡胶腻子止水条

C. 合成高分子卷材　　　　　　　　　D. 改性沥青防水卷材

2. 地下工程的防水卷材的设置与施工宜采用（　　）法。

A. 外防外贴　　　　B. 外防内贴　　　　C. 内防外贴　　　　D. 内防内帖

3. 地下卷材防水层未作保护结构前，应保持地下水位低于卷材底部不少于（　　）。

A. 200mm　　　　B. 300mm　　　　C. 500mm　　　　D. 1000mm

4. 处于侵蚀性介质中的防水混凝土，其抗渗等级不应小于（　　）。

A. P6　　　　B. P8　　　　C. P10　　　　D. P12

5. 地下工程防水混凝土结构厚度不应小于（　　）。

A. 100mm　　　　B. 250mm　　　　C. 150mm　　　　D. 200mm

6. 地下防水混凝土的结构裂缝宽度不得大于（　　）。

A. 0.15mm　　　　B. 0.2mm　　　　C. 0.3mm　　　　D. 0.4mm

7. 防水混凝土的养护时间不得少于（　　）。

A. 28d　　　　B. 3d　　　　C. 14d　　　　D. 7d

8. 现行规范规定；屋面防水等级由原来的 4 个等级，改为了现在的（　　）个等级。

A. 1　　　　B. 2　　　　C. 3　　　　D. 5

9. 当屋面坡度小于 3% 时，防水卷材的铺设方向宜（　　）铺贴。

A. 平行于屋脊　　　　　　　　　　　B. 垂直于屋脊

C. 平行或垂直于屋脊　　　　　　　　D. 从一边到另一边

10. 不适宜高聚物改性沥青防水卷材施工方法的是（　　）。

A. 热熔法　　　　　B. 冷粘法　　　　　C. 热风焊接法　　　D. 自粘法

11. 高聚物改性沥青防水卷材采用条粘法施工，每幅卷材两边的粘贴宽度不应小于（　　）mm。

A. 50　　　　　　　B. 100　　　　　　　C. 150　　　　　　D. 250

12. 合成高分子防水卷材的施工方法不包括（　　）。

A. 热熔法　　　　　B. 冷粘法　　　　　C. 自粘法　　　　　D. 热风焊接法

13. 细石混凝土防水层与基层之间宜设置隔离层，隔离层可采用（　　）等。

A. 干铺卷材　　　　B. 水泥砂浆　　　　C. 沥青砂浆　　　　D. 细石混凝土

14. 卷材屋面防水产生"开裂"的原因主要是（　　）。

A. 屋面板板端或屋架变形，找平层开裂

B. 沥青胶的耐热度过低，天热软化

C. 沥青胶涂刷过厚，产生蠕动

D. 未做绿豆砂保护层

15. 卷材屋面防水产生"鼓泡"的原因主要是（　　）。

A. 屋面板板端或屋架变形，找平层开裂

B. 基层因温度变化收缩变形

C. 屋面基层潮湿，未干就刷冷底子油或铺卷材

D. 卷材质量低劣，老化脆裂

16. 卷材屋面防水产生"发脆、龟裂"的原因主要是（　　）。

A. 屋面基层潮湿，未干就刷冷底子油或铺卷材

B. 基层不平整，粘贴不实，空气没有排净

C. 沥青胶的选用标号过低

D. 卷材铺贴扭歪、皱褶不平

17. 细石混凝土防水屋面产生"开裂"的原因主要是（　　）。

A. 基层未清理干净，施工前未洒水湿润

B. 温度分格缝未按规定设置或设置不当

C. 防水层施工质量差，未很好压光和养护

D. 防水层表面发生碳化现象

18. 细石混凝土防水屋面产生"起壳、起砂"的原因主要是（　　）。

A. 防水层较薄，受基层沉降、温差等因素的影响

B. 屋面分格缝未与板端缝对齐

C. 屋面板缝浇筑不密实，整体抗渗性差

D. 防水层表面发生碳化现象

19. 卫生间防水施工结束后，应做（　　）小时蓄水试验。

A. 4　　　　　　　　B. 6　　　　　　　　C. 12　　　　　　　D. 24

二、多项选择题

1. 防水工程按其使用材料不同可分为（　　）屋面。

A. 卷材防水　　　　B. 涂膜防水　　　　C. 细石混凝土防水

D. 结构自防水　　　E. 砂浆防水

2. 为满足工程设计所需的抗渗等级，规范规定防水混凝土的（　　）必须符合工程设计要求。

A. 抗压强度　　　　B. 抗拉强度　　　　C. 结构底板配筋率

D. 抗渗压力　　　　E. 配合比

3. 根据（　　）等，可将屋面防水分为 2 个等级。

A. 建筑物的性质　　　　　　　　B. 重要程度

C. 排水坡度　　　　　　　　　　D. 使用功能要求

E. 防水层耐用年限

4. 屋面找平层的施工要求是（　　）。

A. 抹平　　　　　　　　　　　　B. 抹光滑

C. 不脱皮　　　　　　　　　　　D. 凹凸不超过 10mm

E. 节点处做好圆角

5. 屋面卷材铺贴时，应按（　　）的次序铺贴。

A. 先高跨后低跨　　　　　　　　B. 先低跨后高跨

C. 先近后远　　　　　　　　　　D. 先远后近

E. 先做好细部泛水，然后铺设大屋面

6. 根据高聚物改性沥青防水卷材的特性，其施工方法有（　　）。

A. 热熔法　　　　　B. 冷粘法　　　　　C. 热风焊接法

D. 自粘法　　　　　E. 固定法

7. 合成高分子防水卷材的铺贴方法有（　　）。

A. 热熔法　　　　　B. 冷粘法　　　　　C. 自粘法

D. 热风焊接法　　　E. 固定法

8. 涂膜防水屋面的胎体增强材料，施工时的搭接宽度要求（　　）。

A. 短边不得小于 50mm　　　　　B. 长边不得小于 50mm

C. 上下层宜互相垂直铺设　　　　D. 搭接缝应错开

E. 防水层的收头应用防水涂料多遍涂刷

9. 涂膜防水层严禁在（　　）等情况下施工。

A. 在雨天、雪天　　　　　　　　B. 在三级风及其以上

C. 在预计涂膜固化前有雨　　　　D. 在气温低于 10℃

E. 在气温高于 35℃

10. 用普通混凝土做屋面防水层时，胶凝材料水泥宜选用（　　）。

A. 普通硅酸盐水泥　　　　　　　B. 硅酸盐水泥

C. 矿渣硅酸盐水泥　　　　　　　D. 火山灰水泥

E. 粉煤灰水泥

11. 关于普通细石防水混凝土浇筑、养护中，正确的是（　　）。

A. 每个分格板块的混凝土应一次浇筑完成，不得留施工缝

B. 抹压时宜在表面洒水、加水泥浆或撒干水泥

C. 混凝土收水后应进行二次压光

D. 混凝土浇筑后 12～24h 后应进行养护

E. 养护时间不应少于 7d，养护初期屋面不得上人

12. 对瓦屋面质量控制，应做到（　　）。

A. 对瓦的来料数量验收

B. 铺瓦前要选瓦，并试铺

C. 铺筑中要拉线，施工人员应经常对操作进行检查

D. 重点要注意脊瓦与坡上瓦处接缝的严密，防止该处渗漏

E. 如有天沟的地方，瓦伸入沟内的尺寸应足够

13. 对卷材屋面防水层卷材鼓泡，可采取的防治措施有（　　）。

A. 严格控制基层含水率在 19％以内

B. 避免雨、雾天施工

C. 防止卷材受潮

D. 保证基层平整、涂油均匀、封边严密，各层卷材粘贴必须严实

E. 控制涂料熬制质量和涂刷厚度（不超过 2mm）

14. 为防止卷材屋面绿豆砂保护层的脱落，可采取的防治措施有（　　）。

A. 防止卷材受潮　　　　　　　　　B. 铺设时沥青胶厚度控制在 2～4mm 厚

C. 趁热把绿豆砂铺撒上　　　　　　D. 适当滚压，嵌入沥青中 1/2 粒径

E. 绿豆砂含水率控制在 20％左右

15. 为防止涂膜防水屋面产生"脱开"的质量通病，可采取的防治措施有（　　）。

A. 基层做到平整、密实、清洁

B. 涂料一次成膜厚度不宜小于 0.3mm，亦不大于 0.5mm

C. 砂浆达到 1.5MPa 以上强度，才允许涂刷涂料

D. 防水层每道工序之间保持有 12～14h 的间歇

E. 防水层施工完成后，应自然干燥 14d 以上

16. 屋面防水施工时，应防止（　　）等工伤事故，并采取必要的安全措施。

A. 高空落物砸伤　　　　　　　　　B. 中毒

C. 烫伤　　　　　　　　　　　　　D. 坠落

E. 火灾

17. 屋面铺贴防水卷材应采用搭接法连接，其要求包括（　　）。

A. 相邻两副卷材的搭接缝应错开

B. 上、下层卷材的搭接逢应对正

C. 平行于屋脊的搭接缝应顺水流方向搭接

D. 垂直于屋脊的搭接缝应顺年最大频率风向搭接

E. 搭接宽度应符合规定

18. 对于屋面涂膜防水增强胎体材料施工，正确做法是（　　）。

A. 屋面坡度大于 15％时应垂直于屋脊铺设

B. 铺设应由高向低进行

C. 长边搭接宽度不得小于 50mm

D. 上下层胎体不得相互垂直铺设

E. 上下层胎体的搭接位置应错开 1/3 幅宽以上

19. 屋面刚性防水层施工的正确做法是（　　　）。

A. 防水层与女儿墙的交接处应做柔性密封处理

B. 防水层内应避免埋设过多管线

C. 屋面坡度宜为 2%～3%，且应使用材料找坡

D. 防水层的厚度不小于 40mm

E. 钢筋网片保护层的厚度不应小于 10mm

20. 卫生间楼地面聚氨酯防水施工，配制聚氨酯涂膜防水涂料方法是（　　　）。

A. 将聚氨酯甲、乙组分和二甲苯按 1：1.5：0.3 的比例配合搅拌均匀

B. 应用电动搅拌器强力搅拌均匀备用

C. 涂料应随配随用

D. 一般在 24h 以内用完

E. 干燥 4h 以上，才能进行下一道工序

三、判断题

1. 屋面隔气层的作用是阻止室内水蒸气进入保温层，以免影响保温效果。　（　　）

2. 对女儿墙上留的防水层收头的凹槽，宜事后凿去。　（　　）

3. 基层与突出屋面结构的转角处，找平层应做成半径不小于 50mm 的圆弧或钝角。
　（　　）

4. 对同一坡面，则应先铺好大屋面的防水层，然后顺序铺设水落漏斗、天沟、女儿墙、沉降缝部位。　（　　）

5. 架空隔热屋面和倒置式屋面的卷材防水层可不做保护层。　（　　）

6. SBS 改性沥青防水卷材当被高温热熔、温度超过 250℃时，其弹性网状体结构就会遭到破坏，影响卷材特性。　（　　）

7. 合成高分子防水涂膜的厚度一般不应小于 1mm。　（　　）

8. 刚性防水层适用于设有松散材料保温层的屋面以及受较大振动或冲击的建筑屋面。
　（　　）

9. 普通细石混凝土防水层中的钢筋网片，施工时应放置在混凝土的下部。　（　　）

10. 屋面防水属高空作业，附近有架空电线时，应搭设防护架，挡开电线，安全施工。　（　　）

四、计算题或案例分析题

某开发商开发了一群体工程，各单体地上、地下结构形式基本相同，其中地下车库的防水做法为高聚物改性沥青防水卷材外防外贴，基础底板局部为水泥基渗透结晶型防水涂膜，屋面为刚性防水混凝土加合成高分子防水卷材施工，厕浴间为聚氨酯防水涂料。问：

1. 防水混凝土底板与墙体的水平施工缝应留在（　　　）。

A. 底板下表面处

B. 底板上表面处

C. 距底板上表面不小于 300mm 的墙体上

D. 距孔洞边缘不少于 100mm 处

2. 新规范将屋面防水等级定为（　　）个等级。

A. 1　　　　　　　B. 2　　　　　　　C. 3　　　　　　　D. 4

3. 细石混凝土的防水层与基层之间的隔离层，可采用（　　）施工。

A. 干铺卷材　　　　B. 水泥砂浆　　　　C. 沥青砂浆　　　　D. 细石混凝土

4. 细石混凝土防水屋面产生"起壳、起砂"的主要原因是（　　）。

A. 防水层较薄，受基层沉降、温差等因素的影响

B. 屋面分格缝未与板端缝对齐

C. 屋面板缝浇筑不密实，整体抗渗性差

D. 防水层表面发生碳化现象

5. 防止细石混凝土防水屋面开裂的措施有（　　）。

A. 在混凝土防水层下设置卷材隔离层

B. 防水层进行分格

C. 严格控制水泥用量和水灰比

D. 加强抹灰与捣实

E. 混凝土养护不少于 7d

6. 卫生间楼地面聚氨酯防水施工，配制聚氨酯涂膜防水涂料方法是（　　）。

A. 将聚氨酯甲、乙组分和二甲苯按 1∶1.5∶0.3 的比例配合搅拌均匀

B. 用电动搅拌器强力搅拌均匀备用

C. 涂料应随配随用

D. 一般在 24h（小时）以内用完

E. 干燥 4h（小时）以上，才能进行下一道工序

第 8 章　钢结构工程

一、单项选择题

1. 承重结构的钢材应具有抗拉强度、伸长率、屈服强度和（　　）含量的合格保证，对焊接结构还应具有碳含量的合格保证。

A. 锰　　　　　　　B. 锰、硫　　　　　C. 锰、磷　　　　　D. 硫、磷

2. 钢材可堆放在有顶棚的仓库里，不宜露天堆放。必须露天堆放时，时间不应超过（　　）个月。

A. 3　　　　　　　B. 6　　　　　　　C. 12　　　　　　　D. 18

3. 钢结构的主要焊接方法是（　　）。

A. 电弧焊　　　　　B. 电渣压力焊　　　C. 熔焊　　　　　　D. 气压焊

4. 防止钢结构焊缝产生（　　）的措施之一是控制焊缝的化学成分。

A. 冷裂纹　　　　　B. 热裂纹　　　　　C. 气孔　　　　　　D. 弧坑缩孔

5. 钢结构厂房吊车梁的安装应从（　　）开始。

A. 有柱间支撑的跨间　　　　　　　B. 端部第一跨间

C. 有剪刀撑的跨间　　　　　　　　D. 有斜向支撑的跨间

6. 防止钢结构焊缝产生冷裂纹的措施之一是（　　　）。

A. 焊前预热　　　　　　　　　　　B. 焊后速冷

C. 控制焊接电流　　　　　　　　　D. 增加焊缝厚度

7. 螺栓按性能等级分为十级，其中8.8级以下（不含8.8级）通称为（　　　）。

A. 普通螺栓　　　　B. 高强度螺栓　　　　C. 承压型螺栓　　　　D. 扭剪型螺栓

8. 防止钢结构焊缝出现未焊透缺陷的措施不包括（　　　）。

A. 选用合适的焊接参数　　　　　　B. 提高操作技术

C. 对焊条和焊剂要进行烘焙　　　　D. 选用合理的坡口形式

9. 焊缝产生"孔穴缺陷"的原因不包括（　　　）。

A. 焊条、焊剂潮湿　　　　　　　　B. 坡口表面的油、水、锈污等未清理干净

C. 保护气体流量小，纯度低　　　　D. 降低母材及焊接材料中易于偏析的元素

10. 焊接质量检验中焊前检查是指（　　　）检验。

A. 焊接参数　　　　　　　　　　　B. 焊接材料

C. 实际施焊记录　　　　　　　　　D. 焊缝外观及尺寸

11. 钢结构安装时，螺栓的紧固次序应（　　　）。

A. 从两边开始，对称向中进行　　　B. 从中间开始，对称向两边进行

C. 从一端开始，向另一端进行　　　D. 从中间开始，向四周扩散

12. 扭矩法施工时，一般常用规格的大六角头螺栓初拧时，（　　　）。

A. 轴力达到 100～500KN，初拧扭矩在 200～300N·m

B. 轴力达到 10～50KN ，初拧扭矩在 200～300N·m

C. 轴力达到 100～500KN，拧扭矩在 20～30N·m

D. 轴力达到 10～50KN，初拧扭矩在 20～30N·m

13. 扭剪型高强度螺栓连接副：含（　　　）。

A. 一个螺栓、一个螺母、二个垫圈

B. 一个螺栓、二个螺母、二个垫圈

C. 一个螺栓、一个螺母、一个垫圈

D. 一个螺栓、二个螺母、一个垫圈

14. 在用高强螺栓进行钢结构安装中，（　　　）是目前被广泛采用的基本连接形式。

A. 摩擦型连接　　　　　　　　　　B. 摩擦-承压型连接

C. 承压型连接　　　　　　　　　　D. 张拉型连接

15. 设计要求全焊透的一、二级焊缝应采用超声波探伤进行内部缺陷的检验，超声波探伤不能对缺陷作出判断时，应采用射线探伤，其探伤比例为：一级为（　　　）；二级为20%。

A. 100%　　　　　B. 80%　　　　　C. 70%　　　　　　D. 50%

16. 高强度螺栓在终拧以后，螺栓丝扣外露应为2～3扣，其中允许有（　　　）的螺栓丝扣外露1扣或4扣。

A. 10%　　　　　B. 20%　　　　　C. 30%　　　　　D. 40%

17. 摩擦型高强度螺栓施工前，钢结构制作和安装单位应分别对高强度螺栓的（　　　）

进行检验和复验。

  A. 抗压强度   B. 紧固轴力   C. 扭矩系数   D. 摩擦面抗滑移系数

18. 大六角高强度螺栓转角法施工分（　　）两步进行。

  A. 初拧和复拧   B. 终拧和复拧   C. 试拧和终拧   D. 初拧和终拧

19. 钢结构的涂装环境温度应符合涂料产品说明书的规定，说明书如无规定时，环境温度应在（　　）之间

  A. 4～38℃   B. 4～40 ℃   C. 5～38 ℃   D. 5～40℃

20. 钢结构涂装后至少在（　　）内应保护免受雨淋。

  A. 1h   B. 2h   C. 3h   D. 4h

21. 钢结构柱子安装前，应对（　　）进行验收。

  A. 临时加固   B. 构件   C. 基础   D. 联系梁

22. 对钢结构构件进行涂饰时，（　　）适用于油性基料的涂料。

  A. 弹涂法   B. 刷涂法   C. 擦拭法   D. 喷涂法

23. 钢结构防火涂料的粘结强度及（　　）应符合国家现行标准规定。

  A. 抗压强度   B. 抗拉强度   C. 抗剪强度   D. 拉伸长度

24. 对钢结构构件进行涂饰时，（　　）适用于快干性和挥发性强的涂料。

  A. 弹涂法   B. 刷涂法   C. 擦拭法   D. 喷涂法

25. 低合金结构钢在环境温度低于（　　）时，不应进行冷矫正和冷弯曲。

  A. 0℃   B. —10℃   C. —12℃   D. —16℃

26. 钢结构涂装后 4h 内，应保护免受（　　）。

  A. 冻融   B. 风吹   C. 雨淋   D. 日晒

27. 钢结构构件的防腐施涂的刷涂法的施涂顺序一般为（　　）、先左后右、先内后外。

  A. 先上后下、先难后易   B. 先上后下、先易后难

  C. 先下后上、先难后易   D. 先下后上、先易后难

28. 高层钢结构的柱安装时，每节柱的定位轴线（　　）从下层柱的轴线引上。

  A. 可   B. 宜   C. 不宜   D. 不得

29. 高强度螺栓连接副终拧后，螺栓丝扣外露应为（　　）扣。

  A. 2～3   B. 4～5   C. 5～6   D. 1～2

30. 扭剪型高强度螺栓连接施工中，（　　）标志着终拧结束。

  A. 螺母旋转角度达到要求   B. 扭矩值达到要求

  C. 轴向力达到要求   D. 梅花头拧掉

二、多项选择题

1. 钢结构制作的号料方法有（　　）。

  A. 单独号料法   B. 集中号料法

  C. 余料统一号料法   D. 统计计算法

  E. 套料法

2. 钢结构组装工序是把制备完成的半成品和零部件按图纸配成构件或者部件，它是焊接的前道工序，组装的方法包括（　　）和胎模装配法等。

A. 地样法 B. 仿形复制装配法

C. 平装法 D. 卧装法

E. 人工装配法

3. 钢结构的主要焊接方法有（　　）。

A. 对焊 B. 手工电弧焊 C. 气体保护焊

D. 埋弧焊 E. 电渣焊

4. 钢结构焊接变形可分为（　　）、波浪形失稳变形等。

A. 线性伸长变形 B. 圆孔变形

C. 弯曲变形 D. 扭曲变形

E. 线性缩短变形

5. 冷裂纹发生于焊缝冷却过程中较低温度时，或沿晶或穿晶形成，视焊接接头所受的应力状态和金相组织而定，其防止办法有（　　）。

A. 焊前预热 B. 控制焊接工艺参数

C. 控制焊缝的化学成分 D. 焊后缓冷

E. 进行焊后热处理

6. 钢结构焊接质量无损检验包括（　　）。

A. 外观检查 B. 致密性检验 C. 无损探伤

D. 气密性检验 E. 水密性检验

7. 钢结构焊接质量无损探伤包括（　　）。

A. 磁粉探伤 B. 涡流探伤 C. 真空试验

D. 氦气探漏 E. 超声波探伤

8. 焊接件材质和焊条不明时，应进行（　　），合格后才能使用。

A. 可焊性检验 B. 机械性能检验

C. 焊条直径检验 D. 焊接件材质厚度检验

E. 化学分析

9. 普通螺栓按照形式可分为（　　）。

A. 扭剪型 B. 六角头螺栓 C. 双头螺栓

D. 沉头螺栓 E. 勾头螺栓

10. 钢结构加工中，高强度螺栓摩擦面的处理方法有（　　）。

A. 喷砂法 B. 酸洗法 C. 喷涂法

D. 钢丝刷人工除锈法 E. 砂轮打磨法

三、判断题

1. 扭剪型高强度螺栓连接副：含一个螺栓、一个螺母、二个垫圈。　（　　）

2. 高强度螺栓在终拧以后，螺栓丝扣外露应为2～3扣，其中允许有10%的螺栓丝扣外露1扣或4扣。　（　　）

3. 承重结构的钢材应具有抗拉强度、伸长率、屈服强度和硫、磷含量的合格保证，对焊接结构尚应有碳含量的合格保证。　（　　）

4. 钢材可堆放在有顶棚的仓库里，不宜露天堆放，必须露天堆放时，时间不应超过3

个月。　　　　　　　　　　　　　　　　　　　　　　　　　　　（　　　）

5. 涂装环境温度应符合涂料产品说明书的规定，无规定时，环境温度应在5℃～38℃之间，相对湿度不应大于85%，构件表面没有结露和油污等，涂装后6h内应保护免受淋雨。　　　　　　　　　　　　　　　　　　　　　　　　　　（　　　）

6. 在钢结构表面涂刷防护涂层，目前仍然是防止腐蚀的主要手段之一。　（　　　）

7. 钢结构所用防火涂料应经有资质的检测单位检测。　　　　　　　　（　　　）

8. 预拼装是指为检验构件是否满足安装质量要求而进行的拼装。　　　（　　　）

9. 焊条、焊丝、焊剂、电渣焊熔嘴等焊接材料不应与母材相匹配。　　（　　　）

10. 连接薄钢板采用的自攻钉，拉铆钉，射钉等，其规格尺寸应与被连接钢板相匹配。　　　　　　　　　　　　　　　　　　　　　　　　　　　　　（　　　）

11. 钢结构制作和安装单位应分别进行高强度螺栓连接摩擦面的抗滑移系数试验和复验。　　　　　　　　　　　　　　　　　　　　　　　　　　　　　（　　　）

12. 碳素结构钢在环境温度低于－16℃，低合金结构钢在环境温度低于－12℃时，不应进行冷矫正冷弯曲。　　　　　　　　　　　　　　　　　　　　　（　　　）

13. 钢构件运输、堆放和吊装等造成其变形及涂层脱落，应进行矫正和修补。（　　　）

14. 多层及高层钢结构安装柱时，每节柱的定位轴线可以从下层柱的轴线直接引上
　　　　　　　　　　　　　　　　　　　　　　　　　　　　　　　（　　　）

15. 钢网架支承垫块的种类、规格、摆放位置和朝向，必须符合设计要求和国家现行有关标准的规定。橡胶垫块与刚性垫块之间或不同类型刚性垫块之间应可以互换使用。
　　　　　　　　　　　　　　　　　　　　　　　　　　　　　　　（　　　）

四、计算题或案例分析题

某钢结构厂房工程，基础为预应力管桩基础，轻钢门式钢架结构，彩钢板屋面。钢柱有等截面和变截面柱，框架外包墙及办公区域墙体采用砖砌体，强度等级为MU10，其中办公区域楼板采用非预应力预制钢筋混凝土空心楼板。

1. 钢构件高强度螺栓连接时，摩擦面的打磨方向应与构件受力方向（　　　）。

A. 垂直　　　　　B. 水平　　　　　C. 成30°角　　　　D. 成60°角

2. 防止钢结构焊缝产生（　　　）措施之一是控制焊缝的化学成分。

A. 冷裂纹　　　　B. 热裂纹　　　　C. 气孔　　　　　D. 弧坑缩孔

3. 高强度螺栓连接副终拧后，螺栓的丝扣外露应为2～3扣，其中允许有（　　　）的螺栓丝扣外露1扣或4扣。

A. 3%　　　　　　B. 5%　　　　　　C. 8%　　　　　　D. 10%

4. 钢结构安装时，螺栓的紧固次序应按（　　　）进行。

A. 从两边对称向中间　　　　　　　B. 从中间开始对称向两边

C. 从一端向另一端　　　　　　　　D. 从中间向四周扩散

5. 扭剪型高强度螺栓连接施工中，（　　　）标志着终拧结束。

A. 螺母旋转角度达到要求　　　　　B. 扭矩值达到要求

C. 轴向力达到要求　　　　　　　　D. 梅花头拧掉

6. 钢结构焊接质量无损检验包括（　　　）。

A. 外观检查　　　　　　　　　　B. 致密性检验

C. 无损探伤　　　　　　　　　　D. 气密性检验

E. 水密性检验

7. 预拼装时，高强度螺栓施工，对一个接头来说，临时螺栓和冲钉的数量原则上应根据该接头可能承担的荷载计算确定，并应符合（　　　）的规定。

A. 不得少于安装螺栓总数的 1/3　　B. 不得少于安装螺栓总数的 2/3

C. 不得少于一个临时螺栓　　　　D. 不得少于两个临时螺栓

E. 冲钉穿入数量不宜多于临时螺栓的 30%

8. 钢结构安装时，螺栓的紧固次序应按（　　　）的次序进行。

A. 从中间开始，对称向两边　　　B. 从两边开始，对称向中间

C. 从一端开始，向另一边　　　　D. 从中间开始，向四周扩散

9. 在高强度螺栓施工中，摩擦面的处理方法有（　　　）。

A. 喷砂（丸）法　　　　　　　　B. 砂轮打磨法

C. 化学处理－酸洗法　　　　　　D. 汽油擦拭法

E. 钢丝刷人工打磨法

第 9 章　建筑节能技术

一、单项选择题

1. 外墙外保温在正确使用和正常维护的条件下，使用年限不应少于（　　　）年。

A. 5　　　　　　B. 10　　　　　　C. 20　　　　　　D. 25

2. EPS 板薄抹灰外墙外保温系统施工工艺流程中，依次填入正确的是（　　　）。

基面检查或处理→工具准备→（　　　）→基层墙体湿润→（　　　）→粘贴 EPS 板→（　　　）→配制聚合物砂浆→EPS 板面抹聚合物砂浆，门窗洞口处理，粘贴玻纤网，面层抹聚合物砂浆→（　　　）→外饰面施工。

① 阴阳角、门窗膀挂线

② 配制聚合物砂浆，挑选 EPS 板

③ 质量检查与验收

④ EPS 板塞缝，打磨、找平墙面

⑤ 找平修补，嵌密封膏

A. ②①④③　　　B. ①②④⑤　　　C. ①③④⑤　　　D. ④①②③

3. EPS 板薄抹灰外墙外保温系统施工时，当建筑物高度在（　　　）以上时，在受负风压作用较大的部位宜使用锚栓辅助固定。

A. 5m　　　　　　B. 10m　　　　　　C. 20m　　　　　　D. 25m

4. 聚苯板粘贴（　　　）后方可进行打磨。

A. 4h　　　　　　B. 6h　　　　　　C. 12h　　　　　　D. 24h

5. EPS 板薄抹灰外墙外保温系统施工时，网布必须在聚苯板粘贴（　　　）以后进行施工，应先安排朝阳面贴布工序。

A. 4h   B. 6h   C. 12h   D. 24h

6. EPS板薄抹灰外墙外保温系统施工时，粘贴玻纤网格布的聚合物砂浆应随用随配，配好的砂浆最好在（ ）之内用光。

A. 1h   B. 2h   C. 4h   D. 6h

7. EPS板薄抹灰外墙外保温系统施工时，粘贴玻纤网格布要求：网布周边搭接长度不得小于（ ）。

A. 50mm   B. 70mm   C. 100mm   D. 200mm

8. EPS板薄抹灰外墙外保温系统施工时，粘贴玻纤网格布结束后应进行养护，养护要求：昼夜平均气温高于15℃时不得少于（ ）。

A. 12h   B. 24h   C. 48h   D. 72h

9. EPS板薄抹灰外墙外保温系统施工，门窗洞口四角处的EPS板不得拼接，应采用整块EPS板切割成形，EPS板接缝应离开角部至少（ ）。

A. 100mm   B. 200mm   C. 250mm   D. 300mm

10. 粘贴聚苯乙烯板（EPS板）施工时，涂胶粘剂面积不得小于EPS板面积的（ ）。

A. 40%   B. 50%   C. 60%   D. 80%

二、多项选择题

1. 外墙外保温系统主要由（ ）构成。

A. 基层   B. 增强网   C. 抹面层

D. 饰面层   E. 保温层

2. 新型聚苯板外墙外保温有的特点是（ ）。

A. 节能   B. 牢固   C. 隔热

D. 防水   E. 易燃

3. 外墙外保温主要由（ ）构成。

A. 基层   B. 结合层   C. 抹面层

D. 保温层   E. 饰面层

4. EPS板薄抹灰外墙外保温系统（简称EPS板薄抹灰系统）由（ ）构成。

A. EPS板保温层   B. 薄抹面层

C. 防水层   D. 隔热层

E. 饰面涂层

5. 胶粉EPS颗粒保温浆料外墙外保温系统由（ ）构成。

A. 界面层   B. 胶粉EPS颗粒保温浆料保温层

C. 抗裂砂浆薄抹面层   D. 隔热层

E. 饰面层

三、判断题

1. 胶粉EPS颗粒保温浆料保温层的设计厚度不宜超过100mm，必要时应设置抗裂分隔缝。   （ ）

2. EPS 板薄抹灰外墙外保温施工中，配制聚合物砂浆时应随用随配，配好的砂浆最好在 3 小时之内用完。（　　）

3. EPS 板薄抹灰外墙外保温施工中，粘贴 EPS 板时，板应按顺砌方式粘贴，竖缝应逐行对齐。（　　）

4. 外墙外保温系统是由保温层、保护层与固定材料构成的非承重保温构造总称。（　　）

5. 外墙外保温系统的抹面层，对于具有薄抹面层的系统，保护层厚度应不小于 5mm，并且不宜大于 10mm。（　　）

6. 外墙外保温系统的抹面层，对于具有厚抹面层的系统，厚抹面层厚度应为 35～50mm。（　　）

7. 外保温工程的施工应具备施工方案，施工人员应经过培训并经考核合格方可作业。（　　）

8. EPS 板薄抹灰外墙外保温系统（简称 EPS 板薄抹灰系统）由 EPS 板保温层、薄抹面层和饰面涂层构成。（　　）

9. 建筑节能分项工程和检验批的验收应单独填写验收记录，节能验收资料应单独组卷。（　　）

10. 建筑节能验收资料可不必进行资料备案。（　　）

第二篇　高层建筑施工技术

一、单项选择题

1. 以下关于基坑放坡适用条件的说法中，错误的是（　　）。

A. 基坑侧壁安全等级宜为三级

B. 施工场地应满足放坡条件

C. 可独立或与其他支护结构结合使用

D. 当地下水位高于坡脚时，应采取排水措施

2. 对于一、二、三级基坑侧壁安全等级，均应作为基坑监测"应测"项目的是（　　）。

A. 支护结构水平位移　　　　　　B. 周围建筑物、地下线管变形

C. 地下水位　　　　　　　　　　D. 桩、墙内力

3. 地下连续墙施工包括：①吊放接头管（箱）、吊放钢筋笼、②浇筑混凝土、③挖槽、④修筑导墙。以下施工工艺过程排序正确的是（　　）。

A. ①②③④　　　　B. ③④①②　　　　C. ④③①②　　　　D. ④③②①

4. 地下连续墙施工中，泥浆的作用包括（　　）。

A. 护壁　　　　　　　　　　　　B. 护壁＋携渣

C. 护壁＋冷却润滑　　　　　　　D. 护壁＋携渣＋冷却润滑

5. 地下连续墙与楼板、柱、梁、底板等内部结构的连接时，将连接钢筋弯折后预埋在地下连续墙内，待内部土体开挖后露出墙体，凿开预埋连接钢筋弯成设计形状，再连接的方法是（　　）。

A. 预埋连接钢筋法　　　　　　　B. 预埋预应力筋法

C. 预埋连接钢板法　　　　　　　　　D. 预埋剪力连接件法

6. 锚杆施工时，锚杆的张拉与施加预应力（锁定）应符合下列要求：锚固段强度大于（　　）并达到设计强度等级的（　　）后方可进行拉张。

A. 15MPa，75%　　　　　　　　　　B. 15MPa，100%

C. 30MPa，75%　　　　　　　　　　D. 30MPa，100%

7. 深基坑锚杆支护施工时，第一次灌浆量的确定主要是依据（　　）。

A. 钻孔的孔径　　　　　　　　　　B. 锚杆的长度

C. 锚固段的长度　　　　　　　　　D. 钻孔的孔径和锚固段的长度

8. 深基坑湿作业成孔锚杆支护施工时，钻孔深度应（　　）。

A. 小于锚杆设计长度 200mm　　　　B. 等于锚杆设计长度

C. 大于锚杆设计长度 200mm　　　　D. 大于锚杆设计长度 500mm

9. 深基坑锚杆支护施工，二次灌浆的控制压力为 2.0～5.0MPa 左右，并应稳压（　　）。

A. 1min　　　　　B. 2min　　　　　C. 3min　　　　　D. 5min

10. 深基坑钢结构支撑构件的连接，（　　）。

A. 必须采用焊接连接　　　　　　　B. 必须采用高强度螺栓连接

C. 可采用普通螺栓连接　　　　　　D. 可采用焊接或高强度螺栓连接

11. 水泥土墙的切割搭接法施工是在前桩水泥土（　　）进行后序搭接桩施工。

A. 尚未凝结时　　B. 尚未固化时　　C. 完全固化后　　D. 达到设计强度后

12. 水泥土墙施工若设置插筋，桩身插筋应在（　　）及时进行。

A. 桩底开始搅拌前　　　　　　　　B. 桩底搅拌完成后

C. 桩顶开始搅拌前　　　　　　　　D. 桩顶搅拌完成后

13. 下列土钉墙施工的关键工艺中，应首先进行的是（　　）。

A. 基坑开挖　　　　　　　　　　　B. 排水设施的设置

C. 插入土钉　　　　　　　　　　　D. 喷射面层混凝土

14. 土钉墙施工开挖基坑时，应按设计要求严格分层分段开挖，在完成上一层作业面土钉与喷射混凝土面层达到设计强度的（　　）以前，不得进行下一层土层的开挖。

A. 50%　　　　　B. 70%　　　　　C. 75%　　　　　D. 100%

15. 土钉墙施工后的现场测试，应在专门设置的非工作钉上进行（　　）。

A. 混凝土强度试验　　　　　　　　B. 土钉外观检查

C. 土钉强度试验　　　　　　　　　D. 土钉抗拔试验

16. 基坑开挖和土钉墙施工应按设计要求（　　）分段分层进行。

A. 自上而下　　　B. 自下而上　　　C. 由中到边　　　D. 由边到中

17. 土钉墙施工的质量检测方法是：土钉采用抗拉试验检测承载力，同一条件下，试验数量不宜少于土钉总数的 1%，且不应少于（　　）根；墙面喷射混凝土厚度应采用钻孔检测，钻孔数宜每 100m² 墙面积一组，每组不应少于（　　）点。

A. 1，1　　　　　B. 1，3　　　　　C. 3，1　　　　　D. 3，3

18. 逆作法中间支撑柱施工时，由于钢管外面不浇筑混凝土，为防止清除开挖的土方时泥浆流淌恶化施工环境，应在泥浆中掺入（　　）进行泥浆固化处理。

A. 水泥　　　　　B. 石灰　　　　　C. 膨润土　　　　D. 触变泥浆

19. 逆作法施工的地下室结构，在浇筑施工缝时，施工缝下部继续浇筑的混凝土仍是与上部相同的混凝土，有时添加一些铝粉以减少收缩的浇筑方法是（　　）。

A. 直接法　　　　　B. 间接法　　　　　C. 充填法　　　　　D. 注浆法

20. 逆作法施工的地下室结构，在浇筑施工缝时，先在施工缝处留出充填接缝，待混凝土面处理后，再在接缝处充填膨胀混凝土或无浮浆混凝土的浇筑方法是（　　）。

A. 直接法　　　　　B. 间接法　　　　　C. 充填法　　　　　D. 注浆法

21. 逆作法施工的地下室结构，在浇筑施工缝时，先在施工缝处留出充填接缝，待后浇混凝土硬化后再用压力压入水泥浆充填的浇筑方法是（　　）。

A. 直接法　　　　　B. 间接法　　　　　C. 充填法　　　　　D. 注浆法

22. 逆作法施工的地下室结构，国内外常用的施工缝浇筑方法中，施工最简单、成本最低，施工时可对接缝处混凝土进行二次振捣，以保证混凝土密实、减少收缩的施工方法是（　　）。

A. 直接法　　　　　B. 间接法　　　　　C. 充填法　　　　　D. 注浆法

23. 深基坑施工的集水明排，排水沟底面应比挖土面（　　）0.3~0.4m，集水井底面应比沟面（　　）0.5m以上。

A. 高，高　　　　　B. 高，低　　　　　C. 低，高　　　　　D. 低，低

24. 大体积混凝土若置于岩石类地基上，宜在混凝土垫层上设置（　　）。

A. 黏结层　　　　　B. 调平层　　　　　C. 滑动层　　　　　D. 水泥砂浆层

25. 大体积混凝土结构采用非泵送施工时，粗骨料的粒径（　　）。

A. 应保持不变　　　B. 可适当增大　　　C. 可适当减小　　　D. 应为间断级配

26. 耐久性要求较高或寒冷地区的大体积混凝土，应采用（　　）。

A. 高性能外加剂　　　　　　　　　B. 早强剂

C. 速凝剂　　　　　　　　　　　　D. 引气剂或引气减水剂

27. 大体积混凝土结构的整体分层连续浇筑或推移式连续浇筑，层间最长间歇时间（　　）。

A. 不应大于混凝土所用水泥的初凝时间

B. 不应大于混凝土所用水泥的终凝时间

C. 不应大于混凝土的初凝时间

D. 不应大于混凝土的终凝时间

28. 大体积混凝土施工的（　　）是为在现浇混凝土结构施工过程中，克服由于温度、收缩可能产生的有害裂缝而设置的临时施工缝。

A. 变形缝　　　　　B. 伸缩缝　　　　　C. 沉降缝　　　　　D. 后浇带

29. 大体积混凝土采用蓄热养护法养护时，其内外温差不宜大于（　　）。

A. 25℃　　　　　　B. 30℃　　　　　　C. 35℃　　　　　　D. 40℃

30. 箱型基础的大体积混凝土施工设后浇缝带时，若基础的混凝土强度等级为C30，则后浇缝带处的混凝土强度等级应为（　　）。

A. C25　　　　　　B. C30　　　　　　C. C35　　　　　　D. C40

31. 为防治大体积混凝土结构的温度裂缝，以下哪项不是降低水化热的措施？（　　）

A. 选用硅酸盐水泥　　　　　　　B. 选用粉煤灰水泥

C. 减少水泥用量　　　　　　　　　　D. 在大体积混凝土结构内部通循环冷却水

32. 大体积混凝土施工，在覆盖养护或带模养护阶段，混凝土浇筑体表面以内40～100mm 位置处的温度与混凝土浇筑体表面温度差值不应大于（　　）。

　　A. 25℃　　　　　　B. 30℃　　　　　　C. 35℃　　　　　　D. 40℃

33. 大体积混凝土施工，结束覆盖养护或拆模后，混凝土浇筑体表面以内 40～100mm 位置处的温度与环境温度差值不应大于（　　）。

　　A. 25℃　　　　　　B. 30℃　　　　　　C. 35℃　　　　　　D. 40℃

34. 大体积混凝土施工的温控监测，当混凝土浇筑体表面以内 40～100mm 位置的温度与环境温度的差值小于（　　）时，可停止测温。

　　A. 20℃　　　　　　B. 25℃　　　　　　C. 30℃　　　　　　D. 35℃

35. 根据塔式起重机（　　）划分，可将其分为固定式、轨道式、附着式和内爬式四种。

　　A. 行走机构的不同　　　　　　　　B. 起重臂变幅方法的不同

　　C. 回转方式的不同　　　　　　　　D. 使用架设要求的不同

36. 以下哪项不是附着式自升塔式起重机的特点？（　　）

　　A. 能较好地适应建筑体型和层高变化的需要

　　B. 不影响建筑物内部施工安排，但安装拆卸最为复杂

　　C. 不妨碍司机视线，便于司机操作和生产效率提高

　　D. 是高层建筑施工中常用的塔式起重机

37. 在深基坑旁安装塔式起重机，以下哪项不是确定塔式起重机基础构造尺寸时应考虑的因素？（　　）

　　A. 深基坑的边坡　　　　　　　　　B. 土质情况和地基承载能力

　　C. 塔式起重机的结构自重　　　　　D. 塔式起重机的负荷大小

38. 在（　　）的天气条件下，禁止操作塔式起重机。

　　A. 风速大于五级　　　　　　　　　B. 风速大于六级

　　C. 风速大于五级及雷雨天　　　　　D. 风速大于六级及雷雨天

39. 目前，工程中使用的混凝土泵为（　　）。

　　A. 机械式挤压泵　　　　　　　　　B. 水压隔膜泵

　　C. 气压泵　　　　　　　　　　　　D. 液压泵

40. 操作混凝土泵时，在（　　）范围内不准站人。

　　A. 碰嘴前方 5m　　　　　　　　　B. 碰嘴左右 3m

　　C. 碰嘴前方 5m 或碰嘴左右 3m　　D. 碰嘴前方 5m 或碰嘴左右 5m

41. 目前，在实际工程中应用比较多的是（　　）电梯。

　　A. 载货　　　　　　B. 载人　　　　　　C. 人货两用　　　　D. 双塔架式

42. 限速制动器属于齿轮齿条驱动施工电梯的（　　）装置。

　　A. 驱动装置　　　　B. 电器装置　　　　C. 安全装置　　　　D. 制动装置

43. 齿轮齿条驱动施工电梯的制动装置不包括（　　）。

　　A. 限位装置　　　　　　　　　　　B. 平衡重

　　C. 电机制动器和紧急制动器　　　　D. 缓冲弹簧

44. 塔式起重机混凝土基础配筋应按（　　）构件计算确定。

A. 受拉　　　　　　B. 受压　　　　　　C. 受弯　　　　　　D. 受剪

45. 塔机安装时基础混凝土应达到（　　）设计强度以上，塔机运行使用时基础混凝土应达到（　　）设计强度。

A. 50%，75%　　　B. 50%，100%　　C. 75%，80%　　　D. 80%，100%

46. 当碗扣式钢管脚手架高度大于（　　）时，顶部（　　）以下所有的连墙件层必须设置水平斜杆，水平斜杆应设置在纵向横杆之（　　）。

A. 12m，12m，上　　　　　　　　　B. 12m，12m，下

C. 24m，24m，上　　　　　　　　　D. 24m，24m，下

47. （　　）是以门架、交叉支撑、连接棒、挂扣式脚手板、锁臂、底座等组成基本结构，再以水平加固杆、剪刀撑、扫地杆加固，并采用连墙件与建筑物主体结构相连的一种定型化钢管脚手架。

A. 扣件式钢管脚手架　　　　　　　　B. 碗扣式钢管脚手架

C. 门式钢管脚手架　　　　　　　　　D. 附着式升降脚手架

48. 在门式脚手架的转角处或开口型脚手架端部，必须增设连墙件，连墙件的垂直间距不应大于建筑物的层高且不应大于（　　）。

A. 2m　　　　　　B. 3m　　　　　　C. 4m　　　　　　D. 5m

49. 门式钢管脚手架的模板支架，在支架的外侧周边及内部纵横向每隔6～8m，应由底至顶设置（　　）。

A. 连续水平剪力撑　　　　　　　　　B. 间断水平剪力撑

C. 连续竖向剪力撑　　　　　　　　　D. 间断竖向剪力撑

50. 门式钢管脚手架的模板支架，搭设高度8m及以下时，在顶层应设置（　　）。

A. 连续水平剪力撑　　　　　　　　　B. 间断水平剪力撑

C. 连续竖向剪力撑　　　　　　　　　D. 间断竖向剪力撑

51. 门式钢管脚手架的模板支架，搭设高度超过8m时，在顶层和竖向每隔4步及以下应设置（　　）。

A. 连续水平剪力撑　　　　　　　　　B. 间断水平剪力撑

C. 连续竖向剪力撑　　　　　　　　　D. 间断竖向剪力撑

52. （　　）是一种用于高层和超高层建筑物用的工具式外脚手架，其是采用各种形式的架体结构和附着支撑结构，依靠设置于架体上或工程结构上的专用升降设备来实现脚手架本身的升降。

A. 扣件式钢管脚手架　　　　　　　　B. 碗扣式钢管脚手架

C. 门式钢管脚手架　　　　　　　　　D. 附着式升降脚手架

53. 以下哪项不是套筒（管）式附着升降脚手架的组成部件？（　　）

A. 提升机具　　　B. 操作平台　　　C. 扫地杆　　　　D. 套管（套筒或套架）

54. 附着式升降脚手架，并非在每一作业层架体外侧都必须设置的是（　　）。

A. 警示标　　　B. 上防护栏杆　　　C. 下防护栏杆　　　D. 挡脚板

55. 当附着式升降脚手架停用超过（　　）或（　　）以上大风后复工时，必须进行安全检查。

A. 一个月，五级　　　　　　　　　　B. 一个月，六级

C. 三个月，五级　　　　　　　　　D. 三个月，六级

56. 根据（　　）的不同，升降平台可分为伸缩式和折叠式两种。

A. 工作原理　　　　　　　　　　　B. 支撑结构构造特点

C. 移动方式　　　　　　　　　　　D. 传动方式

57. 根据（　　）的不同，升降平台可分为立柱式和交叉式两种。

A. 工作原理　　　　　　　　　　　B. 支撑结构构造特点

C. 移动方式　　　　　　　　　　　D. 传动方式

58. 根据（　　）的不同，升降平台可分为牵引式和移动式两种。

A. 工作原理　　　　　　　　　　　B. 支撑结构构造特点

C. 移动方式　　　　　　　　　　　D. 锚固方式

59. 以下哪项不是叉式升降平台的特点？（　　）

A. 升降平稳，高度可随意调节

B. 转移较慢，功效较低

C. 可分别在平台上和地面上操纵升降，使用方便，保养简单

D. 工作面和升降高度均可自由安排，能代替局部满堂架子，机动灵活

60. 以下哪项不是电动吊篮的屋面挑梁系统？（　　）

A. 简单固定式挑梁系统　　　　　　B. 悬臂式挑梁系统

C. 移动式挑梁系统　　　　　　　　D. 装配式桁架台车挑梁系统

61. 当钢筋直径较大、端面较平整时，宜采用（　　）。

A. 连续闪光焊　　　　　　　　　　B. 预热闪光焊

C. 连续-预热闪光焊　　　　　　　　D. 闪光-预热闪光焊

62. 在环境温度低于（　　）的条件下进行焊接时，为钢筋低温焊接，此时除遵守常温焊接的有关规定外，应调整焊接工艺参数，使焊缝和热影响区缓慢冷却。

A. －10℃　　　　B. －5℃　　　　C. 0℃　　　　D. 5℃

63. 电渣压力焊的焊接参数不包括（　　）。

A. 焊接电流　　　B. 焊接电压　　　C. 焊接电阻　　　D. 通电时间

64. 以下关于钢筋气压焊的说法中，错误的是（　　）。

A. 钢筋气压焊是采用一定比例的氧气、乙炔焰对两连接钢筋端部接缝处进行加热，待其达到热塑状态时对钢筋施加 30～40N/mm 的轴向压力，使钢筋顶锻在一起

B. 气压焊是钢筋在还原性气体的保护下所进行的焊接

C. 气压焊工艺仅适用于竖向钢筋的连接

D. 气压焊所用的设备，主要包括氧气和乙炔瓶、加压器、加热器及钢筋卡具等

65. 内墙现浇外墙预制的大模板施工工艺不包括（　　）。

A. 预制承重外墙板、现浇外墙

B. 预制承重外墙板、现浇内墙

C. 预制非承重外墙板、现浇内墙

D. 预制承重外墙板和非承重内纵墙板、现浇内横墙

66. 在墙体滑模施工中，当模板升至距建筑物顶部标高 1m 左右时放慢滑升速度，进行准确抄平和找正工作的阶段是滑模工艺的（　　）阶段。

A. 初滑　　　　　B. 正常滑升　　　　C. 末滑　　　　　D. 停滑

67. 在楼板施工时，墙体用滑模施工，楼板用支模现浇，在滑模浇筑一层墙体后，模板滑空，紧跟着支模现浇一层楼板混凝土的施工方法称为（　　　）。

A. 逐层空滑楼板并进法　　　　　B. 先滑墙体楼板跟进法

C. 楼板降模法　　　　　　　　　D. 楼板升模法

68. 以下哪项不属于爬升模板的组成部分？（　　　）

A. 模板　　　　　B. 滑道　　　　　C. 爬架　　　　　D. 爬升装置

69. 标准节框架安装时，先在标准节框架中选择一个节间作为标准间，再安装4根钢柱后立即安装框架梁、次梁、支撑等，由下而上逐渐构成空间标准间，并进行校正和固定；然后以此标准间为依靠，按规定方向进行安装，逐步扩大框架；每立两根钢柱，就安装一个节间，直至该施工层完成。以上标准节框架安装方法是（　　　）。

A. 双机抬吊法　　　　　　　　　B. 单机吊装法

C. 节间综合安装法　　　　　　　D. 按构件分类大流水安装法

70. 以下哪项不是高层钢框架校正的内容？（　　　）

A. 轴线位移校正　　　　　　　　B. 柱子标高调整

C. 水平度校正　　　　　　　　　D. 框架梁面标高校正

二、多项选择题

1. 在以下基坑支护结构中，适于基坑侧壁安全等级一级的是（　　　）。

A. 地下连续墙　　　B. 水泥土墙　　　C. 土钉墙

D. 逆作拱墙　　　　E. 排桩

2. 地下连续墙施工中，泥浆质量的控制指标包括（　　　）。

A. 密度　　　　　B. 黏度　　　　　C. 含砂量、触变性

D. pH 值　　　　　E. 色差

3. 地下连续墙施工中常用的挖槽机械按工作机理分为（　　　）。

A. 静力式　　　　B. 挖斗式　　　　C. 振动式

D. 冲击式　　　　E. 回转式

4. 地下连续墙与楼板、柱、梁、底板等内部结构的连接时，常用的接头方法有（　　　）。

A. 预埋连接钢筋法　　　　　　　B. 预埋预应力筋法

C. 预埋连接钢板法　　　　　　　D. 预埋剪力连接件法

E. 现浇混凝土法

5. 深基坑干作业成孔锚杆支护施工，以下关于灌浆施工说法正确的是（　　　）。

A. 灌浆分为一次灌浆和二次灌浆

B. 待一次灌浆灌注的浆液终凝后，进行第二次灌浆

C. 一次灌浆宜选用水灰比 0.45～0.55 的纯水泥浆；而二次灌浆既可采用灰砂比 1:1～1:2、水灰比 0.38～0.45 的水泥砂浆、亦可采用水灰比 0.45～0.50 的纯水泥浆

D. 一次灌浆法只用一根灌浆管，而二次灌浆要用两根灌浆管

E. 一次灌浆的控制压力约为 0.3～0.5MPa，而二次灌浆的控制压力约为 2.5～5MPa

6. 以下深基坑钢筋混凝土支撑构件的混凝土强度等级，选用错误的是（　　　）。

A. C10   B. C15   C. C20

D. C25   E. C30

7. 深层搅拌水泥土墙施工前，进行相关试验的目的是（　　）。

A. 确定墙的施工深度   B. 确定墙的施工工艺

C. 确定水泥掺入量   D. 确定水泥浆的配合比

E. 考查施工队伍的水平

8. 土钉墙施工时，关于排水设施的以下哪些做法是正确的？（　　）

A. 基坑底部设置排水沟   B. 排水沟采用砂浆抹面

C. 基坑底部设置集水井   D. 集水井采用砂浆抹面

E. 基坑底部设置降水井点

9. 与传统施工方法比较，逆作法施工多层地下室的优点包括（　　）。

A. 施工工艺简便   B. 缩短施工工期

C. 基坑变形小，相邻建筑物沉降小   D. 底板设计趋于合理

E. 节省支护结构支撑

10. 逆作法施工的地下室结构，国内外常用的施工缝处的浇筑方法有（　　）。

A. 直接法   B. 间接法   C. 充填法

D. 注浆法   E. 加强筋法

11. 深基坑施工时，地下水控制方法可分为（　　）等形式的单独或组合使用。

A. 集水明排   B. 管井降水   C. 井点降水

D. 截水   E. 堵水

12. 大体积混凝土结构的配筋应考虑（　　）。

A. 满足结构强度要求   B. 满足结构刚度要求

C. 满足结构构造要求   D. 满足温度控制要求

E. 满足收缩控制要求

13. 大体积混凝土结构施工，水泥进场时应对其（　　）等性能指标进行复检。

A. 抗折强度   B. 抗压强度   C. 安定性、水化热

D. 凝结时间   E. 抗裂强度

14. 大体积混凝土施工组织设计应包含（　　）等主要内容。

A. 文明施工措施

B. 施工阶段主要抗裂构造措施和温控指标的确定

C. 原材料优选、配合比设计、制备与运输计划

D. 温控检测设备和测试布置图

E. 特殊部位和特殊气候条件下的施工措施

15. 为有效控制大体积混凝土有害裂缝的出现和发展，可采用以下哪几个方面的技术措施？（　　）

A. 降低水泥水化热   B. 降低混凝土入模温度

C. 加强施工中的温度控制   D. 改善约束条件、削减温度应力

E. 提高混凝土抗压强度

16. 为防治大体积混凝土结构的温度裂缝，可采用以下哪些降低水化热的措

施？（　　）

    A. 选用硅酸盐水泥   B. 选用火山灰水泥

    C. 减少水泥用量   D. 混凝土中掺加掺合料

    E. 在大体积混凝土结构内部通循环冷却水

17. 关于塔式起重机的操作，以下说法正确的是（　　）。

    A. 塔式起重机应由专职司机操作，司机必须受过专业训练

    B. 风速大于六级及雷雨天，禁止操作塔式起重机

    C. 塔式起重机在作业现场安装后，必须进行实验和试运转

    D. 夜间不得操作塔式起重机

    E. 塔式起重机工作休息或下班时，不得将重物悬挂在空中

18. 关于施工电梯的操作，以下说法正确的是（　　）。

    A. 电梯在每班首次载重运行时，一定要从最低层上升，严禁自上而下

    B. 当梯笼升离地面 1～2m 时要停车试验制动器的可靠性，如果发现制动器不正常，在修复后方可运行

    C. 在电梯未切断总电源开关前，操作人员不应离开操作岗位

    D. 电梯在大雨、大雾和六级及以上大风时，应停止运行，并将梯笼降到底层，切断电源

    E. 暴风雨后，无须对电梯各有关安全装置进行一次检查

19. 扣件式钢管脚手架的基本架构包括（　　）。

    A. 纵向水平杆   B. 横向水平杆   C. 脚手板

    D. 立杆   E. 垫块

20. 关于满堂脚手架的搭设，以下说法中正确的是（　　）。

    A. 满堂脚手架施工层不得超过 1 层

    B. 立杆接长接头必须采用对接扣件连接

    C. 满堂脚手架应在架体外侧四周及内部纵、横向每 6～8m 由低至顶设置连续竖向剪刀撑

    D. 满堂脚手架当架体搭设高度在 10m 及以上时，应在架体底部、顶部及竖向间隔不超过 10m 分别设置连续水平剪刀撑

    E. 剪刀撑宽度应为 3～5m

21. 碗扣式钢管脚手架的碗扣节点构成包括（　　）。

    A. 上碗扣   B. 下碗扣   C. 立杆接头

    D. 横杆接头   E. 剪刀撑

22. 套筒（管）式附着升降脚手架的组成部件包括（　　）。

    A. 提升机具   B. 操作平台

    C. 爬杆、横梁   D. 套管（套筒或套架）

    E. 安全网

23. 当遇到（　　）等恶劣天气时，禁止进行附着式升降脚手架的升降和拆卸作业，并应预先对架体采取加固措施。

    A. 四级（含四级）以上大风   B. 大雨

C. 大雪   D. 浓雾

E. 雷雨

24. Ⅳ级钢筋焊接时，应采用（   ）工艺。

A. 连续闪光焊   B. 间断闪光焊

C. 预热闪光焊   D. 连续-预热闪光焊

E. 闪光-预热闪光焊

25. 下列关于大模板施工技术的说法中，正确的是（   ）。

A. 六级以上大风应停止大模板施工

B. 大模板必须有操作平台、上人梯道、防护栏杆等附属设施，要保证其完好，如果有损坏马上维修

C. 大模板施工时，起重机必须专机专人，每班操作前要试机，尤其注意刹车

D. 大模板安装就位后，应及时用穿墙螺栓、花篮螺栓等固定成整体，以免倾倒

E. 大模板拆除时，要保证混凝土的强度不得大于 $1.2N/mm^2$

三、判断题

1. 基坑监测点的布置应满足监控要求，从基坑边缘以外 0.5～1 倍开挖深度范围内的需要保护物体均应作为监控对象。 （   ）

2. 由于土层的复杂性和离散性，加之土层取样扰动和实验误差、荷载与设计计算中的假定和简化、其他随机因素等均会造成误差。因此，支护结构设计计算的内力值与结构的实际工作状况往往难以准确一致，处于半理论半经验的状态。 （   ）

3. 排桩宜采取隔桩施工，并应在灌注混凝土 12h 后进行邻桩成孔施工。 （   ）

4. 地下连续墙单元槽段长度的划分主要考虑槽壁稳定性，宜为 4～8m。 （   ）

5. 对于深基坑锚杆支护，钻孔位置直接影响锚杆安装质量和力学效果，因此钻孔前必须由钻机机长目测定位，由专业技术人员签字确认。 （   ）

6. 深基坑锚杆支护施工，预应力筋的张拉力要根据实际所需的有效张拉力和张拉力的可能松弛程度而定，一般按设计轴向力的 75％～85％进行控制。 （   ）

7. 水泥土墙高压喷射注浆施工前，应通过理论计算、并结合以往经验确定不同土层旋喷固结体的最小直径、高压喷射施工技术参数等。 （   ）

8. 土钉墙施工时，为确保所喷混凝土层的整体性，禁止将混凝土分层喷射。 （   ）

9. 逆作法施工多层地下室的方法是大开口放坡开挖或用支护结构围护后垂直开挖，挖至设计标高后浇筑钢筋混凝土底板，再由下而上逐层施工各层地下室结构，待地下结构完成后再进行地上结构施工。 （   ）

10. 逆作法施工多层地下室时，中间支撑柱所承受的最大荷载，是地下室已修筑至最下一层，而地面上已开始修筑时的荷载。 （   ）

11. 逆作法施工多层地下室时，混凝土柱的顶端一般高出底板面 30mm，高出部分在浇筑底板时保留，以保证底板与中间支撑柱连成一体。 （   ）

12. 深基坑施工时，当因降水而危及基坑及周边环境安全时，宜采用截水或回灌方法。 （   ）

13. 深基坑施工，当截水后基坑中水量或水压仍较大时，宜采用基坑内降水。 （   ）

14. 为控制大体积混凝土的温度变形，设计中应采取增大大体积混凝土外部约束的技术设施。（　　）

15. 大体积混凝土结构施工，细骨料宜采用中砂，其细度模数应大于 2.3，含泥量不应大于 3%。（　　）

16. 大体积混凝土结构施工，应选用具有碱活性的粗骨料以提高混凝土的性能。（　　）

17. 大体积混凝土的模板和支架系统应按国家现行有关标准的规定进行强度、刚度和稳定性验算，同时还应结合大体积混凝土的养护方法进行保温构造设计。（　　）

18. 为了控制大体积混凝土裂缝的产生，不仅要对混凝土成型之后的内部温度进行监测，而且应在一开始，就对原材料、混凝土的拌合，入模和浇筑温度系统进行实测。（　　）

19. 大体积混凝土宜采用后期强度作为配合比设计、强度评定及验收的依据，但该后期强度的龄期应经设计单位确认。（　　）

20. 柱、墙、梁大体积混凝土测温点的设置，每个横向剖面的周边测温点应设置在混凝土浇筑体表面以内 20～50mm 位置处。（　　）

21. 大体积混凝土的测温频率：第一天至第三天，每 4h 不应少于一次；第四天至第七天，每 8h 不应少于一次；此后至测温结束，每 12h 不应少于一次。（　　）

22. 内爬式塔式起重机在夜间进行爬升作业时，必须配备良好的照明设施。（　　）

23. 混凝土泵中，最容易发生堵管的是闸板阀，S 形阀一般不会发生堵管。（　　）

24. 塔式起重机采用板式或十字形基础时，基础的混凝土强度等级不应低于 C25，垫层混凝土强度等级不应低于 C10，混凝土垫层厚度不宜小于 100mm。（　　）

25. 塔式起重机采用桩基础时，桩身和承台的混凝土强度等级不应小于 C20，混凝土预制桩强度等级不应小于 C30，预应力混凝土实心桩的混凝土强度等级不应小于 C40。（　　）

26. 脚手架应根据实际工程特点设置纵向扫地杆或横向扫地杆。（　　）

27. 单排脚手架应设置剪刀撑与横向斜撑，双排脚手架应设置剪刀撑。（　　）

28. 碗扣式钢管脚手架，每层连墙件应在同一平面，其位置应由建筑结构和风荷载计算确定，且水平间距不应大于 4.5m。（　　）

29. 在满堂脚手架的底层门架立杆上应分别设置纵向、横向扫地杆，并应采用扣件与门架立杆扣紧。（　　）

30. 套筒（管）式附着升降脚手架，是一种省工、省料，结构简单，提升时间短，能满足高层建筑结构、装修阶段施工要求的脚手架，主要用于框架结构。（　　）

31. 附着式升降脚手架的防倾装置应用螺栓同竖向主框架或附着支撑结构连接，不得采用钢管扣件或碗扣方式。（　　）

32. 附着式升降脚手架的防坠落装置应设置在竖向主框架部位，且每一竖向主框架提升设备处必须设置一个。（　　）

33. 夜间进行附着式升降脚手架的升降作业时，必须有良好的照明设施。（　　）

34. 滑框倒模工艺与滑模工艺的根本区别在于将滑模时模板与混凝土之间滑动变为滑道与模板之间滑动，而模板附着在新浇筑的混凝土表面无滑动。因此，模板由滑动脱模变为拆倒脱模。   （ ）

35. "弹线找平→安装爬架→安装爬升设备→安装外模板→绑扎钢筋→安装内模板→浇筑混凝土→拆除内模板→施工楼板→爬升外模板→绑扎上一层钢筋并安装内模板→浇筑上一层墙体→爬升爬架→……"是模板与模板互爬施工工艺。   （ ）

四、计算题或案例分析题

（一）背景材料：某高层建筑工程基础采用明挖基坑施工，坑底黏土下存在承压水层。坑壁采用网喷混凝土加固。基坑附近有其他高层建筑物及大量地下管线。设计要求每层开挖1.5m，即进行挂网喷射混凝土加固。某公司承包了该工程，由于在市区，现场场地狭小，项目经理决定把钢材堆放在基坑坑顶附近；为便于出土，把开挖的弃土先堆放在基坑北侧坑顶，然后再装入自卸汽车运出。由于工期紧张，施工单位把每层开挖深度增大为3.0m，以加快基坑挖土加固施工的进度。

在开挖第二层土时，基坑变形量显著增大，变形发展速率越来越快。随着开挖深度的增加，坑顶地表出现许多平行基坑裂缝。但施工单位对此没有在意，继续按原方案开挖。当基坑施工至5m深时，基坑出现了明显的坍塌征兆。项目经理决定对基坑进行加固处理，组织人员在坑内抢险，但已经为时过晚，基坑坍塌造成了多人死亡的重大事故，并造成了巨大的经济损失。

1. 本工程基坑侧壁安全等级应属于（   ）级。（单选题）

A. 一   B. 二   C. 三   D. 四

2. 基坑监测报告的内容应包括（   ）。（多选题）

A. 工程概况   B. 监测项目和各测点的平面和立面布置图

C. 采用仪器设备和监测方法   D. 监测数据处理方法和监测结果过程曲线

E. 监测风险评价

3. 本工程基坑应重点监测（   ）。（多选题）

A. 侧壁水平位移   B. 周围建筑物及地下管线变形

C. 坑底土质   D. 坑底隆起

E. 地下水位

4. 当出现本工程发生的现象时，基坑监测工作的调整，以下哪项不正确？（   ）（单选题）

A. 当基坑变形超过有关标准时，应加密观测次数

B. 当基坑监测结果变化速率较大时，应加密观测次数

C. 当基坑有事故凶兆时，应连续监测

D. 当基坑有事故征兆时，应连续监测

5. 本工程基坑施工时，施工单位存在哪些错误？（   ）（多选题）

A. 不按设计要求施工，将每层开挖深度由1.5m增大到3m

B. 在基坑顶大量堆荷，把大量钢材及弃土堆集于坑顶

C. 在基坑出现坍塌预兆后，引起了注意

D. 当基坑变形急剧增加，没有以人身安全为第一要务，及早撤离现场

E. 当本工程已经出现坍塌凶兆时，项目经理组织人员进入基坑抢险

（二）背景材料：某高层建筑的基础工程采用箱型基础，混凝土设计强度等级为C30。由于混凝土工程量较大且安排在夏季施工，据预估，若不采取控温措施，混凝土内、外温差将达到35℃。鉴于此，施工单位制定了以下两方面技术措施：

（1）混凝土的浇筑

浇筑混凝土时设置后浇带；选择在一天中气温较低的傍晚浇筑混凝土，且严格控制好单次浇筑的混凝土量。

（2）混凝土的养护

混凝土浇筑后加强对混凝土的养护，避免暴晒。

6. 本基础工程属于大体积混凝土工程。（　　）（判断题）

7. 本基础工程的混凝土中，宜掺加（　　）。（单选题）

A. 减水剂　　　　　　B. 早强剂　　　　　　C. 缓凝剂　　　　　　D. 速凝剂

8. 本基础工程，还可通过哪些材料措施来进一步降低混凝土水化热？（　　）（多选题）

A. 采用硅酸盐水泥或普通水泥　　　　B. 采用火山灰水泥

C. 砂石中掺泥土覆盖冷却　　　　　　D. 采用预冷的碎石来搅拌混凝土

E. 在混凝土中掺入粉煤灰、矿渣等掺合料

9. 本基础工程后浇带的混凝土强度等级应为（　　）。（单选题）

A. C25　　　　　　B. C30　　　　　　C. C35　　　　　　D. C40

10. 关于后浇带的说法，以下正确的是（　　）。（多选题）

A. 后浇带与两侧混凝土的主筋必须贯通

B. 待两侧混凝土终凝后，可浇筑后浇带混凝土

C. 浇筑后浇带混凝土前，两侧混凝土应做凿毛处理

D. 后浇带处可采用无收缩混凝土浇筑

E. 后浇带处可采用微膨胀混凝土浇筑

（三）背景材料：某建筑施工企业中标某市高层商业大楼，该工程项目总建筑面积为$56120m^2$，地上32层，结构类型为框架－剪力墙结构，其结构转换层复杂，钢筋种类及数量多，钢筋接头采用绑扎接头、气压焊接头。

施工过程中，由于受现场钢筋尺寸的限制，有一根框架梁的受拉钢筋接头恰好位于第二跨的跨中位置。此外，为了节约材料，钢筋工长安排工人将加工剩余的约2m左右的钢筋焊接到8m，用于剪力墙中作为部分受力钢筋。施工中由于甲方提出变更，工程暂时停工，致使部分水泥运到现场的时间已达到100天，复工后施工单位认为材料保存良好，直接将水泥应用于工程，施工完毕后质量检验结果符合要求。

11.《混凝土结构设计规范》（GB 50010—2010）淘汰了（　　）级钢筋。（单选题）

A. HPB235　　　　B. HPB300　　　　C. HPB335　　　　D. HRB400

12. 关于气压焊所适用的钢筋，以下说法错误的是（　　）。（单选题）

A. 气压焊仅适用于竖向钢筋的连接

B. 气压焊适用于各种方向钢筋的连接

C. 气压焊宜用于焊接直径16～40mm的钢筋

D. HRB335级钢筋可用气压焊连接

13. 关于气压焊钢筋接头的力学性能检测，以下说法中正确的是（　　）。（多选题）

A. 以每层楼的 300 个钢筋接头作为一批，不足 300 个者亦作为一批

B. 从每批中随机切取 2 个接头作拉伸试验，要求全部试件的抗拉强度均不得低于该级别钢筋的抗拉强度，且均断于焊缝之处

C. 从每批中随机切取 3 个接头作拉伸试验，要求全部试件的抗拉强度均不得低于该级别钢筋的抗拉强度，且均断于焊缝之处

D. 试验时如有 1 个试件的拉伸性能不符合要求，应取双倍试件复验，如仍有 1 个试件不合格则该批接头逐个检验

E. 试验时如有 1 个试件的拉伸性能不符合要求，应取双倍试件复验，如仍有 1 个试件不合格则该批接头判为不合格

14. 以下两种观点——观点 1：钢筋接头宜设在受力较小处，框架梁的跨中是剪力最小的部位，因此框架梁的受拉钢筋接头位于第二跨的跨中位置是正确的。观点 2：钢筋工长安排工人将加工剩余的约 2m 左右的钢筋焊接到 8m，用于剪力墙中作为部分受力钢筋，不符合同一纵向受力钢筋不宜设置两个或两个以上接头的规定。（　　）（单选题）

A. 仅观点 1 正确　　　　　　　　B. 仅观点 2 正确

C. 两种观点均正确　　　　　　　D. 两种观点均不正确

15. 对于出厂超过 3 个月的水泥，（　　）。（单选题）

A. 不得使用　　　　　　　　　　B. 仅可用于非承重部位

C. 应进行复验，合格后方可使用　　D. 应进行复验，合格后方可用于非承重部位

（四）背景材料：起重机、升降机、脚手架等是高层建筑施工常用的施工机械，但由于高层建筑施工的复杂性，这些机械如果安装、使用、拆卸不当，极易造成严重的安全事故。鉴于此，2010 年我国相继出台了《建筑施工塔式起重机安装、使用、拆卸安全技术规程》（JGJ 196—2010）、《建筑施工升降机安装、使用、拆卸安全技术规程》（JGJ 215—2010）和《建筑施工工具式脚手架安全技术规程》（JGJ 202—2010）。

16. 塔式起重机安装、拆卸前，应编制专项施工方案，指导作业人员实施安装、拆卸作业。当多台塔式起重视在同一施工现场交叉作业时，应编制专项方案。专项施工方案由本单位技术、安全、设备等部门审核、技术负责人审批后，经监理单位批准实施。（　　）（判断题）

17. 以下关于建筑施工塔式起重机使用的说法中，错误的是（　　）。（单选题）

A. 使用前应进行安全技术交底；起重机起吊前，应对安全装置进行检查

B. 每班作业应作好例行保养，并应做好记录；实行多班作业的设备，应执行交接班制度，认真填写交接班记录

C. 行走式塔式起重机停止作业时，应锁紧夹轨器

D. 当塔式起重机使用高度超过 50m 时，应配置障碍灯，起重臂根部铰点高度超过 30m 时应配备风速仪

18. 塔式起重机的安装验收，参加单位应包括（　　）。（多选题）

A. 施工（总）承包单位　　　　　B. 出租单位

C. 安装单位　　　　　　　　　　D. 监理单位

E. 建设单位

19. 施工升降机安装作业前，安装单位应编制施工升降机安装、拆卸工程专项施工方案，由使用单位技术负责人批准后，报送监理单位审核，并告知工程所在地县级以上建设行政主管部门。（　　）（判断题）

20. 以下关于附着式升降脚手架使用的说法中，错误的是（　　）。（单选题）

A. 附着式升降脚手架应按照设计性能指标进行使用，不得随意扩大使用范围；架体上的施工荷载必须符合设计规定，不得超载，不得放置影响局部杆件安全的集中荷载

B. 附着式升降脚手架停用超过一个月时，应提前采取加固措施

C. 附着式升降脚手架停用超过一个月或遇六级及以上大风后复工时，应进行检查，确认合格后方可使用

D. 螺栓连接件、升降设备、防倾装置、防坠落装置、电控设备同步控制装置等应每月进行维护保养

第三篇　施工项目管理

第1章　施工项目管理概论

1.1　施工项目管理概念、目标和任务

一、单项选择题

1. 下列选项不属于项目特征的是（　　）。

A. 项目的一次性　　　　　　　　　　B. 项目目标的明确性

C. 项目的临时性　　　　　　　　　　D. 项目作为管理对象的整体性

2. 施工项目管理的主体是（　　）。

A. 以施工项目经理为首的项目经理部

B. 以甲方项目经理为首的项目经理部

C. 总监为首的监理部

D. 建设行政管理部门

3. 施工项目管理的主要内容为（　　）。

A. 三控制、二管理、一协调　　　　　B. 三控制、三管理、二协调

C. 三控制、三管理、一协调　　　　　D. 三控制、三管理、三协调

4. 下列选项不属于施工总承包方的管理任务的是（　　）。

A. 必要时可以代表业主方与设计方、工程监理方联系和协调

B. 负责施工资源的供应组织

C. 负责整个工程的施工安全、施工总进度控制、施工质量控制和施工的组织等

D. 代表施工方与业主方、设计方、工程监理方等外部单位进行必要的联系和协调等

5. 下列不属于施工项目管理任务的是（　　）。

A. 施工安全管理　　　　　　　B. 施工质量控制

C. 施工人力资源管理　　　　　D. 施工合同管理

6. 某单位拟建设 1 栋 8000m^2 的职工宿舍楼，克日建设公司参加了投标。在编制投标文件过程中确立了项目组织机构，采用线性组织结构模式。这种组织系统的特点是（　　　）。

A. 没有相互矛盾的指令源　　　B. 有纵向和横向的指令源

C. 可能有多个矛盾的指令源　　D. 指令源惟一

7. 以下选项属于项目目标的成果性要求的是（　　　）。

A. 项目期限　　　　　　　　　B. 项目质量

C. 项目预算　　　　　　　　　D. 项目功能

8. 管理是由多个环节组成的过程，其中首要的环节是（　　　）。

A. 筹划　　　　B. 决策　　　　C. 提出问题　　　　D. 执行

二、多项选择题

1. 施工项目管理的主要内容为（　　　）。

A. 成本控制　　　B. 进度控制　　　C. 与施工有关的组织协调

D. 安全控制　　　E. 合同管理

2. 下列选项属于项目的特征的是（　　　）。

A. 项目的一次性　　　　　　　B. 项目目标的明确性

C. 项目的临时性　　　　　　　D. 项目作为管理对象的整体性

E. 项目类型多样性

3. 下列选项中，属于施工方项目管理的目标的是（　　　）

A. 施工的安全管理目标　　　　B. 施工的成本目标

C. 施工的进度目标　　　　　　D. 施工的利润目标

E. 施工的质量目标

4. 下列属于进度纠偏的管理措施的是（　　　）。

A. 调整进度管理的方法和手段　B. 强化合同管理

C. 改变施工方法　　　　　　　D. 改变施工机具

E. 及时解决工程款支付

三、判断题

1. 施工项目作为一个管理整体，是以建筑施工企业为管理主体的。　　　　（　　）

2. 施工项目管理的主体是施工作业管理层。　　　　　　　　　　　　（　　）

3. 业主或监理单位进行工程项目管理中涉及到的施工阶段的管理属施工项目管理范畴。　　　　　　　　　　　　　　　　　　　　　　　　　　　　　　（　　）

4. 分包方的成本目标是由分包合同确定的。　　　　　　　　　　　　（　　）

5. 施工总承包方必要时可以代表业主方与设计方、工程监理方联系和协调。（　　）

6. 业主指定分包方在施工过程中可以不接受施工总承包方或施工总承包管理方的工作指令。　　　　　　　　　　　　　　　　　　　　　　　　　　　　　（　　）

7. 施工项目管理的客体是具体的施工对象、施工活动及相关生产要素　　（　　）

8. 施工方的项目管理工作仅在施工阶段进行，不涉及设计阶段。　　　　（　　）

1.2 施工项目的组织

一、单项选择题

1. 在组织结构中，每一个职能部门可根据它的管理职能对其直接和非直接的下属工作部门下达工作指令，这种组织结构模式是（　　）。

A. 职能组织结构 　　　　　　B. 线性组织结构

C. 项目合同结构 　　　　　　D. 矩阵组织结构

2. 某建设单位在工程项目组织结构设计中采用了线性组织结构模式（如下图所示）。图中反映了业主、设计单位、施工单位和为业主提供设备的供货商之间的组织关系，该图表明（　　）。

A. 总经理可直接向设计单位下达指令

B. 总经理可直接向设备供应商下达指令

C. 总经理必须通过业主代表下达指令

D. 业主代表可直接向施工单位下达指令

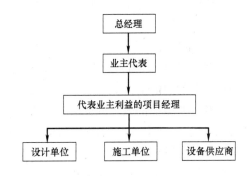

3. 某高校教学楼工程项目经理，在建立项目组织机构时采用了线性组织结构模式。该项目组织结构的特点是（　　）。

A. 可能有多个矛盾的指令源 　　　　B. 有横向和纵向两个指令源

C. 能促进管理专业化分工 　　　　D. 每个工作部门只接受一个上级的直接领导

4. 某铁路建设公司准备实施一个大型高速铁路建设项目的施工管理任务。为提高项目组织系统的运行效率，决定设置纵向和横向工作部门以减少项目组织结构的层次。该项目所选用的组织结构模式应为（　　）。

A. 线性组织结构 　　　　　　B. 矩阵组织结构

C. 职能组织结构 　　　　　　D. 项目组织结构

5. 矩阵式项目组织适用于（　　）。

A. 小型的、专业性较强的项目 　　B. 同时承担多个需要进行项目管理工程的企业

C. 大型项目、工期要求紧迫的项目 　D. 大型经营性企业的工程承包

6. 工作队式项目组织适用于（　　）。

A. 小型的、专业性较强的项目 　　B. 同时承担多个需要进行项目管理工程的企业

C. 大型项目、工期要求紧迫的项目   D. 大型经营性企业的工程承包

7. 某建筑工程公司作为总承包商承接了某单位迁建工程所有项目的施工任务，该项目包括办公楼、住宅楼和综合楼各一栋。该公司针对整个迁建工程项目制定的施工组织设计属于（   ）。

A. 施工组织总设计   B. 单位工程施工组织设计

C. 分部分项工程施工组织设计   D. 季、月、旬施工计划

8. 某建筑工程公司作为总承包商承接某高校新校区的全部工程项目，针对其中的综合楼建设所作的施工组织设计属于（   ）。

A. 施工规划   B. 单位工程施工组织设计

C. 施工组织总设计   D. 分部分项工程施工组织设计

二、多项选择题

1. 下列选项属于部门控制式项目组织缺点的是（   ）。

A. 各类人员来自不同部门，互相不熟悉

B. 不能适应大型项目管理需要，而真正需要进行施工项目管理的工程正是大型项目

C. 不利于对计划体系下的组织体制（固定建制）进行调整

D. 不利于精简机构

E. 具有不同的专业背景，难免配合不力

2. 下列选项属于工作队式项目组织优点的有（   ）。

A. 项目经理从职能部门抽调或招聘的是一批专家，他们在项目管理中配合，协同工作，可以取长补短，有利于培养一专多能的人才并充分发挥其作用

B. 各专业人才集中在现场办公，减少了扯皮和等待时间，办事效率高，解决问题快

C. 由于减少了项目与职能部门的结合部，项目与企业的结合部关系弱化，故易于协调关系，减少了行政干预，使项目经理的工作易于开展

D. 不打乱企业的原建制，传统的直线职能制组织仍可保留

E. 打乱企业的原建制，但传统的直线职能制组织可保留

3. 下列选项属于矩阵式项目组织优点的是（   ）。

A. 职责明确，职能专一，关系简单

B. 有部门控制式组织的优点

C. 能以尽可能少的人力，实现多个项目管理的高效率

D. 有利于人才的全面培养

E. 有工作队式组织的优点

4. 如下图所示一个线性组织结构模式，该图所反映的组织关系表示正确的是（   ）。

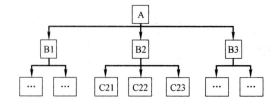

A. B2 接受 A 的直接指挥

B. A 可以直接向 C21 下达指令

C. A 必须通过 B2 向 C22 下达指令

D. B2 对 C21 有直接指挥权

E. B1 有权向 C23 下达指令

5. 施工组织设计的编制原则有（　　）。

A. 重视工程的组织对施工的作用

B. 提高施工的工业化程度

C. 积极采用国内外先进的施工技术

D. 合理部署施工现场，实现文明施工

E. 制订节约能源和材料措施

6. 根据施工组织设计编制的广度、深度和作用的不同，可分为（　　）。

A. 施工组织总设计　　　　　　　　B. 单位工程施工组织设计

C. 单项工程施工组织设计　　　　　D. 分部（分项）工程施工组织设计

E. 分部（分项）工程作业设计

三、判断题

1. 组织结构模式和组织分工都是一种相对动态的组织关系。　　　　　　（　　）

2. 组织分工反映一个组织系统中各子系统或各元素的工作任务分工和管理职能分工。

（　　）

3. 组织结构模式和组织分工都是一种相对动态的组织关系，工作流程组织则可反映一个组织系统中各项工作之间的逻辑关系，是一种静态关系。　　　　　　（　　）

4. 项目组织结构图应主要表达出业主方的组织关系，而项目的参与单位等有关的各工作部门之间的组织关系则应省略。　　　　　　　　　　　　　　　　（　　）

5. 职能组织机构适用于中型组织系统。　　　　　　　　　　　　　　　（　　）

6. 部门控制式项目组织一般适用于小型的、专业性较强、不涉及众多部门的施工项目。　　　　　　　　　　　　　　　　　　　　　　　　　　　　　　（　　）

1.3　施工项目目标动态控制

一、单项选择题

1. 项目目标动态控制的核心是在项目实施的过程中定期进行（　　）的比较。

A. 项目目标计划值和偏差值　　　　B. 项目目标实际值和偏差值

C. 项目目标计划值和实际值　　　　D. 项目目标当期值和上一期值

2. 下列选项不属于运用动态控制原理控制施工成本步骤的是（　　）。

A. 施工成本目标的逐层分解

B. 在施工过程中对施工成本目标进行动态跟踪和控制

C. 采取纠偏措施进行成本偏差纠偏

D. 进行进度分析

3. 下列选项不属于运用动态控制控制进度步骤之一的是（　　）。

A. 施工进度目标的逐层分解

B. 对施工进度目标的分析和比较

C. 在施工过程中对施工进度目标进行动态跟踪和控制

D. 调整施工进度目标

4. 调整进度管理的方法和手段，改变施工管理和强化合同管理等属于项目目标动态控制（　　）的纠偏措施。

　　A. 组织措施　　　　　B. 管理措施　　　　C. 经济措施　　　　D. 进度措施

5. 在项目实施过程中，为对工程进度目标进行动态跟踪和控制，在按照进度控制的要求，收集施工进度实际值之后应做的工作是（　　）。

　　A. 采取措施进行纠偏　　　　　　　B. 比较工程进度的计划值和实际值

　　C. 调整工程进度目标　　　　　　　D. 逐层分解工程进度目标

6. 调整项目组织结构、任务分工、进行管理职能分工，属于项目目标动态控制纠偏措施中的（　　）。

　　A. 组织措施　　　　　B. 管理措施　　　　C. 经济措施　　　　D. 技术措施

7. 某工程项目，在确定工期目标后，为保证项目按期完成，项目经理进一步确定了每月的进度目标。这项工作在运用动态控制原理进行进度控制的工作步骤中，属于（　　）。

　　A. 将工程进度目标逐层分解　　　　B. 定期比较工程进度的实际值与计划值

　　C. 收集工程进度实际值　　　　　　D. 确定进度控制周期

8. 对项目目标进行动态跟踪和控制，在确定了项目目标计划值后的施工过程中，首先应做的是（　　）。

　　A. 调整项目目标　　　　　　　　　B. 采取纠偏措施进行纠偏

　　C. 收集工程进度的实际值　　　　　D. 比较项目目标的实际值与计划值

二、多项选择题

1. 下列选项属于项目目标动态控制纠偏措施的有（　　）。

　　A. 组织措施　　　　　B. 管理措施　　　　C. 经济措施

　　D. 安全措施　　　　　E. 技术措施

2. 某施工企业承担了某项施工任务，为保证项目目标的实现，项目经理做了以下各项工作，其中属于项目目标事前控制的内容有（　　）。

　　A. 收集项目目标的实际值

　　B. 定期进行项目目标的计划值与实际值比较

　　C. 事前分析可能导致目标偏离的各种影响因素

　　D. 针对影响项目目标的各种因素采取预防措施

　　E. 当发现目标偏离时，采取纠偏措施进行纠偏

三、判断题

1. 调整项目组织结构、任务分工、管理职能分工、工作流程组织和项目管理班子人员等属于管理措施。　　　　　　　　　　　　　　　　　　　　　　　　　　（　　）

2. 在动态控制的工作程序中收集项目目标的实际值，定期（如每两周或每月）进行项目目标的计划值和实际值的比较是必不可少的。　　　　　　　　　　　　（　　）

3. 施工进度目标的逐层分解是从施工开始前和在施工过程中，逐步地由宏观到微观，由粗到细编制深度不同的进度计划的过程。　　　　　　　　　　　　　　（　　）

4. 成本的控制周期应视项目的规模和特点而定，一般的项目控制周期为一季度。

（　　）

1.4　项目施工监理

一、单项选择题

1. 我国的建设工程监理属于国际上（　　）项目管理的范畴。

A. 业主方　　　　　B. 施工方　　　　　C. 建设方　　　　　D. 监理方

2. 监理单位是建筑市场的主体之一，建设监理是一种高智能的（　　）。

A. 委托代理服务　　　　　　　B. 监督管理服务

C. 中介代理服务　　　　　　　D. 有偿技术服务

3. 某监理公司承担了当地某房地产开发项目的工程监理任务。则该工程监理单位所从事的建设监理活动在工作性质上属于（　　）。

A. 承包　　　　　B. 管理　　　　　C. 服务　　　　　D. 控制

4. 工程监理单位应当审查施工组织设计中的安全技术措施或者专项施工方案是否符合工程建设强制性标准。工程监理单位在实施监理过程中，发现存在安全事故隐患的，应当（　　）。

A. 直接要求建设单位下达停工令　　　B. 马上向有关主管部门报告

C. 要求建筑施工单位暂停施工　　　　D. 要求建筑施工企业整改

二、多项选择题

1. 下列选项是我国建设部规定必须实行监理的工程是（　　）。

A. 国家重点建设工程

B. 大中型公用事业工程

C. 成片开发建设的住宅小区工程

D. 利用外国政府或者国际组织贷款、援助资金的工程

E. 学校门卫室项目

2. 我国推行建设工程监理制度的目的是（　　）。

A. 确保工程建设质量　　　　　B. 提高工程建设水平

C. 与国际惯例接轨　　　　　　D. 充分发挥投资效益

E. 积极培育建筑市场

3. 按照工程监理规范的要求，监理工程师对建设工程实施监理时，可采取的形式有（　　）等。

A. 旁站　　　　　B. 抽查检验　　　　　C. 巡视

D. 见证取样　　　E. 平行检验

4. 根据《中华人民共和国建筑法》的规定，在实施建筑工程监理前，建设单位应书面通知施工企业的内容包括（　　）。

A. 工程监理单位　　　　　　　B. 监理单位项目负责人姓名

C. 监理的内容　　　　　　　　D. 监理的期限

E. 监理的权限

第2章　施工项目质量管理

2.1　施工项目质量管理的概念和原理

一、单项选择题

1. 质量管理的核心是（　　）。

A. 确定质量方针、目标和职责

B. 建立有效的质量管理体系

C. 质量策划、质量控制、质量保证和质量改进

D. 确保质量方针、目标的实施和实现

2. 质量管理的首要任务是（　　）。

A. 确定质量方针、目标和职责

B. 建立有效的质量管理体系

C. 质量策划、质量控制、质量保证和质量改进

D. 确保质量方针、目标的实施和实现

3. 下列影响项目质量因素选项中不属于人的因素是（　　）。

A. 建设单位　　　　　　　　　B. 政府主管及工程质量监督

C. 材料价格　　　　　　　　　D. 供货单位

4. 某工程在施工的过程中，地下水位比较高，若在雨季进行基坑开挖，遇到连续降雨或排水困难，就会引起基坑塌方或地基受水浸泡影响承载力，下列选项中属于（　　）对工程质量的影响。

A. 现场自然环境因素　　　　　B. 施工质量管理环境因素

C. 施工作业环境因素　　　　　D. 方法的因素

5. 根据承发包的合同结构，理顺管理关系，建立统一的现场施工组织系统和质量管理的综合运行机制，确保质量保证体系处于良好的状态，这属于环境因素中的（　　）。

A. 现场自然环境因素　　　　　B. 施工作业环境因素

C. 施工质量管理环境因素　　　D. 方法的因素

6. 施工质量保证体系运行的 PDCA 循环原理是指（　　）。

A. 计划、检查、实施、处理　　　B. 计划、实施、检查、处理

C. 检查、计划、实施、处理　　　D. 检查、计划、处理、实施

7. 施工质量保证体系运行的 PDCA 循环原理是（　　）。

A. 计划、检查、实施、处理　　　B. 计划、实施、检查、处理

C. 检查、计划、实施、处理　　　D. 检查、计划、处理、实施

8. 设计交底和施工图纸会审已经完成，属于（　　）的质量预控。

A. 全面施工准备阶段　　　　　B. 分部分项工程施工作业准备

C. 冬、雨季等季节性施工准备　　　D. 施工作业技术活动

二、多项选择题

1. 材料质量控制的要点有（　　）。

A. 掌握材料信息，优选供货厂家

B. 合理组织材料供应，确保施工正常进行

C. 合理组织材料使用，减少材料的损失

D. 加强材料检查验收，严把材料质量关

E. 降低采购材料的成本

2. 施工项目的质量特点，主要表现在（　　）。

A. 影响质量的因素多　　　　　　　　B. 容易产生质量变异

C. 质量的隐蔽性　　　　　　　　　　D. 评价方法的特殊性

E. 施工作业人员素质差异

3. 施工机械设备管理要健全各项管理制度，包括（　　）等。

A. "人机不固定"制度　　　　　　　　B. "操作证"制度

C. 岗位责任制度　　　　　　　　　　D. 交接班制度

E. "安全使用"制度

4. 检验批的质量应该按（　　）验收

A. 重要项目　　　　B. 主要项目　　　　C. 次要项目

D. 主控项目　　　　E. 一般项目

5. 施工平面图应根据（　　）的要求进行规范设计和布置。

A. PDCA 循环　　　B. 全面质量管理　　C. 质量管理体系

D. 施工总体方案　　E. 施工进度计划

三、判断题

1. 质量的主体是产品、体系、项目或过程，质量的客体是顾客和其他相关方。

（　　）

2. 质量管理的核心是确定质量方针、明确质量目标和岗位职责。　　　（　　）

3. 施工质量的影响因素主要有人、材料、机械、方法及环境等五大方面，即 4M1E。

（　　）

4. 事前、事中、事后质量三大环节控制不是互相孤立和截然分开的，它们共同构成有机的系统过程，实质上也就是质量管理 PDCA 循环的具体化。　　　（　　）

5. 对计划实施过程进行的各种检查指的是包括作业者自检，互检，专职管理者专检。

（　　）

2.2　施工项目质量控制系统

一、单项选择题

1. 下列选项不属于质量控制的系统过程的是（　　）。

A. 事前控制　　　　B. 事中控制　　　　C. 事后控制　　　　D. 事后弥补

2. 对质量活动过程的监督控制属于（　　）。

A. 事前控制　　　　B. 事中控制　　　　C. 事后控制　　　　D. 事后弥补

3. 施工项目质量控制系统按控制原理分为（　　）。

A. 勘察设计质量控制子系统、材料设备质量控制子系统、施工项目安装质量控制子系统、施工项目竣工验收质量控制子系统

B. 建设单位项目质量控制系统、施工项目总承包企业质量控制系统、勘察设计单位勘察设计质量控制子系统、施工企业（分包商）施工安装质量子系统

C. 质量控制计划系统、质量控制网络系统、质量控制措施系统、质量控制信息系统

D. 质量控制网络系统、建设单位项目质量控制系统、材料设备质量控制子系统

二、多项选择题

质量控制系统按照控制原理可以分为（   ）

A. 质量控制计划系统

B. 质量控制网络系统

C. 质量控制措施系统

D. 质量控制信息系统

E. 质量控制竣工验收系统

三、判断题

1. 质量管理是质量控制的一部分，是致力于满足质量要求的一系列相关活动。

（   ）

2. 事前质量控制即在正式施工前进行的事前主动质量控制，通过编制施工质量计划，明确质量目标，制定施工方案，设置质量管理点，落实质量责任，分析可能导致质量目标偏离的各种影响因素，针对这些影响因素制定有效的预防措施，防患于未然。（   ）

3. 事前、事中、事后质量三大环节控制不是互相孤立和截然分开的，它们共同构成有机的系统过程，实质上也就是质量管理 PDCA 循环的具体化。（   ）

2.3 施工项目施工质量控制和验收的方法

一、单项选择题

1. 初步设计文件，符合规划、环境，设计规范等要求属于设计交底中的（   ）。

A. 施工注意事项

B. 设计意图

C. 施工图设计依据

D. 自然条件

2. 为使施工单位熟悉有关的设计图纸，充分了解拟建项目的特点、设计意图和工艺与质量要求，减少图纸的差错，消灭图纸中的质量隐患，要做好（   ）的工作。

A. 设计交底、图纸整理

B. 设计修改、图纸审核

C. 设计交底、图纸审核

D. 设计修改、图纸整理

3. 工序质量控制的实质是（   ）。

A. 对工序本身的控制

B. 对人员的控制

C. 对工序的实施方法的控制

D. 对影响工序质量因素的控制

4. 下列选项中不属于图纸审核主要内容的是（   ）。

A. 该图纸的设计时间和地点

B. 对设计者的资质进行认定

C. 图纸与说明是否齐全

D. 图纸中有无遗漏、差错或相互矛盾之处，图纸表示方法是否清楚并符合标准要求

5. 选定施工方案后，制定施工进度时，必须考虑施工顺序、施工流向，主要分部分项工程的施工方法，特殊项目的施工方法和（   ）能否保证工程质量。

A. 技术措施   B. 管理措施   C. 设计方案   D. 经济措施

6. 合理选择和使用施工机械设备，是保证施工质量的重要环节。机械设备的使用应

贯彻"人机固定"的原则，实行（　　　）制度。

　　A. 定机、定时间、定岗位职责　　　　B. 定机、定人、定性能参数

　　C. 定机、定费用、定性能参数　　　　D. 定机、定人、定岗位职责

7. 某住宅小区建设项目，每栋住宅楼可以作为一个（　　　）进行质量控制。

　　A. 分部工程　　　B. 单位工程　　　C. 单项工程　　　D. 分项工程

8. 计量控制作为施工项目质量管理的基础工作，其主要任务是（　　　）。

　　A. 统一计量工具制度，组织量值传递，保证量值统一

　　B. 统一计量工具制度，组织量值传递，保证量值分离

　　C. 统一计量单位制度，组织量值传递，保证量值分离

　　D. 统一计量单位制度，组织量值传递，保证量值统一

9. 在工程验收过程中，经具有资质的法定检测单位对个别检验批检测鉴定后，发现其不能够达到设计要求。但经原设计单位核算后认为能满足结构安全和使用功能的要求。对此，正确的做法是（　　　）。

　　A. 可予以验收　　　　　　　　　　　B. 禁止验收

　　C. 由建设单位决定是否通过验收　　　D. 需要返工

10. 某砖混结构教学楼一楼墙体砌筑时，监理发现由于施工放线的失误，导致山墙上窗户的位置偏离 30cm，这时应该（　　　）。

　　A. 返工处理　　　B. 修补处理　　　C. 加固处理　　　D. 不作处理

二、多项选择题

1. 下列选项属于工程测量质量控制点的有（　　　）。

　　A. 标准轴线桩　　　B. 水平桩　　　C. 预留洞孔

　　D. 定位轴线　　　E. 预留控制点

2. 下列选项属于现场进行质量检查的方法有（　　　）。

　　A. 目测法　　　B. 实测法　　　C. 试验检查

　　D. 仪器测量　　　E. 系统监测

3. 在特殊过程中施工质量控制点的设置方法（种类）有（　　　）。

　　A. 以质量特性值为对象来设置　　　B. 以工序为对象来设置

　　C. 以设备为对象来设置　　　　　　D. 以管理工作为对象来设置

　　E. 以项目的复杂程度为对象来设置

三、判断题

1. 对于重要的工序或对工程质量有重大影响的工序，应严格执行"三检"制度，未经监理工程师（或建设单位技术负责人）检查认可，不得进行下道工序施工。　　（　　　）

2. 检验批的合格质量主要取决于对主控项目和一般项目的检验结果。一般项目是对检验批的基本质量起决定性影响的检验项目。　　　　　　　　　　　　　（　　　）

3. 工程质量的验收均应在施工单位自行检查评定的基础上进行。　　　（　　　）

4. 隐蔽工程在隐蔽前应由施工单位通知有关单位进行验收，并应形成验收文件。

　　　　　　　　　　　　　　　　　　　　　　　　　　　　　　　　　（　　　）

5. 质量事故的处理应达到安全可靠、不留隐患、满足生产和使用要求、施工方便、经济合理的目的。　　　　　　　　　　　　　　　　　　　　　　　　　（　　　）

2.4

判断题

单位工程质量监督报告，应当在竣工验收之日起 4 天内提交竣工验收备案部门。

（　　）

2.5　质量管理体系

一、多选题

1. 质量计划应根据（　　）来编制。

A. 企业质量手册　　　　　B. 企业质量目标

C. 项目质量目标　　　　　D. 质量管理体系的认证结论

E. 质量记录

2. 工程项目质量保证体系的主要内容有（　　）。

A. 项目施工质量目标　　　B. 项目施工质量计划

C. 程序文件　　　　　　　D. 思想保证体系

E. 组织保证体系

3. 下列选项中，属于质量管理八项原则的有（　　）。

A. 以顾客为关注焦点　　　B. 全员参与

C. 持续改进　　　　　　　D. 管理的系统方法

E. 与需方互利的关系

二、判断题

1. 建立质量管理体系的基本工作主要有：确定质量管理体系过程，明确和完善体系结构，质量管理体系要文件化，要定期进行质量管理体系审核与质量管理体系复审。

（　　）

2. 质量管理体系的评审和评价，一般称为管理者评审，它是由总监理工程师组织的，对质量管理体系、质量方针、质量目标等项工作所开展的适合性评价。（　　）

3. 为确保过程的有效运行和控制，在程序文件的指导下，尚可按管理需要编制相关文件，如作业指导书、具体工程的质量计划等。（　　）

2.6　施工项目质量问题的分析与处理

一、单项选择题

1. 在工程质量问题中，如混合结构出现的裂缝可能随环境温度的变化而变化，或随荷载的变化及负担荷载的时间而变化，这是属于工程质量事故的（　　）特点。

A. 复杂性　　　　B. 严重性　　　　C. 可变性　　　D. 多发性

2. 造成 3 人以上 10 人以下死亡，或者 10 人以上 50 人以下重伤，或者 1000 万元以上 5000 万元以下直接经济损失的事故属于（　　）。

A. 一般质量事故　　　　　　　B. 较大质量事故

C. 重大质量事故　　　　　　　D. 特别重大事故

3. 未搞清地质情况就仓促开工，边设计边施工，无图施工，不经竣工验收就交付使用等，这是施工项目质量问题中（　　）的原因。

    A. 违背建设程序　　　　　　　　　　B. 违反法规行为

    C. 地质勘查失真　　　　　　　　　　D. 施工与管理不到位

    4. 某单位修建 3 住宅楼，其中 1 栋在建成后均产生了严重的地基不均匀沉降，需要对地基进行加固处理，经测算直接经济损失为 110 万元，该工程质量应判定为（　　）。

    A. 一般质量事故　　　　　　　　　　B. 较大质量事故

    C. 重大质量事故　　　　　　　　　　D. 特别重大事故

    5. 某安装公司在钢结构安装过程中发生整体倾覆事故，正在施工的工人 5 人死亡，6 人重伤。按照事故造成损失的严重程度，该事故可判定为（　　）。

    A. 一般质量事故　　　　　　　　　　B. 较大质量事故

    C. 重大质量事故　　　　　　　　　　D. 特别重大事故

    6. 某事故经调查发现，是由于施工单位在施工过程中未严格执行材料检验程序，使用了不合格的钢筋混凝土预制构件造成的。按照事故产生的原因划分，该质量事故应判定为（　　）。

    A. 社会原因引发的事故　　　　　　　B. 经济原因引发的事故

    C. 技术原因引发的事故　　　　　　　D. 管理原因引发的事故

    7. 某工程在混凝土施工过程中，由于称重设备发生故障，导致工人向混凝土中掺入超量聚羧酸盐系高效减水剂，导致质量事故。该事故应判定为（　　）。

    A. 指导责任事故　　　　　　　　　　B. 社会、经济原因引发的事故

    C. 技术原因引发的事故　　　　　　　D. 管理原因引发的事故

    二、多项选择题

    1. 工程质量事故具有（　　）的特点。

    A. 复杂性　　　　　B. 固定性　　　　　C. 严重性

    D. 多发性　　　　　E. 可变性

    2. 施工项目质量问题的原因有很多，（　　）是属于施工与管理不到位的原因。

    A. 未经设计单位同意擅自修改设计

    B. 未搞清工程地质情况仓促开工

    C. 水泥安定性不良

    D. 采用不正确的结构方案

    E. 施工方案考虑不周，施工顺序颠倒

    3. 工程质量事故处理的主要依据有（　　）方面。

    A. 政府监管情况说明　　　　　　　　B. 质量事故的实况资料

    C. 有关合同及合同文件　　　　　　　D. 有关的技术文件和档案

    E. 相关的建设法规

    4. 某工程施工中，发生支模架坍塌事故，造成 15 人死亡，20 人受伤。经调查，该事故主要是由于现场技术管理人员生病请假，工程负责人为了不影响施工进度，未经技术交底就吩咐工人自行作业造成的。该工程质量应判定为（　　）。

    A. 技术原因引发的事故　　　　　　　B. 管理原因引发的事故

    C. 特别重大事故　　　　　　　　　　D. 指导责任事故

E. 重大质量事故

5. 建设工程质量事故的处理依据包括（　　　）。

A. 事故造成的经济损失大小　　　B. 有关合同及合同文件

C. 施工记录、施工日志等　　　　D. 有关质量事故的观测记录、照片等

E. 相关的建设法规

6. 建设工程质量事故的处理过程应当包括（　　　）。

A. 事故调查及原因分析　　　　　B. 事故处理

C. 制定事故处理方案　　　　　　D. 事故处理的鉴定验收

E. 事故各项损失的评估

三、判断题

1. 质量事故处理的基本要求是：安全可靠，不留隐患，满足建筑功能和使用要求，技术可行，经济合理，施工方便。（　　　）

2. 混凝土墙表面轻微麻面，必须做专门处理，不可通过后续的抹灰、喷涂或刷白等工序弥补。（　　　）

3. 凡是工程质量不合格，必须进行返修、加固或报废处理，由此造成直接经济损失低于 5000 元的称为质量问题。（　　　）

4. 凡是工程质量不合格，必须进行返修、加固或报废处理，由此造成直接经济损失在 5000 元（含 5000 元）以上的称为质量事故。（　　　）

5. 质量事故的处理应达到安全可靠、不留隐患、满足生产和使用要求、施工方便、经济合理的目的。（　　　）

6. 当工程的某些部分的质量虽未达到规定的规范、标准或设计要求，存在一定的缺陷，但经过修补后还可达到标准的要求，在不影响使用功能或外观要求的情况下，可以不做处理。（　　　）

第3章　施工项目进度管理

3.1　概述

一、单项选择题

1. 施工进度计划，可按项目的结构分解为（　　　）的进度计划等。

A. 单位（项）工程、分部分项工程

B. 基础工程、主体工程

C. 建筑工程、装饰工程

D. 外部工程、内部工程

2. 施工进度目标的确定，施工组织设计编制，投入的人力及施工设备的规模，施工管理水平等影响进度管理的因素属于（　　　）的因素。

A. 业主　　　　　　　　　　　　B. 勘察设计单位

C. 承包人　　　　　　　　　　　D. 建设环境

3. 建筑市场状况、国家财政经济形势、建设管理体制等影响进度管理的因素属于

（　　　）的因素。

    A. 业主   B. 勘察设计单位

    C. 承包人   D. 建设环境

4. 施工方所编制的施工企业的施工生产计划，属于（　　　）的范畴。

    A. 单体工程施工进度计划   B. 企业计划

    C. 施工总进度方案   D. 工程项目管理

5. 下列说法错误的是（　　　）

    A. 定额工期指在平均建设管理水平、施工工艺和机械装备水平及正常的建设条件（自然的、社会经济的）下，工程从开工到竣工所经历的时间。

    B. 合同工期的确定可参考定额工期或计划工期，不可根据投产计划来确定。

    C. 工程进度管理是一个动态过程，影响因素多，风险大，应认真分析和预测，采取合理措施，在动态管理中饰线进度目标。

二、多项选择题

1. 影响施工项目进度的因素有（　　　）。

    A. 业主的干扰因素   B. 勘察设计单位干扰因素

    C. 环境干扰因素   D. 施工单位干扰因素

    E. 监理单位干扰因素

2. 工程工期可以分为（　　　）。

    A. 定额工期   B. 合同工期   C. 计算工期

    D. 竣工工期   E. 完工工期

3. 根据工程项目的实际阶段，工程的进度可划分为（　　　）。

    A. 设计进度计划   B. 建设施工组织计划

    C. 施工进度计划   D. 物资设备供应计划

    E. 建设工程施工安全计划

三、判断题

1. 定额工期指在平均建设管理水平、施工工艺和机械装备水平及正常的建设条件（自然的、社会经济的）下，工程从开工到竣工所经历的时间。   （　　　）

2. 合同工期的确定可参考定额工期或计划工期，不可根据投产计划来确定。 （　　　）

3. 监理单位干扰因素是影响施工项目进度的因素之一。   （　　　）

3.2　施工组织与流水施工

一、单项选择题

1. 横道图表的水平方向表示工程施工的（　　　）。

    A. 持续时间   B. 施工过程   C. 流水节拍   D. 间歇时间

2. 同一施工过程在不同施工段上的流水节拍相等，但是不同施工过程在同一施工段上的流水节拍不全相等，而成倍数关系，叫做（　　　）。

    A. 等节拍流水   B. 成倍节拍专业流水

    C. 加快成倍节拍专业流水   D. 无节奏专业流水

3. 横道图中每一条横道的长度表示流水施工的（　　　）。

A. 持续时间　　　B. 施工过程　　　C. 流水节拍　　　D. 间歇时间

4. 依次施工的缺点是（　　　）。

A. 由于同一工种工人无法连续施工造成窝工，从而使得施工工期较长

B. 由于工作面拥挤，同时投入的人力、物力过多而造成组织困难和资源浪费

C. 一种工人要对多个工序施工，使得熟练程度较低

D. 容易在施工中遗漏某道工序

5. 当一个施工段上所需完成的劳动量（工日数）或机械台班量（台班数）和每天的工作班数固定不变，增加班组的人数或机械台班数，流水节拍（　　　）。

A. 变大　　　　B. 不变　　　　C. 不能确定　　　D. 变小

6. 等节拍专业流水是指各个施工过程在各施工段上的流水节拍全部相等，并且等于（　　　）的一种流水施工。

A. 流水节拍　　　B. 持续时间　　　C. 施工时间　　　D. 流水步距

二、多项选择题

1. 流水参数是在组织流水施工时，用以表达（　　　）方面状态的参数。

A. 流水施工工艺流程　　　　　　　B. 空间布置

C. 时间排列　　　　　　　　　　　D. 资金投入

E. 施工人员数量

2. 施工段的划分应当遵循的基本原则是（　　　）。

A. 同一施工过程在各流水段上的工作量（工程量）大致相等，以保证各施工班组连续、均衡地施工

B. 每个施工段要有足够的工作面，使其所容纳的劳动力人数或机械台数，能满足合理劳动组织的要求

C. 结合建筑物的外形轮廓、变形缝的位置和单元尺寸划分流水段

D. 当流水施工有空间关系时（分段又分层），对同一施工层，应使最少流水段数大于或等于主要施工过程数

E. 对于多层的拟建项目，既要划分施工段，又要划分施工层，以保证相应的专业工作队在施工段与施工层之间组织有节奏、连续、均衡的施工

3. 流水施工过程中的空间参数主要包括（　　　）

A. 工作面　　　　B. 施工段　　　　C. 施工层

D. 流水节拍　　　E. 间歇时间

三、判断题

等节拍专业流水是指各个施工过程在各施工段上的流水节拍全部相等，并且等于间歇时间的一种流水施工。　　　　　　　　　　　　　　　　　　　　　　　　　　　（　　　）

3.3 网络计划技术

一、单项选择题

1. 网络计划中的虚工作（　　　）。

A. 既消耗时间，又消耗资源　　　　B. 只消耗时间，不消耗资源

C. 既不消耗时间，也不消耗资源　　D. 不消耗时间，只消耗资源

2. 在建设工程常用网络计划表示方法中，（　　）是以箭线及其两端节点的编号表示工作的网络图。

A. 单代号网络图　　　　　　　　　B. 双代号网络图

C. 单代号时标网络图　　　　　　　D. 单代号搭接网络图

3. 双代号网络中把工作名称写在箭线____，工作的持续时间写在箭线____，箭尾表示工作____，箭头表示工作____。请选择正确答案（　　）。

A. 上　下　开始　结束　　　　　　B. 上　下　结束　开始

C. 下　上　结束　开始　　　　　　D. 下　上　开始　结束

4. 按照工程网络计划的原理，关键工作是指在网络计划中（　　）最小的工作。

A. 总时差　　　　B. 自由时差　　　　C. 持续时间　　　　D. 时间间隔

5. 在双代号时标网络图中，用（　　）来表示自由时差。

A. 实箭线　　　　B. 虚箭线　　　　C. 波形线　　　　D. 点划线

6. 在工程网络计划中，工作 A 的最迟完成时间为 18 天，其持续时间为 4 天。如果工作最早开始时间为 8 天，则工作 A 的总时差为（　　）天。

A. 4　　　　　　B. 5　　　　　　C. 6　　　　　　D. 10

7. 已知某工作 i—j 的持续时间为 2 天，其 i 节点的最早时间为 13 天，最迟时间为 18 天，则该工作的最早完成时间为（　　）天。

A. 13　　　　　　B. 15　　　　　　C. 20　　　　　　D. 31

8. 某分部工程双代号网络计划图如下图所示，其关键线路有（　　）条。

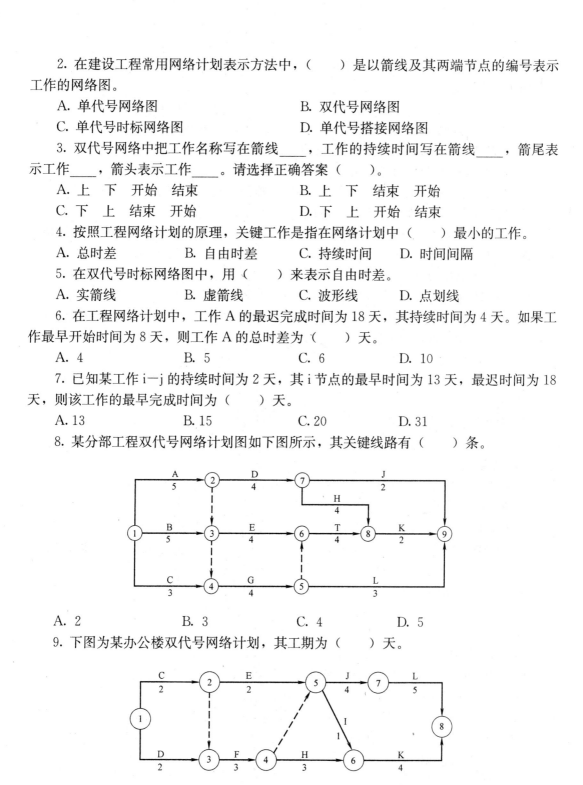

A. 2　　　　　　　B. 3　　　　　　　C. 4　　　　　　　D. 5

9. 下图为某办公楼双代号网络计划，其工期为（　　）天。

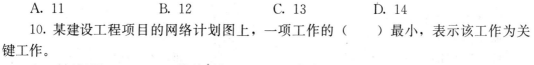

A. 11　　　　　　B. 12　　　　　　C. 13　　　　　　D. 14

10. 某建设工程项目的网络计划图上，一项工作的（　　）最小，表示该工作为关键工作。

A. 时间间隔　　　　B. 持续时间　　　　C. 总时差　　　　D. 自由时差

11. 某工程计划中 A 工作的持续时间为 5 天，总时差为 8 天，自由时差为 4 天。如果 A 工作实际进度拖延 13 天，则会影响工程计划工期（   ）天。

A. 13   B. 8   C. 9   D. 5

12. 在双代号网络计划和单代号网络计划中，关于关键线路下列说法正确的是（   ）。

A. 关键线路是总的工作持续时间最长的工作

B. 一个网络计划只能有 1 条关键线路

C. 在网络计划执行的过程中，关键线路不能转移

D. 关键线路上的工作不一定是关键工作

13. 在网络计划执行过程中，如果只发现工作 M 出现进度偏差，且拖延的时间超过其总时差，则（   ）。

A. 工作 M 不会变为关键工作   B. 将使工程总工期延长

C. 不会影响其紧后工作的总时差   D. 不会影响其后续工作的原计划安排

14. 在工程网络计划的执行过程中，发现原来某工作的实际进度比其他计划进度拖后 5 天，影响总工期 2 天，则工作原来的总时差为（   ）天。

A. 2   B. 3   C. 5   D. 7

15. 根据工程网络规划的有关理论，下列关于双代号网络图的说法不正确的是（   ）。

A. 用箭线和两端节点编号来表示工作   B. 只有一个开始节点

C. 只有一个结束节点   D. 工作之间允许搭接进行

二、多项选择题

1. 属于绘制双代号网络图规则的是（   ）。

A. 网络图中不允许出现回路

B. 网络图中不允许出现代号相同的箭线

C. 网络图中的节点编号不允许跳跃顺序编号

D. 在一个网络图中只允许一个起始节点和一个终止节点

E. 双代号网络图节点编号顺序应从小到大，可不连续，但严禁重复

2. 双代号网络图的绘制应遵循（   ）规则。

A. 双代号网络图中，严禁箭线交叉

B. 双代号网络图中，应只有一个起点节点

C. 双代号网络图中，严禁出现无箭头连线

D. 双代号网络图中，必须只有一个终点节点

E. 双代号网络图中，严禁出现无箭头节点的箭线

3. 根据工程网络规划的有关理论，下列关于双代号网络图的说法正确的是（   ）。

A. 用箭线和两端节点编号来表示工作

B. 只有一个开始节点

C. 只有一个结束节点

D. 虚工作表示工作之间的逻辑关系

E. 工作之间允许搭接进行

4. 在网络计划中，当计算工期等于计划工期时，（   ）是关键工作。

A. 自由时差最小的工作

B. 总时差最小的工作

C. 最早开始时间与最迟开始时间相等的工作

D. 最早完成时间与最迟完成时间相等的工作

E. 双代号网络计划中箭线两端节点的最早时间与最迟时间分别相等的工作

5. 下面双代号网络图中，工作 A 的紧后工作有（　　　）。

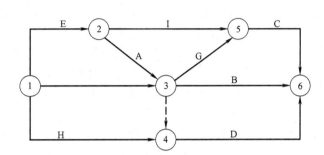

A. 工作 I　　　　　　B. 工作 B　　　　　　C. 工作 C

D. 工作 D　　　　　　E. 工作 G

6. 在工程网络计划中，关键线路是指（　　　）的线路。

A. 双代号网络计划中无虚箭线

B. 双代号时标网络计划中无波形线

C. 单代号网络计划中工作时间间隔为零

D. 双代号网络计划中持续时间最长

E. 单代号网络计划中自由时差为零的工作连起来

7. 双代号网络图中虚工作的特点有（　　　）。

A. 虚工作要占用时间　　　　　　　B. 虚工作不消耗资源

C. 实际工作中不存在虚工作　　　　D. 工作用虚箭线表示

E. 虚箭线和实箭线不可以交叉

三、判断题

1. 网络图是有方向的，按习惯从第一个节点开始，各工作按其相互关系从左向右顺序连接，一般不允许箭线箭头从右方向指向左方向。　　　　　　　　　　　　（　　）

2. 某项工作有两个紧后工作，其最迟完成时间分别为 15 天、10 天，其持续时间分别为 6 天、8 天，则本工作的最迟完成时间为 2 天。　　　　　　　　　　　　（　　）

3. 双代号时标网络是以双代号坐标为尺度编制的网络计划。　　　　　　　（　　）

4. 在双代号网络计划中，以波形线表示工作的自由时差。　　　　　　　　（　　）

5. 网络图的基本要素组成的是线路、编号、活动。　　　　　　　　　　　（　　）

6. 关键线路是总的工作持续时间最长的工作。　　　　　　　　　　　　　（　　）

7. 一个网络计划只能有 1 条关键线路。　　　　　　　　　　　　　　　　（　　）

8. 在网络计划执行的过程中，关键线路不能转移。　　　　　　　　　　　（　　）

9. 关键线路上的工作不一定是关键工作。　　　　　　　　　　　　　　　（　　）

10. 某项工作有两个紧后工作，其最迟完成时间分别为 20 天、15 天，其持续时间分

别为 7 天、12 天，则本工作的最迟完成时间为 3 天。 （ ）

3.4 施工项目进度控制

一、单项选择题

1. 某施工方的施工进度控制的环节有：①编制施工进度计划；②组织施工进度计划实施；③编制资源需求计划；④施工进度计划检查与调整。其控制顺序正确的是（ ）。

A. ①②③④　　　　B. ①③②④　　　　C. ③①②④　　D. ③①④②

2. 工程项目施工进度计划是针对（ ）为对象编制的。

A. 分部分项工程　　　　　　　　B. 作业班组

C. 整个企业　　　　　　　　　　D. 一个具体的工程项目

3. 建立图纸审查、及时办理工程变更和设计变更手续的措施属于施工方进度控制的（ ）。

A. 组织措施　　　B. 合同措施　　　C. 技术措施　　D. 经济措施

4. 施工进度计划监测内容是在进度计划执行记录的基础上，将实际执行结果与（ ）的规定进行比较。

A. 以后计划　　　B. 将来计划　　　C. 原计划　　　D. 现计划

5. （ ）是指将在项目实施中检查实际进度收集的信息，经整理后直接用横道线并标于原计划的横道线处，进行直观比较的方法。

A. 横道图比较法　　　　　　　　B. S 型曲线比较法

C. 香蕉型曲线比较法　　　　　　D. 前锋线法

6. 在香蕉型曲线比较法中，一条是以各项工作的计划最早开始时间安排进度而绘制的 S 型曲线，称为（ ）曲线 。

A. LS　　　　　　B. EF　　　　　　C. ES　　　　　D. LF

7. 若工作的进度偏差大于该工作的（ ），说明此偏差对后续工作产生影响，应根据后续工作允许的影响程度来确定如何调整。

A. 自由时差　　　B. 相关时差　　　C. 相对时差　　D. 总时差

二、多项选择题

1. 进度控制的技术措施主要包括：（ ）

A. 采用多级网络计划技术和其他先进适用的计划技术。

B. 组织流水作业，保证作业连续、均衡、有节奏。

C. 采用电子计算机控制进度的措施。

D. 采用先进高效的技术和设备。

E. 建立图纸审查、及时办理工程变更和设计变更手续的措施。

2. 影响施工项目进度的因素（ ）。

A. 人的干扰因素　　　　　　　　B. 材料、机具、设备干扰因素

C. 地基干扰因素　　　　　　　　D. 资金干扰因素和环境干扰因素

E. 政治干扰因素

3. 进度控制的技术措施主要包括：（ ）

A. 采用多级网络计划技术和其他先进适用的计划技术。

B. 组织流水作业，保证作业连续、均衡、有节奏。

C. 采用电子计算机控制进度的措施。

D. 采用先进高效的技术和设备。

E. 建立图纸审查、及时办理工程变更和设计变更手续的措施。

4. 将收集的资料整理和统计成与计划进度具有可比性的数据后，用实际进度与计划进度的比较方法进行比较分析。通常采用的比较方法有（　　）。

A. 横道图比较法　　　　　　　　B. S 型曲线比较法

C. "香蕉"型曲线比较法　　　　　D. 网络计划比较法

E. 前锋线比较法

5. 进度计划的调整方法中，对实施进度计划分析基础上，确定调整原计划方法主要有以下几种（　　）。

A. 改变某些工作的逻辑关系　　　B. 改变某些设施的逻辑关系

C. 改变某些工作的持续时间　　　D. 改变某些节点的持续时间

E. 改变某些工作的工艺关系

三、判断题

1. 在进度计划的调整过程中通过改变某些工作的逻辑关系可以达到缩短工作持续时间的作用。（　　）

2. 进度控制的组织措施不包括建立进度控制小组，将进度控制任务落实到个人。（　　）

3. 进度控制的组织措施包括建立进度报告制度和进度信息沟通网络。（　　）

4. 工程施工进度控制的措施主要是奖励措施和处罚措施。（　　）

5. 当进度发生偏差时，可通过改变某些工作的逻辑关系或改变某些工作的持续时间来进行纠偏。（　　）

6. 若某工作实际进度偏差大于该工作的自由时差，但是小于该工作的总时差，则该工作的原进度计划可以不做调整。（　　）

四、计算题或案例分析题

（一）某工程总承包企业承包企业承接了某大型交通枢纽工程的项目总承包业务，并与业主签订了建设项目工程总承包合同。为了实现业主提出的建设总进度目标，工程总承包方开展了如下一系列工作：

（1）分析和论证了总进度目标实现的可能性，编制了总进度纲要论证文件；

（2）编制了项目总进度计划，形成了由不同编制深度，不同功能要求和不同计划周期的进度计划组成的进度计划系统；

（3）明确了工程总承包方进度控制的目的和任务，提出了进度控制的各种措施。

根据场景，回答下列问题：

1. 建设工程项目的总进度目标是在项目的（　　）。

A. 决策　　　　　　B. 设计前准备　　　C. 设计　　　　　　D. 施工

2. 工程总承包方在进行项目总进度目标控制前，首先应（　　）。

A. 确定项目的总进度目标　　　　B. 分析和论证目标实现的可能性

C. 明确进度控制的目的和任务　　D. 编制项目总进度计划

3. 建设工程项目总进度目标论证的工作有：①确定项目的工作编码；②调查研究和收集资料；③进行项目结构分析；④进行进度计划系统的结构分析等等。其工作步骤为（　　）。

    A. ①-②-③-④　　　　B. ②-①-④-③　　　C. ①-④-②-③　　D. ②-③-④-①

4. 大型建设工程项目总进度论证的核心工作是（　　）。

    A. 明确进度控制的措施

    B. 分析影响施工进度目标实现的主要因素

    C. 通过编制总进度纲要论证总进度目标实现的可能性

    D. 编制各层（各级）进度计划

5. 下列进度控制的各项措施中，属于组织措施的是（　　）。

    A. 编制进度控制的工作流程

    B. 选择合理的合同结构，以避免过多合同界面而影响工程的进度

    C. 分析影响进度的风险并采取相应措施，以减少进度失衡的风险量

    D. 选择科学、合理的施工方案，对施工方案进行技术经济分析并考虑其对进度的影响

（二）A 建设工程公司承接某市供热厂工程的施工任务，该项目由油化库、空压站、汽车库、机修车间、锅炉间、烟囱等多个工业建筑和办公楼等配套设施，该项目规模大，工期紧迫，因此经业主同意后，将办公楼等配套设施分包给一家民营建筑公司。为了如期完工，施工单位经过认真分析，编制了周密的施工进度计划。

根据场景（一）回答下列问题：

6. 在进行建设工程项目总进度目标控制前，首先应该（　　）。

    A. 分析项目的合同结构　　　　　B. 编制详细的网络计划

    C. 分析项目资金流量　　　　　　D. 分析进度目标实现的可能性

7. 民营建筑公司作为分包单位应编制（　　）。

    A. 施工总进度计划　　　　　　　B. 单体工程施工进度计划

    C. 项目施工的年度施工计划　　　D. 项目施工的月度施工计划

8. 建设工程项目的总进度目标指的是整个项目的进度目标，它是在（　　）项目定义时确定的。

    A. 项目预测阶段　　　　　　　　B. 项目决策阶段

    C. 项目计划阶段　　　　　　　　D. 项目实施阶段

9. 在进行建设工程项目总进度目标控制前，首先应分析和论证（　　）。

    A. 目标实现的可能性　　　　　　B. 目标计划的可行性

    C. 目标完成的收益情况　　　　　D. 目标实施的步骤

10. A 建设工程公司作为总包单位应编制（　　）。

    A. 施工总进度计划　　　　　　　B. 子项目施工进度计划

    C. 项目施工的年度施工计划　　　D. 单体工程施工进度计划

11. 下列关于施工企业的施工生产计划与建设工程项目施工进度计划的描述中，正确的是（　　）。

    A. 两个计划属于同一系统的计划

B. 两个计划属于不同系统的计划

C. 两个计划都是针对一个具体工程项目

D. 两个计划都是针对整个企业

第 4 章　施工项目成本管理

4.1　施工项目成本管理的内容

一、单项选择题

1. 施工项目（　　）就是根据成本信息和施工项目的具体情况，运用一定的专门方法对未来的成本水平及其可能发展趋势做出科学的估计，其实质就是在施工之前对成本进行估算。

A. 成本核算　　　　B. 成本计划　　　　C. 成本预测　　　　D. 成本分析

2. 明确各级管理组织和各级人员在责任和权限，这是（　　）的基础之一，必须给以足够的重视。

A. 事先控制　　　　B. 成本控制　　　　C. 事中控制　　　　D. 事后控制

3. 施工项目成本管理就是要在保证工期和质量满足要求的情况下，利用施工项目成本管理的措施，把成本控制在计划范围内，并进一步寻求最大程度的（　　）。

A. 成本控制　　　　B. 成本估算　　　　C. 成本考核　　　　D. 成本节约

4. 实行项目经理责任制，落实施工成本管理的组织机构和人员，明确各级施工成本管理人员的任务和职能分工、权利和责任，编制本阶段施工成本控制工作和详细的工作流程图等，这是属于施工项目成本管理措施的（　　）。

A. 组织措施　　　　B. 技术措施　　　　C. 经济措施　　　　D. 合同措施

5. 在工程施工以前对成本进行估算的，属于（　　）的内容。

A. 施工成本预测　　　　　　　B. 施工成本控制

C. 施工成本分析　　　　　　　D. 施工成本计划

6. 将项目总施工成本分解到单项工程和单位工程中，再进一步分解为分部工程和分项工程，该种施工成本计划的编制方式是（　　）编制施工成本计划。

A. 按施工成本组成　　　　　　B. 按子项目组成

C. 按工程进度　　　　　　　　D. 按合同结构

7. 关于施工成本计划的编制，下列说法中，不正确的是（　　）。

A. 按时间进度的施工成本计划，通常可利用控制项目进度的网络图进一步扩充而得

B. 编制施工成本计划的各种方式是相互独立的

C. 可以将按子项目分解项目总施工成本与按施工成本构成分解项目总施工成本两种方法结合起来

D. 可以将按子项目分解项目总施工成本计划与按时间分解项目总施工成本计划结合起来

8. （　　）是以承包商为某项索赔工作所支付的实际开支为根据，向业主要求费用补偿。

A. 总费用法   B. 修正的总费用法

C. 计划费用法   D. 实际费用法

9. 某混凝土工程，采用以直接费为计算基础的全费用综合单价计价，直接费为 400 元/m^3，间接费费率为 13%，利润率为 10%，综合计税系数为 3.41%。则该混凝土工程的全费用综合单价为（   ）。

A. 498 元/m^3 B. 514 元/m^3 C. 536 元/m^3 D. 580 元/m^3

二、多项选择题

1. 施工成本管理的任务主要包括（   ）。

A. 成本预测   B. 成本计划   C. 成本执行评价

D. 成本核算   E. 成本分析和成本考核

2. 施工项目成本管理的措施主要有（   ）。

A. 管理措施   B. 技术措施   C. 经济措施

D. 合同措施   E. 组织措施

三、判断题

1. 施工项目成本预测是施工项目成本计划与决策的依据。   （   ）

2. 一般来说，一个施工项目成本计划应包括从开工到竣工所必需的施工成本。 （   ）

3. 施工成本控制可分为事先控制、过程控制、事后控制。   （   ）

4. 如果由于承包商管理不善，造成材料损坏失效，能列入索赔计价。   （   ）

4.2 施工项目成本计划的编制

一、单项选择题

1. 施工项目成本计划的编制依据不包括（   ）。

A. 合同报价书

B. 施工预算

C. 有关财务成本核算制度和财务历史资料

D. 企业组织机构图

2. 施工项目成本可以按成本构成分解为人工费、材料费、施工机械使用费、措施费（   ）。

A. 间接费   B. 直接费   C. 企业费   D. 利息

二、多项选择题

按时间进度编制施工成本计划时的主要做法有（   ）。

A. 通常利用控制项目进度的网络图进一步扩充而得

B. 除确定完成工作所需时间外，还要确定完成这一工作的成本支出

C. 将按子项目分解的成本计划与按成本构成分解的成本计划相结合

D. 要求同时考虑进度控制和成本支出对项目划分的要求，做到二者兼顾

E. 应考虑进度控制对项目划分要求，不必考虑成本支出对项目划分的要求

4.3 施工项目成本核算

一、单项选择题

1. 工程量清单漏项或设计变更引起的新的工程量清单项目，其相应综合单价由

（　　）提出，经发包人确认后作为结算的依据。

    A. 承包人　　　　　B. 建设单位　　　　C. 监理单位　　　D. 设计单位

    2. 我国现行工程变更价款的确定方法不包括（　　）。

    A. 合同中已有适用于变更工程的价格

    B. 合同中只有类似于变更工程的价格

    C. 合同中没有适用或类似于变更工程的价格

    D. FIDIC 施工合同条件下工程变更的估价

    3. 某基础工程包含土石方和混凝土两个子项工程，工程量清单中的土石方工程量为 4400m^3，混凝土工程量为 2000m^3，合同约定：土石方工程综合单价为 75 元/m^3，混凝土工程综合单价为 420 元/m^3；工程预付款额度为合同价的 15%。则该工程预付款额度为（　　）。

    A. 14.55 万元　　　　B. 17.55 万元　　　　C. 20.25 万元　　D. 24.70 万元

    4. 某施工合同约定钢材由业主提供，其余材料均委托承包商采购。但承包商在以自有机械设备进行主体钢结构制作吊装过程中，由于业主供应钢材不及时导致承包商停 5 天。则承包商计算施工机械窝工费向业主提出索赔时应按（　　）。

    A. 设备台班费　　　　　　　　　B. 设备台班折旧费

    C. 设备使用费　　　　　　　　　D. 设备租赁费

    5. 某建设工程工期为 3 个月，承包合同价为 100 万元，工程结算宜采用的方式是（　　）。

    A. 按月结算　　　　B. 分部结算　　　　C. 分段结算　　　D. 竣工后一次结算

    6. 某工程包含甲、乙两个子项工程，合同约定：甲项的全费用综合单价为 200 元/m^2，乙项的全费用综合单价为 180 元/m^2；进度款按月结算；工程保留金从第一个月起按工程进度款 5% 的比例逐月扣留。经监理工程师计量确认，施工单位第一个月实际完成的甲、乙两子项的工程量分别为 700m^2、500m^2。则本月应付给施工单位的工程款（不扣保留金）为（　　）。

    A. 20 万元　　　　　B. 23 万元　　　　C. 25 万元　　　D. 30 万元

二、多项选择题

    1. 索赔费用的组成包括（　　）。

    A. 人工费　　　　　B. 材料费　　　　C. 施工机械使用费

    D. 利润　　　　　　E. 工程预付款

    2. 承包工程价款的主要结算方式有（　　）。

    A. 按月结算　　　　　　　　　　B. 竣工后一次结算

    C. 分段结算　　　　　　　　　　D. 按周结算

    E. 结算双方约定的其他结算方式

    3. 在工程项目实施阶段，建安工程费用的结算可以根据不同情况采取多种方式，其中主要的结算方式有（　　）。

    A. 竣工后一次结算　　　　　　　B. 分部结算

    C. 分段结算　　　　　　　　　　D. 分项结算

    E. 按月结算

4. 下列关于建安工程费用主要结算方式的表述，正确的有（   ）。

A. 实行按月结算的工程，竣工后不需竣工结算

B. 实行分段结算的工程，可以按月预支工程款

C. 实行分段结算的工程，是按分部分项工程进行结算的

D. 实行竣工后一次结算的工程仅为承包合同价在 100 万元以下的工程

E. 实行竣工后一次结算和分段结算工程，当年结算款应与分年度工作量一致

5. 下列有关工程预付款的说法中，正确的有（   ）。

A. 工程预付款是承包人预先垫支的工程款

B. 工程预付款是施工准备和所需材料、结构件等流动资金的主要来源

C. 工程预付款又被称作预付备料款

D. 工程预付款预付时间不得迟于约定开工日前 7 天

E. 工程预付款扣款方式由承包人决定

三、计算题或案例分析题

某工程包含两个单项工程，分别发包给甲、乙两个承包商。在施工中发生如下事件。

事件一：该工程签约时的计算工程价款为 1000 万元，该工程固定要素的系数为 0.2；在结算时，各参加调值的品种，除钢材的价格指数增长了 10％外均未发生变化，钢材费用占讯值部分的 50％。

事件二：混凝土工程当年六月开始施工，当地气象资料显示每年七月份为雨期，在此期间承包商由于采取防雨排水措施而增加费用 1.5 万元；另由于业主原因致使工程在八月份暂停一个月。承包商拟提出索赔。

事件三：工程竣工后，发包人在收到甲递交的竣工结算报告及资料后 2 个月还没支付结算价款；发包人认可竣工验收报告已经 1 个月，但乙一直未提交完整的竣工结算报告及资料。

根据场景，回答下列问题：

1. 针对事件一，在工程动态结算时，采用调值公式法进行结算需要做好（   ）等工作。

A. 确定调值品种   B. 确定调值幅度

C. 商定调整因素   D. 确定考核地点和时间

E. 确定价格调值系数

2. FIDIC 合同条件下，在应用调值公式法进行工程价款动态结算时，价格的调整需要确定时点价格，这里的时点价格包括（   ）。

A. 开工时的市场价格   B. 政府指定的价格

C. 基准时期的市场价格   D. 工程价款结算时的指令价格

E. 特定付款证书有关的期间最后一天的 49 天前的时点价格

3. 针对事件二，承包商可索赔（   ）。

A. 防雨排水措施增加量   B. 不可辞退工人窝工费

C. 材料的超期储存费   D. 延期一个月应得利润

E. 增加的现场管理费

4. 针对事件三，以下说法正确的有（   ）。

A. 发包人应按银行同期存款利率向甲支付拖欠的利息，并承担违约责任

B. 甲可与发包人协议将工程折价，并从工程折价的价款中优先受偿

C. 甲可以申请法院将工程依法拍卖，并从拍卖的价款中优先受偿

D. 若发包人要求交付工程，乙承包商应当交付

E. 若发包人不要求交付工程，乙承包商应承担保管责任

5. 索赔证据的基本要求是（　　）。

A. 真实性　　　　　B. 及时性　　　　　C. 全面性

D. 关联性　　　　　E. 科学性

6. 索赔成立的前提条件有（　　）。

A. 与合同对照，事件已造成了承包人工程项目成本的额外支出或直接工期损失

B. 造成费用增加或工期损失的原因，按合同约定不属于承包人的行为责任或风险责任

C. 承包人按合同规定的程序和时间提交索赔意向通知和索赔报告

D. 由于监理工程师对合同文件的歧义解释，技术资料不确切，或由于不可抗力导致施工条件的改变，造成了时间，费用的增加

E. 发包人违反合同给承包人造成射间、费用的损失

7. 当承包人提出索赔后，工程师要对其提供的证据进行审查，属于有效证据的包括（　　）。

A. 招标文件中的投标须知

B. 施工会议纪要

C. 招标阶段发包人对承包人质疑书面解答

D. 检查和试验记录

E. 工程师书面命令

4.4　施工项目成本控制和分析

一、单项选择题

1. 施工项目成本控制的步骤是（　　）。

A. 比较—分析—预测—纠偏—检查

B. 预测—比较—分析—纠偏—检查

C. 比较—分析—预测—检查—纠偏

D. 预测—分析—比较—纠偏—检查

2. 施工项目成本控制的方法中，偏差分析可采用不同的方法，常用的有横道图法、（　　）、和曲线法。

A. 比率法　　　　B. 表格法　　　　C. 比较法　　　　D. 差额法

3. 具有形象直观，但反映的信息量少，一般在项目的较高管理层应用的施工成本偏差分析方法是（　　）。

A. 横道图法　　　B. 表格法　　　　C. 排列法　　　　D. 曲线法

4. 施工成本分析的依据中，对经济活动进行核算范围最广的是（　　）。

A. 会计核算　　　B. 成本核算　　　C. 统计核算　　　D. 业务核算

5. 通过技术经济指标的对比，检查目标的完成情况，分析产生差异的原因，进而挖掘内部潜力的方法是（　　　）。

A. 比较法　　　　　B. 因素分析法　　C. 差额计算法　　D. 比率法

6. 以下关于分部分项工程成本分析的资料来源说法错误的是（　　　）。

A. 预算成本来自投标报价成本

B. 目标成本来自施工预算

C. 实际成本来自施工任务单的实际工程量、实耗人工和限额领料单的实耗材料

D. 目标成本来自施工图预算

二、多项选择题

1. 施工成本控制的依据包括以下内容（　　　）。

A. 工程承包合同　　　　　　　　　B. 施工组织设计、分包合同文本

C. 进度报告　　　　　　　　　　　D. 施工成本计划

E. 工程变更

2. 施工项目成本分析的依据包括（　　　）。

A. 会计核算　　　　B. 业务核算　　　　C. 经济核算

D. 统计核算　　　　E. 公司核算

3. A 建筑公司承担某土方开挖工程。工程于 1 月开工，根据进度安排同年 2 月份计划完成土方量 4000m³，计划单价为 80 元/m³。时至同年 2 月底，实际完成工程量为 4500m³，实际单价为 78 元/m³，通过赢得值法分析可知（　　　）。

A. 进度提前完成 40000 元工作量　　　B. 进度延误完成 40000m³ 工作量

C. 费用节支 9000 元　　　　　　　　D. 费用超支 9000 元

E. 费用节支 31000 元

4. 施工成本分析的基本方法有（　　　）。

A. 比较法　　　　B. 因素分析法　　　　C. 差额计算法

D. 比率法　　　　E. 曲线法

5. 用比较法进行施工成本分析时，通常采用的比较形式有（　　　）。

A. 将实际指标与目标指标对比

B. 本期实际指标与拟完成指标对比

C. 本期实际指标与上期实际指标对比

D. 与本行业平均水平对比

E. 与本行业先进水平对比

6. 单位工程竣工成本分析的内容包括（　　　）。

A. 竣工成本分析　　　　　　　　　B. 主要资源节超对比分析

C. 月（季）度成本分析　　　　　　D. 主要技术节约措施及经济效果分析

E. 年度成本分析

三、判断题

1. 在施工成本控制中，把施工成本的实际值与计划值的差异叫做施工成本偏差。

（　　　）

2. 工程施工项目成本偏差分析就是从预算成本、计划成本和实际成本的相互对比中

找差距原因，促进成本管理，提高控制能力。 （　　）

3. 进行成本分析时，预算成本来自于施工预算。 （　　）

4. 动态比率的计算，通常采用基期指数和环比指数两种方法。 （　　）

5. 施工成本控制分析的三大核算依据中，统计核算比会计核算和业务核算的范围都广。 （　　）

四、计算题或案例分析题

某工程包含两个单项工程，分别发包给甲、乙两个承包商。在施工中发生如下事件。

事件一：该工程签约时的计算工程价款为 1000 万元，该工程固定要素的系数为 0.2；在结算时，各参加调值的品种，除钢材的价格指数增长了 10% 外均未发生变化，钢材费用占讽值部分的 50%。

事件二：混凝土工程当年六月开始施工，当地气象资料显示每年七月份为雨期，在此期间承包商由于采取防雨排水措施而增加费用 1.5 万元；另由于业主原因致使工程在八月份暂停一个月。承包商拟提出索赔。

事件三：工程竣工后，发包人在收到甲递交的竣工结算报告及资料后 2 个月还没支付结算价款；发包人认可竣工验收报告已经 1 个月，但乙一直未提交完整的竣工结算报告及资料。

根据场景，回答下列问题：

1. 针对事件一，在工程动态结算时，采用调值公式法进行结算需要做好（　　）等工作。

A. 确定调值品种　　　　　　　　B. 确定调值幅度

C. 商定调整因素　　　　　　　　D. 确定考核地点和时间

E. 确定价格调值系数

2. FIDIC 合同条件下，在应用调值公式法进行工程价款动态结算时，价格的调整需要确定时点价格，这里的时点价格包括（　　）。

A. 开工时的市场价格　　　　　　B. 政府指定的价格

C. 基准时期的市场价格　　　　　D. 工程价款结算时的指令价格

E. 特定付款证书有关的期间最后一天的 49 天前的时点价格

3. 针对事件二，承包商可索赔（　　）。

A. 防雨排水措施增加量　　　　　B. 不可辞退工人窝工费

C. 材料的超期储存费　　　　　　D. 延期一个月应得利润

E. 增加的现场管理费

4. 针对事件三，以下说法正确的有（　　）。

A. 发包人应按银行同期存款利率向甲支付拖欠的利息，并承担违约责任

B. 甲可与发包人协议将工程折价，并从工程折价的价款中优先受偿

C. 甲可以申请法院将工程依法拍卖，并从拍卖的价款中优先受偿

D. 若发包人要求交付工程，乙承包商应当交付

E. 若发包人不要求交付工程，乙承包商应承担保管责任

5. 常见的索赔证据主要有（　　）。

A. 工程各项会议纪要

B. 发包人或工程师签认的签证

C. 投标前发包人提供的参考资料和现场资料

D. 工程核算资料，财务报告等

E. 质量检验书

第5章 施工项目安全管理

5.1 安全生产管理概论

一、单项选择题

1. 在一个施工项目中，（　　）是安全管理工作的第一责任人。

A. 工程师　　　　B. 项目经理　　　　C. 安全员　　　　D. 班组长

2. （　　）是依据国家法律法规制定的，项目全体员工在生产经营活动中心必须贯彻执行，同时也是企业规章制度的重要组成部分。

A. 项目经理聘任制度　　　　　　B. 安全生产责任制度

C. 项目管理考核评价制度　　　　D. 材料及设备的采购制度

3. 贯彻安全第一方针，必须强调（　　）。

A. 预防为主　　B. 检查为主　　　　C. 调整为主　　　　D. 改进为主

4. 安全生产必须把好"七关"，这"七关"包括教育关、措施关、交底关、防护关、验收关、检查关和（　　）。

A. 监控关　　　　B. 文明关　　　　C. 改进关　　　　D. 计划关

5. 对结构复杂、施工难度大、专业性强的项目，除制定项目总体安全技术保证计划外，还必须制定（　　）的安全施工措施。

A. 单位工程或分部分项工程　　　　B. 单项工程或单位工程

C. 单位工程或分部工程　　　　　　D. 分部工程或分项工程

6. 施工安全技术措施可按施工准备阶段和施工阶段编写，其中，施工准备阶主要包括技术准备、物资准备、施工现场准备和（　　）。

A. 设备准备　　B. 资料准备　　　　C. 施工方案准备　　D. 施工队伍准备

7. 施工安全管理的工作目标要求按期开展安全检查活动，对查出的事故隐患的整改应达到整改"五定"要求，即：定整改责任人、定整改措施、定整改完成时间、定整改完成人和（　　）。

A. 定整改验收人　　　　　　　　B. 定整改预算

C. 定整改方案　　　　　　　　　D. 定整改目标

二、多项选择题

混凝土工程安全技术交底内容包括（　　）。

A. 车道板单车行走宽度不小于1.2m，双车道宽度不小于2.4m

B. 当塔吊放下料斗时，操作人员应主动避让，防止料斗碰头和料头碰人坠落

C. 离地面2m以上浇筑过梁、雨棚和小阳台等，不准站在搭接头上操作

D. 使用振动机前应检查电源电压，输电应安装漏电开关，保护电源线路良好，电源线不得有接头，机械运转要正常

E. 井架吊篮起吊时，应关好井架安全门，头、手不准伸入井架内，待吊篮停稳后，方可进入吊篮内工作

三、判断题

我国建筑企业的安全生产方针是"安全第一，预防为主"。   （   ）

5.2 施工安全管理体系

一、单项选择题

1. 施工安全管理体系的建立，必须适用于工程施工全过程的（   ）。

A. 安全管理和控制   B. 进度管理和控制

C. 成本管理和控制   D. 质量管理和控制

2. 以下施工安全技术保证体系组成不包括（   ）。

A. 施工安全的组织保证体系   B. 施工安全的制度保证体系

C. 施工安全的技术保证体系   D. 施工安全的合同保证体系

3. 施工安全信息保证体系的工作内容包括：①信息收集；②确保信息工作条件；③信息处理；④信息服务。正确的工作顺序是（   ）。

A. ①②③④   B. ④②①③   C. ②①④③   D. ②①③④

二、多项选择题

1. 施工企业在建立施工安全管理体系时，应遵循的原则有（   ）。

A. 要建立健全安全生产责任制和群防群治制度

B. 项目部可自行制定本项目的安全管理规程

C. 必须符合法律、行政法规及规程的要求

D. 必须适用于工程施工全过程

E. 企业可以建立统一的施工安全管理体系

2. 除了制度保证体系外，施工安全保证体系还包括（   ）。

A. 组织保证体系   B. 技术保证体系

C. 投入保证体系   D. 管理保证体系

E. 信息保证体系

5.3 施工安全技术措施

一、单项选择题

1. 安全生产6大纪律中规定，（   ）以上的高处、悬空作业、无安全设施的，必须系好安全带，扣好保险钩。

A. 2m   B. 3m   C. 4m   D. 5m

2. 起重机吊运砌块时，应采用（   ）吊装工具。

A. 摩擦式砌块夹具   B. 上压式砖笼

C. 网式砌块笼   D. 网式砖笼

3. 塔吊的防护，以下说法错误的是（   ）。

A. "三保险"、"五限位"齐全有效，夹轨器要齐全

B. 路轨接地两端各设一组，中间间距不大于25m，电阻不大于4Ω

C. 轨道横拉杆两端各设一组，中间杆距不大于 6m

D. 轨道中间严禁堆杂物，路轨两侧和两端外堆物应离塔吊回转台尾部 35cm 以上

4. 工地行驶的斗车、小平车的轨道坡度不得大于（　　），铁轨终点应有车挡，车辆的制动闸和挂钩要完好可靠。

A. 2％　　　　　　　B. 3％　　　　　　　C. 4％　　　　　　　D. 5％

二、多项选择题

1. 编制施工安全技术措施应符合下列（　　）的要求。

A. 根据不同分部分项工程的施工方法和施工工艺可能给施工带来的不安全因素，制定相应的施工安全技术措施，真正做到从技术上采取措施保证其安全实施。

B. 使用的各种机械动力设备、用电设备等给施工人员可能带来危险因素，从安全保险装置等方面采取的技术措施

C. 针对施工现场及周围环境，可能给施工人员或周围居民带来危害，以及材料、设备运输带来的不安全因素，从技术上采取措施，予以保护

D. 施工中有毒有害、易燃易爆等作业，可能给施工人员造成的危害，从技术上采取措施，防止伤害事故

E. 制定的施工安全技术措施需符合各地颁布的施工安全技术规范及标准

2. 施工安全技术交底的主要内容之一是做好"四口"、"五临边"的防护设施，其中"五临边"是指：未安栏杆的阳台周边；上下跑道、斜道的两侧边以及（　　）。

A. 框架工程的楼层周边　　　　　　　B. 卸料平台的外侧边

C. 砖混工程的楼层周边　　　　　　　D. 窗口外侧边

E. 无外架防护的屋面周边

3. 施工准备阶段现场准备的安全技术措施包括（　　）的内容。

A. 按施工总平面图要求做好现场施工准备

B. 电器线路，配电设备符合安全要求，有安全用电防护措施

C. 场内道路畅通，设交通标志，危险地带设危险信号及禁止通行标志

D. 保证特殊工种使用工具、器械质量合格，技术性能良好

E. 现场设消防栓，有足够的有效的灭火器材、设施

4. 混凝土工程安全技术交底内容包括（　　）。

A. 车道板单车行走宽度不小于 1.2m，双车道宽度不小于 2.4m

B. 当塔吊放下料斗时，操作人员应主动避让，防止料斗碰头和料头碰人坠落

C. 离地面 2m 以上浇筑过梁、雨棚和小阳台等，不准站在搭接头上操作

D. 使用振动机前应检查电源电压，输电应安装漏电开关，保护电源线路良好，电源线不得有接头，机械运转要正常

E. 井架吊篮起吊时，应关好井架安全门，头、手不准伸入井架内，待吊篮停稳后，方可进入吊篮内工作

5. 金属脚手架工程安全技术交底内容正确的是（　　）。

A. 架设金属扣件双排脚手架时，应严格执行国家行业和当地建设主管部门的有关规定

B. 架设前应严格进行钢管的筛选，凡严重锈蚀、薄壁、弯曲及裂变的杆件不宜采用

C. 脚手架的基础除按规定设置外，应做好防水处理

D. 高层建筑金属脚手架的拉杆，可以使用铅丝攀拉

E. 吊运机械允许搭设在脚手架上，不一定另立设置

三、判断题

1. 单项工程、单位工程均有安全技术措施，分部分项工程有安全技术具体措施，施工前由项目经理向参加施工的有关人员进行安全技术交底，并应逐级和保存"安全交底任务单"。　　　　　　　　　　　　　　　　　　　　　　　　　　　　　（　　）

2. 对大中型项目工程、结构复杂的重点工程除了必须在施工组织总体设计中编制施工安全技术措施外，还应编制单位工程或分部分项工程安全技术措施。　　　　（　　）

3. 人货两用电梯下部三面搭设双层防坠棚，搭设宽度正面不小于2.8m，两侧不小于1.8m，搭设高度为3m。　　　　　　　　　　　　　　　　　　　　　　　　　（　　）

5.4　施工安全教育与培训

一、单项选择题

1. 施工安全教育主要内容不包括（　　）。

A. 现场规章制度和遵章守纪教育

B. 本工种岗位安全操作及班组安全制度、纪律教育

C. 安全生产须知

D. 交通安全须知

2. 安全教育和培训要体现（　　）的原则，覆盖施工现场的所有人员，贯穿于从施工准备、工程施工到竣工交付的各个阶段和方面，通过动态控制，确保只有经过安全教育的人员才能上岗。

A. 安全第一，预防为主　　　　　　　B. 安全保证体系

C. 安全生产责任制　　　　　　　　　D. 全面、全员、全过程

二、多项选择题

1. 班组安全生产教育由班组长主持，进行本工种岗位安全操作及班组安全制度、安全纪律教育的主要内容有（　　）。

A. 本班组作业特点及安全操作规程

B. 本岗位易发生事故的不安全因素及其防范对策

C. 本岗位的作业环境及使用的机械设备、工具安全要求

D. 爱护和正确使用安全防护装置（设施）及个人劳动防护用品

E. 高处作业、机械设备、电气安全基础知识

2. 下列属于安全生产须知内容的是（　　）。

A. 进入施工现场，必须戴好安全帽、扣好帽带

B. 建筑材料和构件要堆放整齐稳妥，不要过高

C. 危险区域要有明显标志，要采取防护措施，夜间要设红灯示警

D. 手推车装运物料时，应注意平稳，掌握重心，不得猛跑或撒把溜放

E. 工具用好后要随时放在地上

三、计算题或案例分析题

（一）位于城市市区内的某建筑工地为了迎接上级主管部门的检查，做了现场清整工作。工人们在施工现场门口按照文明施工的要求做好了各种标志，并树立了未经许可不得入内的警示牌，还把清理出来的废木料、废油毡等就地焚烧，从工地外叫来废品回收人员收购废品。收购完后，废品回收人员未经许可又进入工地拣拾废品，不慎落入 5m 深的基坑内摔伤。

1. 工人把清理出来的废木料、废油毡等就地焚烧的做法，从环保角度评价正确的是（ ）。

A. 可以减少固体废弃物的体积，从而减少清运量

B. 应该在夜间焚烧垃圾，避免白天影响附近居民

C. 就地焚烧垃圾是临时性的，不会对周围地区的环境构成多大影响

D. 就地焚烧垃圾会影响周围地区的环境，是应该禁止的

2. 对废品回收人员摔伤的处理应该是（ ）。

A. 未经许可擅自进入工地的非工作人员，违反了工地规定，摔伤后果自负

B. 开始进入工地是经过许可的，但工地不能保证外来人员的安全

（二）某施工总承包单位承包某高层办公楼的建造任务，经业主和监理同意，施工总承包单位将基坑支护和土方开挖工程分包给了一家专业分包单位施工。专业分包单位在开工前进行了三级安全教育。土方开挖到接近基坑设计标高时，监理工程师发现基坑四周地表出现裂缝，即向施工总承包单位发出书面通知，要求停止施工，并要求立即撤离现场施工人员。但总承包单位认为地表裂缝属正常现象没有予以理睬。不久基坑发生了严重坍塌，并造成 4 名施工人员被掩埋，经抢救 3 人死亡，1 人重伤。经事故调查组调查，造成坍塌事故的主要原因是由于地质勘察资料中未标明地下存在古河道，基坑支护设计中未能考虑这一因素而造成的。

3. 三级安全教育包括进入企业、进入项目和进入（ ）。

A. 总包单位　　　B. 分包单位　　　C. 建设单位　　　D. 施工班组

4. 本起安全事故的主要责任人是（ ）。

A. 建设单位　　　B. 勘察单位　　　C. 设计单位　　　D. 施工总承包商

5.5　施工安全检查

一、单项选择题

安全检查的主要内容是（ ）。①查思想；②查管理；③查隐患；④查整改；⑤查事故处理。

A. ②③④　　　B. ①②③④　　　C. ①②③⑤　　　D. ①②③④⑤

二、判断题

安全检查的重点是违章指挥和违章作业。　　　　　　　　　　　　　　（ ）

5.6　施工过程安全控制

一、单项选择题

1. 采用人工挖土时，人与人之间的操作间距不得小于（ ）m。

A. 1.5　　　　　　B. 2.0　　　　　　C. 2.5　　　　　　D. 3

2. 槽、坑、沟边（　　）m 以内不得堆土、堆料、停置机具。

A. 0.5　　　　　　B. 1　　　　　　　C. 1.5　　　　　　D. 2

3. 基坑施工深度达到（　　）m 时必须设置 1.2m 高的两道护身栏杆，并按要求设置固定高度不低于 18cm 的挡脚板，或搭设固定的立网防护。

A. 0.5　　　　　　B. 1　　　　　　　C. 1.5　　　　　　D. 2

二、多项选择题

"三宝"是指（　　）

A. 防护罩　　　　B. 安全帽　　　　C. 安全带

D. 安全网　　　　E. 安全绳

第6章　施工信息管理

一、单项选择题

在工程施工技术管理资料中，工程竣工文件作为工程施工技术管理资料的一部分，应包括竣工报告、竣工验收证明书和（　　）。

A. 隐蔽工程验收资料　　　　　　　　B. 工程施工质量验收资料

C. 工程质量保修书　　　　　　　　　D. 工程质量控制资料

二、多项选择题

1. 施工文件档案管理的内容主要包括四大部分，分别是（　　）。

A. 工程施工技术管理资料　　　　　　B. 工程合同文档资料

C. 工程质量控制资料　　　　　　　　D. 竣工图

E. 工程施工质量验收资料

2. 施工文件档案立卷应遵循工程文件的自然形成规律，保持卷内工程前期文件、施工技术文件和竣工图之间的有机联系。其中施工文件的组卷，可以按照（　　）。

A. 单位工程　　B. 分部工程　　　C. 专业

D. 阶段　　　　E. 时间

三、判断题

1. 施工文件档案管理的内容主要包括：工程施工技术管理资料、工程质量控制资料、工程施工质量验收资料、竣工图四大部分。　　　　　　　　　　　　　　　（　　）

2. 施工单位向建设单位移交档案时，应编制移交清单，双方签字、盖章后方可交接。

（　　）

3. 卷内文件保管期限为永久、长期、中短期。　　　　　　　　　　　　（　　）

三、参考答案

第一篇

第1章

一、单项选择题

1. A；2. C；3. B；4. A；5. C；6. B；7. C；8. C；9. C；10．C；11. A；12. D；13. D；14. A；15. A；16. B；17. D；18. D；19. C；20. B；21. B；22. B；23. A；24. C；25. D

二、多项选择题

1. BCE；2. ABCE；3. ABDE；4. ABDE；5. ABCD；6. ABCE；7. ABCD；8. CDE；9. CD；10. ABDE；11. BCD；12. ABDE；13. ABC；14. ABC；15. CD；

三、判断题（A 表示正确，B 表示错误）

1. A；2. A；3. B；4. A；5. A；6. A；7．A；8. A；9. B；10. A；

四、计算题或案例分析题

1. B；2. B；3. B；4. ABCD；5. ABCD；6. D；7. D；8. B；9. B；10. C；11. A；12. B；13. A；14. D；15. A；16. A；17. A；18. D；19. D；20. B；21. B；22. C；23. C；24. B；25. A

第2章

一、单项选择题

1. D；2. C；3. A；4. C；5. C；6. D；7. D；8. A；9. D；10. C；11．D；12. C；13. C；14. C；15. A；16. B；17. A；18. D；19. C；20. D

二、多项选择题

1. ABC；2. AE；3. AD；4. ABC；5. ABCE；6. BD；7. BCDE；8. CE；9. ABCD；10. AB；11. AD；12. ABCE；13. ABD；14. ABC；15. AD；16. ABCD；17. ABCD；18. BDE；19. BCE；20. ABDE；

三、判断题（A 表示正确，B 表示错误）

1. B；2. A；3. A；4. B；5. B；6. A；7. B；8. B；9. B；10. B

四、计算题或案例分析题

1. D；2. ABCD；3. ABCD；4. ABCE；5. C；6. ABC；7. A；8. B；9. B；10. C；11. A；12. ABCD

第3章

一、单项选择题

1. B；2. A；3. C；4. A；5. D；6. D；7. D；8. A；9. D；10. C；11. B；12. A；
13. B；14. C；15. B；16. C；17. C；18. B；19. B；20. A；21. C

二、多项选择题

1. BCD；2. BCDE；3. ACDE；4. BCE；5. ABCD；6. ABDE；7. ACD；8. BD；
9. BCDE；10. ABC；11. DE；12. ABCE；13. ABCE；14. DA；15. ABCD；16. CDE；
17. ABCE；18. ABCD；19. ACD

三、判断题（A 表示正确，B 表示错误）

1. B；2. B；3. A；4. B；5. B；6. A；7. A；8. A；9. A；10. A；11. B；12. A；
13. A；14. B；15. B

四、计算题或案例分析题

1. ABCD；2. A；3. B；4. A；5. ABCD；6. ABDE；7. B；8. B；9. C；10.
ABC；11. C；12. A；13. A；14. C；15. B；16. C；17. B；18. A；19. A；20. B；
21. A；22. A

第4章

一、单项选择题

1. B；2. A；3. B；4. A；5. D；6. D；7. B；8. B；9. B；10. C；11. C；12. B；
13. C；14. D；15. D；16. C；17. C；18. B；19. B；20. C；21. D；22. C；23. A；
24. D；25. B；26. B；27. C；28. D；29. D；30. B；31. B；32. A；33. B；34. D；
35. C；36. B；37. C；38. C；39. B；40. A

二、多项选择题

1. ABCD；2. ABDE；3. ABD；4. CDE；5. ABCE；6. ABD；7. ABD；8. ABC；
9. BCE；10. AE；11. CDE；12. ABC；13. AB；14. BC；15. ACE；16. ABC；17.
ACE；18. BCE；19. ACE；20. AB；21. ACD；22. ABCE；23. BCDE；24. BCDE；
25. ABCE；26. BCD；27. ABE；28. ABC；29. ABCE；30. CDE

三、判断题（A 表示正确，B 表示错误）

1. B；2. B；3. B；4. B；5. B；6. A；7. A；8. B；9. B；10. B

四、计算题或案例分析题

1. A；2. C；3. C；4. B；5. C；6. D；7. C；8. A；9. ABC；10. ABCD；11. C；
12. C；13. D；14. A；15. B；16. C；17. D；18. B；19. C；20. C；21. C；22. B；
23. B；24. D；25. C；26. C；27. B；28. C；29. C；30. C；31. B；32. B；33. A；
34. B；35. ABC；36. B；37. C；38. B；39. B；40. B；41. ACE；42. ABC；43. A；
44. D；45. C；46. ABCE；47. CDE；48. BCE

第5章

一、单项选择题

1. B；2. C；3. B；4. A；5. C；6. D；7. A；8. B；9. D；10. D

二、多项选择题

1. BC；2. DE；3. BDE；4. CDE；5. ABCE；6. ABC；7. ACE；8. BCE；9. BCE；10. ACD

三、判断题（A 表示正确，B 表示错误）

1. B；2. A；3. A；4. A；5. A；6. A；7. A；8. B；9. B；10. B

四、计算题或案例分析题

1. C；2. B；3. D；4. C；5. CDE；6. ABCE；7. CD

第6章

一、单项选择题

1. D；2. C；3. B；4. C；5. C；6. B；7. A；8. B；9. D；10. C；11. C；12. B；13. B；14. C；15. A

二、多项选择题

1. ABCD；2. ABC；3. ABCD；4. ABCD；5. ADE；6. AB；7. ABCD；8. ABC；9. DE；10 . CD

三、判断题（A 表示正确，B 表示错误）

1. A；2. B；3. A；4. B；5. A；6. B；7. A；8. A；9. B；10. A；11. A；12. B；13. B；14. A；15. B

四、计算题或案例分析题

1. ACD；2. ABCD；3. ABCD；4. C；5. D；6. ABCD；7. ABCD；8. ABDE

第7章

一、单项选择题

1. A；2. A；3. B；4. B；5. B；6. B；7. C；8. B；9. A；10. C；11. C；12. A；13. A；14. A；15. C；16. C；17. B；18. D；19. D

二、多项选择题

1. ABCD；2. AD；3. ABD；4. ACE；5. ADE；6. ABD；7. BCD；8. BDE；9. ACE；10 . AB；11. ACD；12. BCDE；13. BCD；14. BCD；15. ABD；16. BCDE；17. ACDE；18. ACDE；19. ADE；20. ABCE

三、判断题（A 表示正确，B 表示错误）

1. A；2. B；3. A；4. B；5. A；6. A；7. B；8. B；9. B；10. A

四、计算题或案例分析题

1. C；2. B；3. A；4. D；5. ABCD；6. ABCE

第8章

一、单项选择题

1. D；2. B；3. C；4. B；5. A；6. A；7. A；8. C；9. D；10. B；11. B；12. B；

13. C；14. A；15. A；16. A；17. D；18. D；19. D；20. D；21. D；22. B；23. A；
24. D；25. C；26. C；27. A；28. D；29. A；30. D

二、多项选择题

1. BCDE；2. ABD；3. BCDE；4. CDE；5. ADE；6. ABC；7. ABE；8. ABE；9. BCD；10. AB

三、判断题（A 表示正确，B 表示错误）

1. B；2. A；3. A；4. B；5. B；6. A；7. A；8. A；9. B；10. A；11. A；12. A；
13. A；14. B；15. B

四、计算题或案例分析题

1. A；2. B；3. D；4. B；5. D；6. ABC；7. ADE；8. A；9. ABCD

第9章

一、单项选择题

1. D；2. B；3. C；4. D；5. D；6. A；7. B；8. C；9. B；10. A

二、多项选择题

1. ACDE；2. ABD；3. ACDE；4. ABE；5. ABCE；

三、判断题（A 表示正确，B 表示错误）

1. A；2. B；3. B；4. A；5. B；6. B；7. A；8. A；9. A；10. B

第二篇

一、单项选择题

1. D；2. A；3. D；4. D；5. A；6. A；7. D；8. C；9. B；10. D；11. B；12. D；
13. B；14. B；15. D；16. A；17. D；18. A；19. A；20. C；21. D；22. A；23. D；
24. C；25. B；26. D；27. C；28. D；29. A；30. C；31. A；32. A；33. A；34. A；
35. D；36. B；37. A；38. D；39. D；40. D；41. C；42. C；43. B；44. C；45. C；
46. D；47. C；48. C；49. C；50. A；51. A；52. D；53. C；54. A；55. B；56. A；
57. B；58. C；59. B；60. B；61. B；62. B；63. C；64. C；65. A；66. C；67. A；
68. B；69. C；70. C；

二、多项选择题

1. AE；2. ABCD；3. BDE；4. ACD；5. ADE；6. AB；7. BCD；8. ABCD；9. BCDE；10. ACD；11. ABCD；12. ACDE；13. ABCD；14. BCDE；15. ABCD；16. BCDE；17. ABCE；18. ABCD；19. ABCD；20. ABC；21. ABCD；22. ABCD；23. BCDE；24. CE；25. ABCD

三、判断题（A 表示正确，B 表示错误）

1. B；2. A；3. B；4. B；5. B；6. A；7. B；8. B；9. B；10. B；11. B；12. A；13. A；
14. B；15. A；16. B；17. A；18. A；19. A；20. B；21. B；22. B；23. B；24. A；25. B；
26. B；27. B；28. A；29. A；30. B；31. A；32. A；33. B；34. A；35. B

四、计算题或案例分析题

1. A；2. ABCD；3. ABDE；4. C；5. ABDE；6. A；7. C；8. BDE；9. C；10. ACDE；11. A；12. A；13. ACE；14. B；15. C；16. A；17. D；18. ABCD；19. B；20．B

第三篇

第1章

1.1

一、单项选择题

1. C；2. A；3. C；4. A；5. C；6. D；7. D；8. C

二、多项选择题

1. ABCE；2. ABDE；3. ABCE；4. AB

三、判断题（A 表示正确，B 表示错误）

1. A；2. A；3. B；4. B；5. B；6. B；7. A；8. B

1.2

一、单项选择题

1. A；2. C；3. D；4. B；5. B；6. C；7. A；8. B

二、多项选择题

1. BCD；2. ABCD；3. BCDE；4. ACD；5. ABCD；6. ABDE

三、判断题（A 表示正确，B 表示错误）

1. B；2. A；3. B；4. B；5. B；6. A

1.3

一、单项选择题

1. C；2. D；3. B；4. B；5. B；6. A；7. A；8. C

二、多项选择题

1. ABCE；2. CD

三、判断题（A 表示正确，B 表示错误）

1. B；2. A；3. A；4. B

1.4

一、单项选择题

1. A；2. D；3. C；4. D

二、多项选择题

1. ABCD；2. ABD；3. ACE；4. ACE

第2章

2.1

一、单项选择题

1. B；2. A；3. C；4. A；5. C；6. B；7. B；8. A

二、多项选择题

1. ABCD；2. ABCD；3. BCDE；4. DE；5. DE

三、判断题（**A** 表示正确，**B** 表示错误）

1. A；2. B；3. A；4. A；5. A

2. 2

一、单项选择题

1. D；2. B；3. C

二、多项选择题

ABCD

三、判断题（**A** 表示正确，**B** 表示错误）

1. B；2. A；3. A

2. 3

一、单项选择题

1. C；2. C；3. D；4. A；5. A；6. D；7. C；8. D；9. A；10. A

二、多项选择题

1. ABD；2. ABC；3. ABCD

三、判断题（**A** 表示正确，**B** 表示错误）

1. A；2. B；3. A；4. A；5. A

2. 4

判断题（**A** 表示正确，**B** 表示错误）

B

2. 5

一、多项选择题

1. AC；2. ABDE；3. ABCD

二、判断题（**A** 表示正确，**B** 表示错误）

1. A；2. B；3. A

2. 6

一、单项选择题

1. C；2. B；3. A；4. A；5. B；6. D；7. D

二、多项选择题

1. ACDE；2. AE；3. BCDE；4. BDE；5. BCDE；6. ABCD

三、判断题（**A** 表示正确，**B** 表示错误）

1. A；2. B；3. A；4. A；5. A；6. B

第3章

3. 1

一、单项选择题

1. A；2. C；3. D；4. B；5. B

二、多项选择题

1. ABCD；2. ABC；3. ACD

三、判断题（**A** 表示正确，**B** 表示错误）

1. A；2. B；3. B

3.2

一、单项选择题

1. A；2. B；3. C；4. A；5. B；6. D

二、多项选择题

1. ABC；2. ABCD；3. ABC

三、判断题（**A** 表示正确，**B** 表示错误）

B

3.3

一、单项选择题

1. C；2. B；3. A；4. A；5. C；6. C；7. B；8. D；9. D；10. C；11. D；12. A；
13. B；14. B；15. D

二、多项选择题

1. ABDE；2. BCDE；3. ABCD；4. BCD；5. BDE；6. BCD；7. BCD

三、判断题（**A** 表示正确，**B** 表示错误）

1. A；2. A；3. B；4. A；5. B；6. A；7. B；8. B；9. B；10. A

3.4

一、单项选择题

1. B；2. D；3. A；4. C；5. A；6. C；7. A

二、多项选择题

1. ABCD；2. ABCD；3. ABCD；4. ABCE；5. AC

三、判断题（**A** 表示正确，**B** 表示错误）

1. A；2. B；3. A；4. B；5. A；6. A

四、计算题或案例分析题

1. A；2. B；3. D；4. C；5. A；6. D；7. B；8. B；9. A；10. A；11. B

第4章

4.1

一、单项选择题

1. C；2. B；3. D；4. A；5. A；6. B；7. B；8. D；9. B

二、多项选择题

1. ABDE；2. BCDE

三、判断题（**A** 表示正确，**B** 表示错误）

1. A；2. A；3. A；4. B

4. 2

一、单项选择题

1. D；2. A

二、多项选择题

ABD

4. 3

一、单项选择题

1. A；2. D；3. B；4. B；5. D；6. B

二、多项选择题

1. ABCD；2. ABCE；3. ACE；4. BE；5. BCD

三、计算题或案例分析题

1. ACD；2. CE；3. BCE；4. BCDE；5. ABCD；6. ABC；7. BDE

4. 4

一、单项选择题

1. A；2. B；3. A；4. D；5. A；6. D

二、多项选择题

1. ACDE；2. ABD；3. AC；4. ABCD；5. ACDE；6. ABD

三、判断题（A 表示正确，B 表示错误）

1. A；2. A；3. B；4. A；5. B

四、计算题或案例分析题

1. ACD；2. CE；3. BCE；4. BCDE；5. ABCD

第5章

5. 1

一、单项选择题

1. B；2. B；3. A；4. B；5. A；6. D；7. A

二、多项选择题

BCDE

三、判断题（A 表示正确，B 表示错误）

A

5. 2

一、单项选择题

1. A；2. D；3. D

二、多项选择题

1. ACD；2. ABCE

5. 3

一、单项选择题

1. A；2. A；3. D；4. B

二、多项选择题

1. ACD；2. ABE；3. ABCE；4. BCDE；5. ABC

三、判断题（**A** 表示正确，**B** 表示错误）

1. A；2. A；3. B

5.4

一、单项选择题

1. D；2. D

二、多项选择题

1. ABCD；2. ABCD

三、计算题或案例分析题

1. D；2. A；3. C；4. B

5.5

一、单项选择题

D

二、判断题（**A** 表示正确，**B** 表示错误）

A

5.6

一、单项选择题

1. C；2. B；3. D

二、多项选择题

BCD

第 6 章

一、单项选择题

C

二、多项选择题

1. ACDE；2. ABCD。

三、判断题（**A** 表示正确，**B** 表示错误）

1. A；2. A；3. B

第三部分

模 拟 试 卷

模 拟 试 卷

第一部分 专业基础知识（共 60 分）

一、单项选择题（以下各题的备选答案中都只有一个是最符合题意的，请将其选出，并在答题卡上将对应题号后的相应字母涂黑。每题 0.5 分，共 20 分。）

1. 图上标注的尺寸由（   ）4 部分组成。

A. 尺寸界线、尺寸线、尺寸数字和箭头

B. 尺寸界线、尺寸线、尺寸起止符号和尺寸数字

C. 尺寸界线、尺寸线、尺寸数字和单位

D. 尺寸线、起止符号、箭头和尺寸数字

2. 《房屋建筑制图统一标准》（GB 50001—2010）中规定中粗实线的一般用途，下列正确的是（   ）。

A. 可见轮廓线　　　　B. 尺寸线　　　　C. 变更云线　　　　D. 家具线

3. 索引符号 $\overset{\text{J103}}{\underset{2}{\big(5\big)}}$ 中，数字 5 表示（   ）。

A. 详图编号　　　　B. 图纸编号　　　　C. 标准图　　　　D. 5 号图纸

4. 平行投影的特性不包括（   ）。

A. 积聚性　　　　B. 真实性　　　　C. 类似性　　　　D. 粘聚性

5. 在三面投影图中，H 面投影反映形体的（   ）。

A. 长度和高度　　　B. 长度和宽度　　　C. 高度和宽度　　　D. 长度

6. 点 A（20、15、10）在点 B（15、10、15）的（   ）。

A. 正下方　　　　B. 左前方　　　　C. 左前上方　　　　D. 左前下方

7. 选择哪一种轴测投影来表达一个物体，应按物体的形状特征和对立体感程度的要求综合考虑而确定。通常应从两个方面考虑：首先是直观性，其次是（   ）。

A. 作图的简便性　　　　　　　　B. 特异性

C. 美观性　　　　　　　　　　　D. 灵活性

8. AutoCAD 中绘制直线的命令快捷键为（   ）。

A. L　　　　B. C　　　　C. A　　　　D. M

9. 总平面图中图例 ⌞────⌟ 表示（   ）。

A. 原有建筑物　　　　　　　　　B. 拆除的建筑物

C. 新设计的建筑物　　　　　　　D. 计划扩建的预留地或建筑物

216

10. 建筑模数是选定的标准尺寸单位，基本模数 1M＝（　　　）mm。

　　A. 1000　　　　　　　B. 200　　　　　　　C. 50　　　　　　　D. 100

11. 隔墙按构造方式分为（　　　）、轻骨架隔墙和板材隔墙三大类。

　　A. 普通砖隔墙　　　B. 砌块隔墙　　　C. 块材隔墙　　　D. 轻钢龙骨隔墙

12. 下列是角度测量所用的常见仪器为（　　　）。

　　A. 经纬仪　　　　　B. 水准仪　　　　　C. 钢尺　　　　　D. 激光垂直仪

13. 对于地势平坦，通视又比较困难的施工场地，可采用（　　　）。

　　A. 三角网　　　　　B. 导线网　　　　　C. 建筑方格网　　　D. 建筑基线

14. 轴线向上投测时，要求 H 建筑物总高度 30m＜H≤60m，要求竖向误差在本层内不超过（　　　）。

　　A. 10mm　　　　　　B. 5mm　　　　　　C. 15mm　　　　　D. 20mm

15. 建筑基线上的基线点应不少于（　　　）。

　　A. 1 个　　　　　　B. 2 个　　　　　　C. 3 个　　　　　D. 4 个

16. 建筑方格网是由（　　　）组成的施工平面控制网。

　　A. 菱形　　　　　　　　　　　　　B. 五边形

　　C. 正方形或矩形　　　　　　　　　D. 三角形

17. 建筑方格网中，等级为Ⅰ级，边长在 100～300，测角检测限差（　　　）。

　　A. 10″　　　　　　　B. 20″　　　　　　C. 5″　　　　　　D. 8″

18. 施工水准点是用来直接测设建筑物（　　　）。

　　A. 高程　　　　　　B. 距离　　　　　　C. 角度　　　　　D. 坐标

19. 轴线控制桩一般设置在基槽外（　　　）处，打下木桩，桩顶钉上小钉，准确标出轴线位置，并用混凝土包裹木桩。

　　A. 2～4m 处　　　　B. 4～5m 处　　　C. 6～8m 处　　　D. 8～10m 处

20. 加减平衡力系公理适用于（　　　）。

　　A. 刚体　　　　　　　　　　　　　B. 变形体

　　C. 任意物体　　　　　　　　　　　D. 由刚体和变形体组成的系统

21. 桁架杆件是拉压构件，主要承受（　　　）。

　　A. 轴向变形　　　　B. 剪切　　　　　C. 扭转　　　　　D. 弯曲

22. 关于砌体结构的优点，下列哪项（　　　）不正确。

　　A. 就地取材　　　　　　　　　　　B. 造价低廉

　　C. 耐火性能好以及施工方法简易　　　D. 抗震性能好

23. 梁的截面尺寸应按统一规格采用。梁宽一般不采用（　　　）。

　　A. 120　　　　　　　B. 140　　　　　　C. 200　　　　　　D. 240

24. 预应力混凝土构件在制作、运输、安装、使用的各个过程中，由于张拉工艺和材料特性等原因，使钢筋中的张拉应力逐渐降低的现象称为（　　　）。

　　A. 预应力损失　　　B. 预应力松弛　　　C. 预应力损耗　　　D. 预应力降低

25. 超高层建筑中（　　　）的影响会对结构设计引起绝对控制作用。

　　A. 竖向荷载　　　　B. 水平荷载　　　　C. 温度作用　　　　D. 施工荷载

26. 材料密度、表观密度、堆积密度的大小关系是（　　　）。

A. 密度＞表观密度＞堆积密度   B. 堆积密度＞表观密度＞密度

C. 密度＞堆积密度＞表观密度   D. 堆积密度＞密度＞表观密度

27. 下列不属于建筑石膏特点的是（   ）。

A. 凝结硬化快   B. 硬化中体积微膨胀

C. 耐水性好   D. 孔隙率大，强度低

28. 通用水泥的强度等级是根据（   ）来确定的。

A. 细度   B. 3d 和 28d 的抗压强度

C. 3d 和 28d 抗折强度   D. B+C

29. 高温车间及烟囱基础的混凝土应优先选用（   ）。

A. 普通水泥   B. 粉煤灰水泥   C. 矿渣水泥   D. 火山灰水泥

30. Q235—A·F 表示（   ）。

A. 屈服点为 235MPa 的、质量等级为 A 级的沸腾钢

B. 抗拉强度为 235MPa 的、质量等级为 A 级的沸腾钢

C. 屈服点为 235MPa 的、质量等级为 A 级的镇静钢

D. 抗拉强度为 235MPa 的、质量等级为 A 级的镇静钢

31. 建筑工程中屋面防水用沥青，主要考虑其（   ）要求。

A. 针入度   B. 黏滞度   C. 延度   D. 软化点

32. 一单项工程分为 3 个子项，它们的概算造价分别是 500 万元、1200 万元、3600 万元，该工程的设备购置费是 900 万元，则该单项工程总概算造价是（   ）万元。

A. 4800   B. 1700   C. 1200   D. 6200

33. 预算定额是指在合理的施工组织设计、正常施工条件下、生产一个规定计量单位合格产品所需的人工、材料和机械台班消耗量标准，其定额编制水平为（   ）。

A. 平均先进水平   B. 社会平均水平   C. 先进水平   D. 本企业平均水平

34. 某施工机械年工作 320 台班，年平均安拆 0.85 次，机械一次安拆费 28000 元，一次场外运费 1000 元，则该施工机械的台班安拆费及场外运费为（   ）元。

A. 177   B. 77   C. 102   D. 74

35. 实行工程量清单招标的工程建设项目应当采用（   ）合同，量的风险由发包人承担，价的风险在约定风险范围内的，由承包人承担，风险范围以外的按合同约定。

A. 固定总价   B. 固定单价   C. 成本加酬金   D. 可调总价

36. 江苏省采用工程量清单计价法计价程序（包工包料）综合单价中的管理费计算基数为（   ）。

A. 人工费＋机械费   B. 人工费

C. 人工费＋材料费   D. 材料费＋机械费

37. 沟漕：又称基槽。指图示槽底宽（含工作面）在 3m 以内，且槽长大于槽宽（   ）倍以上的挖土工程。

A. 1   B. 2   C. 3   D. 4

38. 在我国法律体系中，《招标投标法》属于（   ）部门。

A. 民法   B. 商法   C. 经济法   D. 诉讼法

39. 甲公司是乙公司的分包单位，若甲公司分包工程出现了质量事故，则下列说法正

确的是（   ）。

    A. 业主只可以要求甲公司承担责任

    B. 业主只可以要求乙公司承担责任

    C. 业主可以要求甲公司和乙公司承担连带责任

    D. 业主必须要求甲公司和乙公司同时承担责任

40. 职业道德是所有从业人员在职业活动中应该遵循的（   ）。

    A. 行为准则   B. 思想准则   C. 行为表现   D. 思想表现

    二、多项选择题（以下各题的备选答案中都有两个或两个以上是最符合题意的，请将它们选出，并在答题卡上将对应题号后的相应字母涂黑。多选、少选、选错均不得分。每题 1 分，共 20 分。）

41. 在 V 面上能反映直线的实长的直线可能是（   ）。

    A. 正平线   B. 水平线   C. 正垂线

    D. 铅垂线   E. 平行线

42. 组合体投影图中的一条直线，一般有三种意义：（   ）。

    A. 可表示形体上一条棱线的投影   B. 可表示形体上一个面的积聚投影

    C. 可表示形体上一个曲面的投影   D. 可表示曲面体上一条轮廓素线的投影

    E. 可表示形体上孔、洞、槽或叠加体的投影

43. 对于一些二维图形，通过（   ）等操作就可以轻松地转换为三维图形。

    A. 拉伸   B. 设置标高   C. 设置厚度

    D. 移动   E. 复制

44. 柱平法施工图中，柱编号包括（   ）。

    A. KZ   B. KZZ   C. GZ

    D. XZ   E. LZ、QZ

45. 防潮层的做法通常有（   ）。

    A. 油毡防潮层   B. 防水砂浆防潮层

    C. 防水砂浆砌砖   D. 细石混凝土防潮层

    E. 垂直防潮层

46. 测设的基本工作包括（   ）。

    A. 水平距离的测设   B. 方位角的测设

    C. 水平角的测设   D. 高程的测设

47. 高层建筑物轴线的竖向投测主要有（   ）。

    A. 利用皮数杆传递高程   B. 外控法

    C. 吊钢尺法   D. 利用钢尺直接丈量

    E. 内控法

48. 民用建筑施工测量的主要任务（   ）。

    A. 建筑物的定位和放线   B. 基础工程施工测量

    C. 墙体工程施工测量   D. 高层建筑施工测量

    E. 角度测量

49. 激光铅垂仪投测轴线其投测方法如下（   ）。

A. 在首层轴线控制点上安置激光铅垂仪，利用激光器底端（全反射棱镜端）所发射的激光束进行对中，通过调节基座整平螺旋，使管水准器气泡严格居中

B. 在上层施工楼面预留孔处，放置接受靶

C. 接通激光电源，启辉激光器发射铅直激光束，通过发射望远镜调焦，使激光束会聚成红色耀目光斑，投射到接受靶上

D. 移动接受靶，使靶心与红色光斑重合，固定接受靶，并在预留孔四周作出标记，此时，靶心位置即为轴线控制点在该楼面上的投测点

E. 读数

50. 力的三要素是（　　）。

A. 力的作用点　　　　　　　　　B. 力的大小

C. 力的方向　　　　　　　　　　D. 力的矢量性

E. 力的接触面

51. 在结构设计时，应根据不同的设计要求采用不同的荷载数值，称为代表值，常见的代表值有（　　）。

A. 平均值　　　　　B. 标准值　　　　　C. 组合值

D. 频遇值　　　　　E. 准永久值

52. 钢结构是由各种型钢或板材通过一定的连接方法而组成的，所用的连接方法有（　　）。

A. 焊接连接　　　　B. 螺栓连接　　　　C. 机械连接

D. 铆钉连接　　　　E. 搭接连接

53. 脆性材料的力学特点是（　　）。

A. 受力直至破坏前无明显塑性变形

B. 抗压强度远大于其抗拉强度

C. 抗压强度远小于其抗拉强度

D. 适用于承受压力静载荷

E. 适用于承受振动冲击荷载

54. 引进水泥体积安定性不良的原因有（　　）。

A. 水泥中游离氧化钙含量过多　　　　B. 水泥中游离氧化镁含量过多

C. 水灰比过大　　　　　　　　　　　D. 石膏掺量过多

E. 未采用标准养护

55. 下列木材干缩与湿胀的描述，正确的是（　　）。

A. 木材具有显著的干缩与湿胀性

B. 当木材从潮湿状态干燥至纤维饱和点时，为自由水蒸发，不引起体积收缩

C. 含水率低于纤维饱和点后，细胞壁中吸附水蒸发，细胞壁收缩，从而引起木材体积收缩

D. 较干燥木材在吸湿时将发生体积膨胀，直到含水量达到纤维饱和点为止

E. 木材构造不均匀，各方向、各部位胀缩也不同，其中纵向的胀缩最大，径向次之，弦向最小

56. 建筑安装工程施工根据施工过程组织上的复杂程度，可以分解为（　　）。

A. 工序   B. 工作过程

C. 综合工作过程   D. 循环施工过程

E. 非循环施工过程

57. 《建设工程工程量清单计价规范》规定的费用构成包括（   ）。

A. 分部分项工程费   B. 措施项目费

C. 其他项目费   D. 规费

E. 税金

58. 计算带形基础混凝土工程量时，基础长度确定方法为（   ）。

A. 外墙按中心线长度计算   B. 均按中心线长度计算

C. 内墙按净长线长度计算   D. 均按净线长度计算

E. 以上都不对

59. 下列选项中，（   ）属于建设工程质量管理的基本制度。

A. 工程质量监督管理制度   B. 工程竣工验收备案制度

C. 工程质量事故报告制度   D. 工程质量检举、控告、投诉制度

E. 工程质量责任制度

60. 下列劳动合同条款，属于必备条款的是（   ）。

A. 用人单位的名称、住所和法定代表人或者主要负责人

B. 劳动者的姓名、住址和居民身份证或者其他有效身份证件号码

C. 试用期

D. 工作内容和工作地点

E. 社会保险

三、判断题（判断下列各题对错，并在答题卡上将对应题号后的相应字母涂黑。正确的涂 **A**，错误的涂 **B**；每题 **0.5** 分，共 **8** 分。）

61. 确定物体各组成部分之间相互位置的尺寸叫定形尺寸。   （   ）

62. AutoCAD 图形只能由打印机输出。   （   ）

63. 钢结构施工详图可由钢结构制造企业根据设计单位提供的设计图和技术要求编制。   （   ）

64. 顶棚的构造形式有两种，直接式顶棚和悬吊式顶棚。   （   ）

65. 施工测量是直接为工程施工服务的，因此它必须与施工组织计划不协调。（   ）

66. 外控法是在建筑物外部，利用经纬仪，根据建筑物轴线控制桩来进行轴线的竖向投测，亦称作"经纬仪引桩投测法"。   （   ）

67. 柱子安装测量的目的是保证柱子平面和高程符合设计要求，柱身铅直。   （   ）

68. 有集中力作用处，剪力图有突变，弯矩图有尖点。   （   ）

69. 当考虑两种或两种以上可变荷载在结构上同时作用时，这些标准值之和即为可变荷载代表值。   （   ）

70. 高强度螺栓连接按其受力特征分为摩擦型连接和承压型连接两种。   （   ）

71. 石灰陈伏是为了充分释放石灰熟化时的放热量。   （   ）

72. 屋面防水用沥青的选择是在满足软化点条件下，尽量选用牌号低的石油沥青。

                                                                          （   ）

73. 计价表适用范围适用于修缮工程。 （ ）

74. 现浇混凝土墙工程量计算时，单面墙垛其突出部分按柱计算，双面墙垛（包括墙）并入墙体体积内计算。 （ ）

75. 涉及建筑主体和承重结构变动的装修工程，建设单位可以没有设计方案。（ ）

76. 证据保全是指在证据可能灭失或以后难以取得的情况下，法院根据申请人的申请或依职权，对证据加以固定和保护的制度。 （ ）

四、案例题（请将以下各题的正确答案选出，并在答题卡上将对应题号后的相应字母涂黑。第80、85题，每题2分，其余每题1分，共12分。）

（一）下图为梁平法施工图，从图中可知：

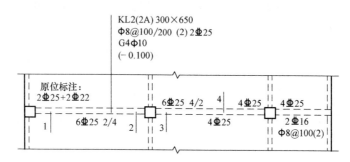

77. 若楼面的建筑标高为 3.600，楼面结构标高为 3.570，则该梁的梁顶标高为（　　）。

A. 3.600 　　　 B. 3.570 　　　 C. 3.500 　　　 D. 3.470

78. 图中 2—2 断面的上部纵筋为（　　）。

A. 6Φ25 　4/2 　 B. 2Φ25 　 C. 2Φ25+2Φ22 　 D. 6Φ25 　2/4

79. 图中 KL2（2A），其中的 A 表示（　　）。

A. 简支 　　 B. 两端悬挑 　　 C. 一端悬挑 　　 D. 无具体意义

80. 图中 3—3 断面的箍筋间距为（　　）。

A. 150 　　　 B. 200 　　　 C. 100 　　　 D. 未标注

81. 图中梁的受力纵筋为（　　）钢筋。

A. HPB300 　　 B. HRB335 　　 C. HRB400 　　 D. HRB500

（二）背景材料：某工程 C30 混凝土实验室配合比为 1∶2.12∶4.37，$W/C=0.62$，每立方米混凝土水泥用量为 290kg，现场实测砂子含水率为 3%，石子含水率为 1%。使用 50kg 一包袋装水泥，水泥整袋投入搅拌机。采用出料容量为 350 升的自落式搅拌机进行搅拌。

试根据上述背景材料，计算以下问题。

82. 施工配合比为（　　）

A. 1∶2.2∶4.26 　　　　　 B. 1∶2.23∶4.27

C. 1∶2.18∶4.41 　　　　　 D. 1∶2.35∶4.26

83. 每搅拌一次水泥的用量为（　　）

A. 300kg 　　　 B. 200kg 　　　 C. 100kg 　　　 D. 75kg

84. 每搅拌一次砂的用量为（　　）

A. 170.3kg   B. 218.0kg   C. 660.0kg   D. 681.0kg

85. 每搅拌一次石的用量为（   ）

A. 322.5kg   B. 441kg   C. 1278.0kg   D. 1290.0kg

86. 每搅拌一次需要加的水是（   ）

A. 45kg   B. 36kg   C. 52kg   D. 40kg

第二部分 专业管理实务（共 90 分）

一、单项选择题（以下各题的备选答案中都只有一个是最符合题意的，请将其选出，并在答题卡上将对应题号后的相应字母涂黑。每题 1 分，共 30 分。）

87. 根据土的坚硬程度，可将土石分为八类，其中前四类土由软到硬的排列顺序为（   ）。

A. 松软土、普通土、坚土、砂砾坚土

B. 普通土、松软土、坚土、砂砾坚土

C. 松软土、普通土、砂砾坚土、坚土

D. 坚土、砂砾坚土、松软土、普通土

88. "管涌"现象产生的原因是由于（   ）。

A. 地面水流动的作用

B. 地下水动水压力大于或等于土的浸水密度

C. 土方开挖的作用

D. 承压水顶托力大于坑底不透水层覆盖厚度的重量

89. 观察验槽的内容不包括（   ）。

A. 基坑（槽）的位置、尺寸、标高、和边坡是否符合设计要求

B. 是否已挖到持力层

C. 槽底土的均匀程度和含水量情况

D. 降水方法与效益

90. 灌注桩的成桩质量检查，在成孔及清孔时，主要检查（   ）。

A. 钢筋规格   B. 焊条规格与品种

C. 焊缝外观质量   D. 孔底沉渣厚度

91. 扣件用于钢管之间的连接，（   ）用于 2 根垂直交叉钢管的连接。

A. 直角扣件   B. 旋转扣件   C. 对接扣   D. 承插件

92. 在砖墙中留设施工洞时，洞边距墙体交接处的距离不得小于（   ）。

A. 240mm   B. 360mm   C. 500mm   D. 1000mm

93. 框架结构模板的拆除顺序一般是（   ）。

A. 柱→楼板→梁侧板→梁底板   B. 梁侧板→梁底板→楼板→柱

C. 柱→梁侧板→梁底板→楼板   D. 梁底板→梁侧板→楼板→柱

94. 大体积混凝土浇筑时，若结构的长度超过厚度 3 倍时，可采用（   ）的浇筑方案。

A. 全面分层   B. 分段分层   C. 斜面分层   D. 分部分层

95. 预应力先张法施工适用于（　　）。

A. 现场大跨度结构施工　　　　　　　B. 构件厂生产大跨度构件

C. 构件厂生产中、小型构件　　　　　D. 现在构件的组并

96. 起重机的稳定性是指起重机在自重和外荷载作用下抵抗（　　）能力。

A. 破坏　　　　　　B. 变形　　　　　　C. 震动　　　　　　D. 倾覆

97. 地下防水混凝土的结构裂缝宽度不得大于（　　）。

A. 0.15mm　　　　　B. 0.2mm　　　　　C. 0.3 mm　　　　　D. 0.4mm

98. 卷材屋面防水产生鼓泡的原因是（　　）。

A. 屋面板板端或屋架变形，找平层开裂

B. 基层因温度变化收缩变形

C. 屋面基层潮湿，未干就刷冷底子油或铺卷材

D. 卷材质量低劣，老化脆裂

99. 当要求抹灰层具有防水、防潮功能时，应采用（　　）。

A. 石灰砂浆　　　　B. 混合砂浆　　　　C. 防水砂浆　　　　D. 水泥砂浆

100. 水泥砂浆地面，面层压光应在（　　）完成。

A. 初凝前　　　　　B. 初凝后　　　　　C. 终凝前　　　　　D. 终凝后

101. 承重结构的钢材应具有抗拉强度、伸长率、屈服强度和（　　）含量的合格保证，对焊接结构还应具有碳含量的合格保证。

A. 锰　　　　　　　B. 锰、硫　　　　　C. 锰、磷　　　　　D. 硫、磷

102. 钢结构涂装后至少在（　　）内应保护免受雨淋。

A. 1h　　　　　　　B. 2h　　　　　　　C. 3h　　　　　　　D. 4h

103. EPS 板薄抹灰外墙外保温系统施工工艺流程中，依次填入正确的是（　　）。

基面检查或处理→工具准备→（　　）→基层墙体湿润→（　　）→粘贴 EPS 板→（　　）→配制聚合物砂浆→EPS 板面抹聚合物砂浆，门窗洞口处理，粘贴玻纤网，面层抹聚合物砂浆→（　　）→外饰面施工。

① 阴阳角、门窗膀挂线

② 配制聚合物砂浆，挑选 EPS 板

③ 质量检查与验收

④ EPS 板塞缝，打磨、找平墙面

⑤ 找平修补，嵌密封膏

A. ②①④③　　　　B. ①②④⑤　　　　C. ①③④⑤　　　　D. ④①②③

104. 对于一、二、三级基坑侧壁安全等级，均应作为基坑监测"应测"项目的是（　　）。

A. 支护结构水平位移　　　　　　　　B. 周围建筑物、地下线管变形

C. 地下水位　　　　　　　　　　　　D. 桩、墙内力

105. 深基坑锚杆支护施工时，第一次灌浆量的确定主要是依据（　　）。

A. 钻孔的孔径　　　　　　　　　　　B. 锚杆的长度

C. 锚固段的长度　　　　　　　　　　D. 钻孔的孔径和锚固段的长度

106. 下列土钉墙施工的关键工艺中，应首先进行的是（　　）。

A. 基坑开挖 B. 排水设施的设置

C. 插入土钉 D. 喷射面层混凝土

107. 基坑开挖和土钉墙施工应按设计要求（　　）分段分层进行。

A. 自上而下 B. 自下而上 C. 由中到边 D. 由边到中

108. 大体积混凝土施工，结束覆盖养护或拆模后，混凝土浇筑体表面以内 40～100mm 位置处的温度与环境温度差值不应大于（　　）。

A. 25℃ B. 30℃ C. 35℃ D. 40℃

109. 在深基坑旁安装塔式起重机，以下哪项不是确定塔式起重机基础构造尺寸时应考虑的因素？（　　）

A. 深基坑的边坡 B. 土质情况和地基承载能力

C. 塔式起重机的结构自重 D. 塔式起重机的负荷大小

110. 下面不属于项目特征的是（　　）。

A. 项目的一次性 B. 项目目标的明确性

C. 项目的临时性 D. 项目作为管理对象的整体性

111. 某高校教学楼工程项目经理，在建立项目组织机构时采用了线性组织结构模式。该项目组织结构的特点是（　　）。

A. 可能有多个矛盾的指令源 B. 有横向和纵向两个指令源

C. 能促进管理专业化分工 D. 每个工作部门只接受一个上级的直接领导

112. 矩阵式项目组织适用于（　　）。

A. 小型的、专业性较强的项目

B. 同时承担多个需要进行项目管理工程的企业

C. 大型项目、工期要求紧迫的项目

D. 大型经营性企业的工程承包

113. 不属于运用动态控制原理控制施工成本步骤的是（　　）。

A. 施工成本目标的逐层分解

B. 在施工过程中对施工成本目标进行动态跟踪和控制

C. 运用各种方法降低施工成本

D. 进行进度分析

114. 我国的建设工程监理属于国际上（　　）项目管理的范畴。

A. 业主方 B. 施工方 C. 建设方 D. 监理方

115. 质量管理的首要任务是（　　）。

A. 确定质量方针、目标和职责

B. 建立有效的质量管理体系

C. 质量策划、质量控制、质量保证和质量改进

D. 确保质量方针、目标的实施和实现

116. 工序质量控制的实质是（　　）。

A. 对工序本身的控制 B. 对人员的控制

C. 对工序的实施方法的控制 D. 对影响工序质量因素的控制

二、多项选择题（以下各题的备选答案中都有两个或两个以上是最符合题意的，请将它们选出，并在答题卡上将对应题号后的相应字母涂黑。多选、少选、选错均不得分。每题 1.5 分，共 30 分。）

117. 在（　　）时需考虑土的可松性。

A. 进行土方的平衡调配
B. 计算填方所需挖土体积
C. 确定开挖方式
D. 确定开挖时的留弃土量
E. 计算运土机具数量

118. 按成孔方法不同，灌注桩可分为（　　）等。

A. 钻孔灌注桩法
B. 挖孔灌注桩
C. 冲孔灌注桩
D. 静力压桩
E. 沉管灌注桩

119. 砖砌体的组砌原则是（　　）。

A. 砖块之间要错缝搭接
B. 砖体表面不能出现游丁走缝
C. 砌体内外不能有过长通缝
D. 将量少砍砖
E. 有利于提高生产率

120. 钢筋混凝土结构的施工缝宜留置在（　　）。

A. 剪力较小位置
B. 便于施工位置
C. 弯矩较小位置
D. 两构件接点处
E. 剪力较大位置

121. 无粘结预应力混凝土的特点有（　　）。

A. 为先张法与后张法结合
B. 工序简单
C. 属于后张法
D. 属于先张法
E. 不需要预留孔道和灌浆

122. 固定卷扬机方法有（　　）种。

A. 螺栓锚固法
B. 水平锚固法
C. 立桩锚固法
D. 压重物锚固法
E. 钢板焊接法

123. 屋面卷材铺贴时，应按（　　）的次序。

A. 先高跨后低跨
B. 先低跨后高跨
C. 先近后远
D. 先远后近
E. 先做好泛水，然后铺设大屋面

124. 适合石材干挂的基层是（　　）。

A. 钢筋混凝土墙
B. 钢骨架墙
C. 砖墙
D. 加气混凝土墙
E. 灰板条墙

125. 钢结构制作的号料方法有（　　）。

A. 单独号料法
B. 集中号料法
C. 余料统一号料法
D. 统计计算法
E. 套料法

126. 外墙外保温主要由（　　）构成。

A. 基层　　　　　　B. 结合层　　　　　C. 抹面层

D. 保温层　　　　　E. 饰面层

127. 与传统施工方法比较，逆作法施工多层地下室的优点包括（　　）。

A. 施工工艺简便

B. 缩短施工工期

C. 基坑变形小，相邻建筑物沉降小

D. 底板设计趋于合理

E. 节省支护结构支撑

128. 关于施工电梯的操作，以下说法正确的是（　　）。

A. 电梯在每班首次载重运行时，一定要从最低层上升，严禁自上而下

B. 当梯笼升离地面 1～2m 时要停车试验制动器的可靠性，如果发现制动器不正常，在修复后方可运行

C. 在电梯未切断总电源开关前，操作人员不应离开操作岗位

D. 电梯在大雨、大雾和六级及以上大风时，应停止运行，并将梯笼降到底层，切断电源

E. 暴风雨后，应对电梯各有关安全装置进行一次检查

129. 下列关于大模板施工技术的说法中，正确的是（　　）。

A. 六级以上大风应停止大模板施工

B. 大模板必须有操作平台、上人梯道、防护栏杆等附属设施，要保证其完好，如果有损坏马上维修

C. 大模板施工时，起重机必须专机专人，每班操作前要试机，尤其注意刹车

D. 大模板安装就位后，应及时用穿墙螺栓、花篮螺栓等固定成整体，以免倾倒

E. 大模板拆除时，要保证混凝土的强度不得小于 1.2N/mm

130. 施工项目管理的主要内容为（　　）。

A. 成本控制　　　　B. 进度控制　　　　C. 组织协调

D. 安全控制　　　　E. 合同管理

131. 属于工作队式项目组织优点的有（　　）。

A. 项目经理从职能部门抽调或招聘的是一批专家，他们在项目管理中配合，协同工作，可以取长补短，有利于培养一专多能的人才并充分发挥其作用

B. 各专业人才集中在现场办公，减少了扯皮和等待时间，办事效率高，解决问题快

C. 由于减少了项目与职能部门的结合部，项目与企业的结合部关系弱化，故易于协调关系，减少了行政干预，使项目经理的工作易于开展

D. 不打乱企业的原建制，传统的直线职能制组织仍可保留

E. 打乱企业的原建制，但传统的直线职能制组织可保留

132. 以下属于项目目标动态控制纠偏措施的有（　　）。

A. 组织措施　　　　B. 管理措施　　　　C. 经济措施

D. 安全措施　　　　E. 技术措施

133. 材料质量控制的要点有（　　）。

A. 掌握材料信息，优选供货厂家

B. 合理组织材料供应，确保施工正常进行

C. 合理组织材料使用，减少材料的损失

D. 加强材料检查验收，严把材料质量关

E. 降低采购材料的成本

134. 在特殊过程中施工质量控制点的设置方法（种类）有（　　）。

A. 以质量特性值为对象来设置

B. 以工序为对象来设置

C. 以设备为对象来设置

D. 以管理工作为对象来设置

E. 以项目的复杂程度为对象来设置

135. 流水参数是在组织流水施工时，用以表达（　　）方面状态的参数。

A. 流水施工工艺流程　　　　　　　B. 空间布置

C. 时间排列　　　　　　　　　　　D. 资金投入

E. 施工人员数量

136. 施工成本管理的任务主要包括（　　）。

A. 成本预测　　　　B. 成本计划　　　　C. 成本执行评价

D. 成本核算　　　　E. 成本分析和成本考核

三、判断题（判断下列各题对错，并在答题卡上将对应题号后的相应字母涂黑。正确的涂 A，错误的涂 B；每题 0.5 分，共 10 分。）

137. 推土机是在拖拉机上安装推土板等工作装置而成的机械，适用于运距 200m 以内的推土，最快速度为 60m/min。　　　　　　　　　　　　　　　（　　）

138. 钢筋混凝土独立基础验槽合格后垫层混凝土应待 1~2d 后灌筑，以保护地基。
　　　　　　　　　　　　　　　　　　　　　　　　　　　　　　　　　　（　　）

139. 混合砂浆具有较好的和易性，尤其是保水性，常用作砌筑地面以上的砖石砌体。
　　　　　　　　　　　　　　　　　　　　　　　　　　　　　　　　　　（　　）

140. 梁和板一般同时浇筑，从一端开始向前推进。只有当梁高大于 1m 时才允许将梁单独浇筑，此时的施工缝留在楼板板面下 20~30mm 处。　　　　　（　　）

141. 夹具是在先张法施工中，为保持预应力筋的张拉力并将其固定在张拉台座或设备上所使用的临时性锚固装置。　　　　　　　　　　　　　　　　（　　）

142. 从事安装工作的人员要定期进行体格检查，对心脏病或高血压患者，不得进行高空作业。　　　　　　　　　　　　　　　　　　　　　　　　　　　（　　）

143. SBS 改性沥青防水卷材当被高温热熔、温度超过 250℃时，其弹性网状体结构就会遭到破坏，影响卷材特性。　　　　　　　　　　　　　　　　　（　　）

144. 标筋是以灰饼为准，在灰饼间所做的灰埂，作为抹灰平面的基准。　（　　）

145. 高强度螺栓在终拧以后，螺栓丝扣外露应为 2~3 扣，其中允许有 10% 的螺栓丝扣外露 1 扣或 4 扣。　　　　　　　　　　　　　　　　　　　　（　　）

146. EPS 板薄抹灰外墙外保温系统（简称 EPS 板薄抹灰系统）由 EPS 板保温层、薄抹面层和饰面涂层构成。　　　　　　　　　　　　　　　　　　（　　）

147. 地下连续墙单元槽段长度的划分主要考虑槽壁稳定性，宜为 4~8m。　（　　）

148. 水泥土墙高压喷射注浆施工前，应通过理论计算、并结合以往经验确定不同土层旋喷固结体的最小直径、高压喷射施工技术参数等。（　　）

149. 逆作法施工多层地下室的方法是大开口放坡开挖或用支护结构围护后垂直开挖，挖至设计标高后浇筑钢筋混凝土底板，再由下而上逐层施工各层地下室结构，待地下结构完成后再进行地上结构施工。（　　）

150. 塔式起重机采用板式或十字形基础时，基础的混凝土强度等级不应低于 C25，垫层混凝土强度等级不应低于 C10，混凝土垫层厚度不宜小于 100mm。（　　）

151. 业主指定分包方在施工过程中可以不接受施工总承包方或施工总承包管理方的工作指令。（　　）

152. 组织结构模式和组织分工都是一种相对动态的组织关系，工作流程组织则可反映一个组织系统中各项工作之间的逻辑关系，是一种静态关系。（　　）

153. 在动态控制的工作程序中收集项目目标的实际值，定期（如每两周或每月）进行项目目标的计划值和实际值的比较是必不可少的。（　　）

154. 质量的主体是产品、体系、项目或过程，质量的客体是顾客和其他相关方。
（　　）

155. 定额工期指在平均建设管理水平、施工工艺和机械装备水平及正常的建设条件（自然的、社会经济的）下，工程从开工到竣工所经历的时间。（　　）

156. 在施工成本控制中，把施工成本的实际值与计划值的差异叫做施工成本偏差。
（　　）

四、案例题（请将以下各题的正确答案选出，并在答题卡上将对应题号后的相应字母涂黑。第 159、160、162、166、169 题，每题 2 分，其余每题 1 分，共 20 分。）

（一）某钢筋混凝土单层排架式厂房，有 42 个 C20 独立混凝土基础，基础剖面如下图所示，基础底面积为 2400mm（宽）×3200mm（长），每个 C20 独立基础和 C10 素混凝土垫层的体积共为 12.37m³，基础下为 C10 素混凝土垫层厚 100mm。基坑开挖采用四边放坡，坡度为 1:0.5。土的最初可松性系数 $K_s=1.10$，最终可松性系数 $K_s'=1.03$。（单选题）

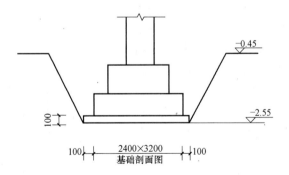

基础剖面图

157. 基础施工程序正确的是（　　）。

A. ⑤定位放线⑦验槽②开挖土方④浇垫层①立模、扎钢筋⑥浇混凝土、养护③回填

B. ⑤定位放线④浇垫层②开挖土方⑦验槽⑥浇混凝土、养护①立模、扎钢筋③回填

C. ⑤定位放线②开挖土方⑦验槽①立模、扎钢筋④浇垫层⑥浇混凝土、养护③回填

D. ⑤定位放线②开挖土方⑦验槽④浇垫层①立模、扎钢筋⑥浇混凝土、养护③回填

158. 定位放线时，基坑上口白灰线长、宽尺寸（　　）。

A. 2400mm（宽）×3200mm（长）

B. 3600mm（宽）×4400mm（长）

159. 基坑土方开挖量是（　　）。

A. 1432.59m³   B. 1465.00m³

C. 1529.83m³   D. 2171.40m³

160. 基坑回填需土（松散状态）量是（　　）。

A. 975.10m³   B. 1009.71m³   C. 1485.27m³   D. 1633.79m³

161. 回填土可采用（　　）。

A. 含水量趋于饱和的黏性土   B. 爆破石碴作表层土

C. 有机质含量为2%的土   D. 淤泥和淤泥质土

（二）某建筑工程为框架剪力墙结构，地下3层，地上30层，基础为钢筋混凝土箱形基础，基础埋深12m，底板厚3m，底板混凝土强度等级为C35。施工单位施工组织设计中制定了大体积混凝土的施工方案，并在浇筑完成后进行了人工循环水降温措施。施工时还在主体结构施工中留置了后浇带。工程验收时发现局部出现几处裂缝，经专家鉴定为温度控制不好引起的裂缝，施工单位提出了处理措施，经监理和设计单位认可后进行了裂缝处理。

162. 该工程的基础施工方案应按大体积混凝土施工方法施工，大体积混凝土施工方案主要有（　　）。

A. 全面分层   B. 分段分层   C. 斜面分层

D. 横向分层   E. 纵向分层

163. 该工程的基础施工时，必须对内外温差进行严格控制，当设计无具体要求时，内外温差一般控制在（　　）以内。

A. 10℃   B. 20℃   C. 25℃   D. 35℃

164. 该工程的基础混凝土浇筑完毕后，应至少养护（　　）天。

A. 7   B. 14   C. 21   D. 28

165. 该工程的基础混凝土浇筑完毕后，必须进行（　　）工作，以减少混凝表面的收缩裂缝。

A. 二次振捣   B. 二次抹面   C. 外部降温   D. 内部冷却

166. 大体积混凝土的浇捣时，应做到（　　）。

A. 应采用振捣棒振捣

B. 振动棒快插快拔，以便振动均匀

C. 每点振捣时间一般为10~30s

D. 分层连续浇筑时，振捣棒不应插入下一层以免影响下层混凝土的凝结

E. 应对混凝土进行二次振捣，以排除粗集料下部泌水生成的水分和空隙

（三）A建设工程公司承接某市供热厂工程的施工任务，该项目由油化库、空压站、汽车库、机修车间、锅炉间、烟囱等多个工业建筑和办公楼等配套设施，该项目规模大，工期紧迫，因此经业主同意后，将办公楼等配套设施分包给一家民营建筑公司。为了如期

完工，施工单位经过认真分析，编制了周密的施工进度计划。试回答下列问题：

167. 在进行建设工程项目总进度目标控制前，首先应该（　　）。

A. 分析项目的合同结构 　　　　　　　B. 编制详细的网络计划

C. 分析项目资金流量 　　　　　　　　D. 分析进度目标实现的可能性

168. 民营建筑公司作为分包单位应编制（　　）。

A. 施工总进度计划 　　　　　　　　　B. 单体工程施工进度计划

C. 项目施工的年度施工计划 　　　　　D. 项目施工的月度施工计划

169. 建设工程项目的总进度目标指的是整个项目的进度目标，它是在（　　）项目定义时确定的。

A. 项目预测阶段 　　　　　　　　　　B. 项目决策阶段

C. 项目计划阶段 　　　　　　　　　　D. 项目实施阶段

170. 在进行建设工程项目总进度目标控制前，首先应分析和论证（　　）。

A. 目标实现的可能性 　　　　　　　　B. 目标计划的可行性

C. 目标完成的收益情况 　　　　　　　D. 目标实施的步骤

171. A 建设工程公司作为总包单位应编制（　　）。

A. 施工总进度计划 　　　　　　　　　B. 子项目施工进度计划

C. 项目施工的年度施工计划 　　　　　D. 单体工程施工进度计划